Mg-RE-Zn 系合金

柳 伟　潘彦鹏　赵宇宏　著

北 京

冶 金 工 业 出 版 社

2025

内 容 提 要

　　本书详细阐述了作者在 LPSO 结构增强 Mg-RE-Zn 系合金的微观组织演变及其对力学性能的影响等方面的研究成果。全书共分为 7 章，主要内容包括 Mg-Gd/Y-Zn-Li 合金的制备、LPSO 结构的塑性演变规律、LPSO 结构主导的动态再结晶机制、LPSO 结构的强化机制等，并介绍了 Mg-RE-Zn 系合金的国内外研究进展、应用和发展前景与挑战。

　　本书可供从事高性能镁合金研发、制备及应用的科研和技术人员阅读，也可供从事金属材料组织分析与性能测试研究的相关科技人员和高校师生参考。

图书在版编目（CIP）数据

　　Mg-RE-Zn 系合金／柳伟，潘彦鹏，赵宇宏著.
北京：冶金工业出版社，2025.6. -- ISBN 978-7-5240-
0229-1

　　Ⅰ. TG146

　　中国国家版本馆 CIP 数据核字第 2025A48N19 号

Mg-RE-Zn 系合金

出版发行	冶金工业出版社	**电　　话**	（010）64027926
地　　址	北京市东城区嵩祝院北巷 39 号	**邮　　编**	100009
网　　址	www. mip1953. com	**电子信箱**	service@ mip1953. com

责任编辑　夏小雪　美术编辑　吕欣童　版式设计　郑小利
责任校对　梅雨晴　责任印制　禹　蕊
唐山玺诚印务有限公司印刷
2025 年 6 月第 1 版，2025 年 6 月第 1 次印刷
710mm×1000mm　1/16；14.75 印张；287 千字；226 页
定价 115. 00 元

**投稿电话　（010）64027932　投稿信箱　tougao@cnmip. com. cn
营销中心电话　（010）64044283
冶金工业出版社天猫旗舰店　yjgycbs. tmall. com**
（本书如有印装质量问题，本社营销中心负责退换）

前　言

　　镁合金是全球关注的战略性材料，是国家急迫需要和重大需求材料，是科技发展的重要研究方向。在"碳达峰、碳中和"国际国内新形势下，汽车、轨道交通、航空航天、军工等领域对轻量化和高燃料效率提出了更高的要求，开发新型高强韧镁合金已成为国内外材料界的共同目标。研发应用镁合金，对中国制造实现"减重腾飞"、对通过节能减排推动"双碳"目标实现，以及对提高我国国防竞争力都意义重大。然而，与传统铝合金、钢铁及工程塑料相比，镁合金绝对强度低、韧性差、耐高温性差仍是限制其应用的瓶颈。

　　寻求有效的强化相是开发高强韧镁合金的关键基础问题。当在镁合金中同时加入稀土（RE，如 Gd 和 Y）和 Zn 元素时，会形成一种新颖的微细结构——长周期堆垛有序（long-period stacking ordered，LPSO）结构。在 LPSO 结构强化相作用下，Mg-RE-Zn 系合金表现出高的强度和韧性，并在高温下能够保持良好的热力学稳定性。经二次热加工后，Mg-RE-Zn 系合金的强度远高于其他系镁合金（AZ31、AZ61、AZ91、ZK 等），成为航空航天、军工等领域中受热构件的重要材料。镁与稀土均是我国的优势资源，在我国发展高强韧耐热 Mg-RE-Zn 系合金具有得天独厚的优势。

　　然而，在铸造条件下，不平衡凝固促使 RE 和 Zn 原子在晶界处过量偏聚，易产生连续网状共晶化合物 W 相和 I 相或立体网状（块状）18R-LPSO 结构相，无法与镁基体协调变形，使铸造合金性能偏低，缺乏应用价值。Mg-RE-Zn 系合金只有通过二次热加工才能进一步提高其综合力学性能。而合金成分、热处理工艺与塑性变形方式不同，所形成的 LPSO 结构类型、分布状态等也会有所差异，从而表现出不同的强韧化效果，反映出 LPSO 结构形成及其微结构调控的复杂性。在未来的工业应用中，具有更高强度、韧性、耐高温的镁合金是各国关注的战略性材料之一。因此，如何优化初始组织，合理控制 LPSO 结构的类型、形貌、含量、尺寸及分布，充分发挥 LPSO 结构的强韧化效果是 Mg-RE-Zn 系合金研究领域急需解决的关键技术问题。

Mg-RE-Zn 系合金在塑性变形过程中的组织转变复杂，只有对 LPSO 结构的塑性演变规律及相关动态析出行为进行系统研究，才能从根本上揭示该合金体系的强韧性特点。本书通过对 Mg-Gd-Zn 和 Mg-Y-Zn 两类合金进行 Li 合金化研究和对 LPSO 结构的塑性变形及相关动态析出行为的探讨，阐明了 Li 合金化作用，探明了 LPSO 的演变规律、动态再结晶的形核机制、动态析出相及形成机理，为 Mg-RE-Zn 系合金成分、组织和性能的调控提供了理论依据和技术途径。

本书由中北大学柳伟、潘彦鹏、赵宇宏共同撰写，其中柳伟负责文前、第 1 章的 1.1~1.3 节和第 2~5 章的撰写，共计 15 万字，潘彦鹏负责第 1 章的 1.4~1.8 节和第 6 章的 6.3~6.8 节的撰写，共计 10.7 万字，赵宇宏负责第 6 章的 6.1~6.2 节和第 7 章的撰写，共计 3 万字。在本书撰写过程中，张云涛、谢涛泽、刘文育、张可可、弓昕辰、李欢庆、王凯乐、王庆渝等同学参与了部分图文整理工作，在此表示衷心的感谢。此外，本书参考了相关领域的一些文献资料，在此向文献作者表示感谢。

由于作者水平所限，书中不妥之处，敬请有关专家、同行和广大读者批评指正！

作　者
2025 年 3 月

目　　录

1 绪　　论

1.1 引　　言

随着汽车业、航天航空以及其他制造业对轻量化和高燃料利用率等要求的不断提高，人们对镁及镁合金的应用提出了更高的要求[1]。近年来，稀土镁合金的研究成了一大热点，将稀土（rare earth, RE）元素加入镁合金中，不仅可以除氢脱氧，还可以起到很好的沉淀强化和固溶强化作用，从而导致了 Mg-RE 合金优良的铸造性能和可加工性、高的强度和韧性、优异的耐热性、突出的高温拉伸和抗蠕变性能[2-4]。我国有着丰富的稀土资源，因此开发高性能的 Mg-RE 合金具有重大意义。

含长周期堆垛有序（long-period stacking ordered, LPSO）结构的 Mg-RE-Zn 系合金以其独特的组织和优异的力学性能获得了研究者们的广泛关注。在细晶强化、固溶强化、沉淀强化以及 LPSO 强化的共同作用下，Mg-RE-Zn 系合金的屈服强度可达 500 MPa 以上，并在高温下表现出良好的热力学稳定性[1]，已成为镁合金研究领域的前沿和热点课题。但是，Mg-RE-Zn 系合金的伸长率普遍较低，一般在 5% 左右，这在很大程度上限制了其在航空航天、军工等关键构件上的进一步应用。因此，如何通过有效的强韧途径，在进一步提升强度的同时又能保证其塑性，是开发高强高韧 Mg-RE-Zn 系合金的一个急需解决的关键科学问题。Mg-RE-Zn 变形合金表现出了突出的力学性能，其抗拉强度可以达到约 600 MPa，伸长率可以达到约 15%。LPSO 扭折（deformation kink）和动态再结晶（dynamic recrystallization, DRX）是 Mg-RE-Zn 系合金中两种重要的强化机制[5]。同时，在 LPSO 扭折和动态再结晶析出过程中还会伴有位错和层错的扩展以及相关动态析出相的产生[6,7]。因此，LPSO 扭折和动态再结晶现象将决定 Mg-RE-Zn 系变形合金最终的力学性能。此外，由于镁合金的层错能较低，非基面滑移难以启动，从而使得动态再结晶现象更容易发生[8,9]。动态再结晶是提高镁合金塑性和细化晶粒的一个很重要的影响因素。Mg-RE-Zn 系合金中 LPSO 的存在势必会对动态再结晶的形核与长大产生严重的影响。

Mg-RE-Zn 系合金的密度会随着稀土元素的增加而不断上升，因此在一定程度上失去了其极具价值的低密度特性。塑性变形是提高 Mg-RE-Zn 系合金强韧性的一种有效手段，塑性过程中涉及的动态再结晶、LPSO 变形扭折、纳米析出强化是其具有高性能的主要原因。了解塑性变形过程中组织演变规律对理解强化机制具有重要意义。因此，深入分析变形 Mg-RE-Zn 系合金的组织演变机制和断裂机制可为开发高强高韧镁合金提供重要理论依据，加速镁合金在汽车、航空航天及军工等重大工程领域的应用。

1.2 高强 Mg-RE-Zn 系合金

1.2.1 Mg-RE 系合金

通常，Mg-RE（RE=Y，Gd，Tb，Dy，Ho，Er 和 Tm）系铸造合金获得高强度的主要途径是先进行高温下的固溶处理，然后通过水冷得到 α-Mg 的过饱和固溶体，最后再经过低温下的时效处理从而在 α-Mg 基体中析出亚稳态或者平衡态的析出强化相。其时效强化效果取决于析出相的种类、大小、数量、形态、方向以及其微观结构。此外，合金的内部和外部因素，即合金的相组成和加工工艺，控制着合金的微观结构，从而确定了镁合金的力学性能。

表 1-1 列出了抗拉强度在 300 MPa 以上的一系列高强度 Mg-RE 系铸造镁合金的力学性能。Mg-RE 镁合金时效过程中各强化相的析出顺序一般为：Mg 过饱和固溶体 SSSS（super-saturated solid solution）→β″（Mg_3Gd，hcp）→β′（Mg_7Gd，cbco）→$β_1$（Mg_3Gd，fcc）→β（Mg_5Gd，fcc）[20]。在这些析出相中，β′相呈现纳米维度尺寸并且分布均匀，是一种有效的强化相。图 1-1 显示了高强度 Mg-15.6Gd-1.8Ag-0.4Zr合金中 β′析出相的 TEM 照片。β′相为底心斜方晶系结构，与 α-Mg 的方向关系为：$(100)_{β'}//\{1\bar{2}10\}_α$ 和 $[001]_{β'}//[0001]_α$。此外，如图 1-2 所示，β′相是在 α-Mg 基体的棱面 $\{11\bar{2}0\}$ 上析出并垂直于 α-Mg 的（0001）基面，可以有效地阻碍位错的滑移，因此可以强化合金[21]。

表 1-1 部分 Mg-RE 系铸造镁合金的力学性能[10-19]

合 金	拉伸性能		
	抗拉强度/MPa	屈服强度/MPa	伸长率/%
Mg-9.78Gd-2.91Y-1.52Zn-0.8Ti	325	187	6.1
Mg-11Gd-2Nd-Zr	353	224	3.7
Mg-8Gd-2Dy-0.2Zr	360	215	7
Mg-10Gd-2Y-0.4Zr	362	239	4.7
Mg-9Gd-4Y-0.5Zr	370	277	4.5
Mg-10Gd-3Y-0.5Zr	390	245	3.4

合　金	拉伸性能		
	抗拉强度/MPa	屈服强度/MPa	伸长率/%
Mg-8.5Gd-2.3Y-1.8Ag-0.4Zr	403	268	4.9
Mg-18Gd-2Ag-0.3Zr	414	293	2.2
Mg-2.4Gd-0.4Ag-0.1Zr	414	271	2.7
Mg-15.6Gd-1.8Ag-0.4Zr	423	328	2.6

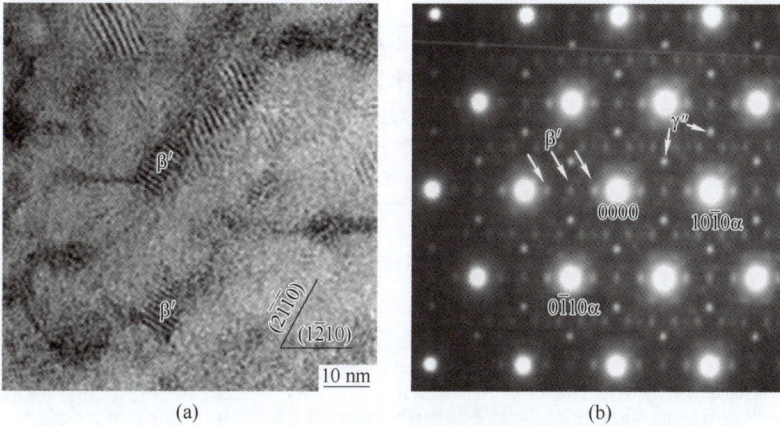

(a) (b)

图 1-1 β′析出相的 TEM 结果[19]

(a) 明场；(b) 选区衍射

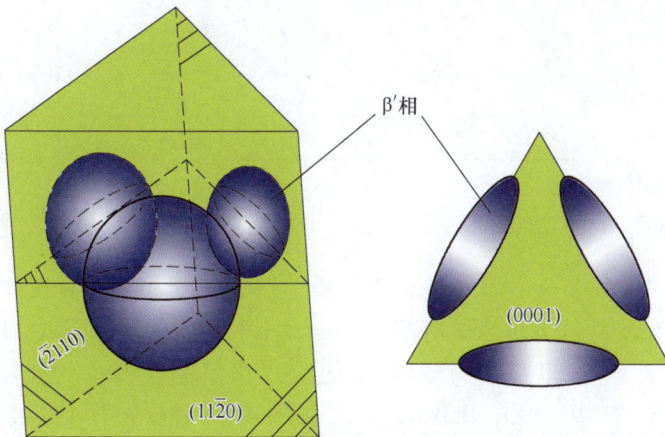

图 1-2 β′析出相的形态及其与 Mg 基体的位相关系

经塑性变形后，Mg-RE 系镁合金的组织会得到显著细化，主要包括 α-Mg 相通过动态再结晶而变成了细小的等轴晶以及粗大第二相在压力作用下的碎化。此外，该类合金在变形过程中还会从基体中动态析出一些细小的析出相。所有的这些细化方式导致了 Mg-RE 系变形镁合金高的强度。表 1-2 列出了抗拉强度超过 400 MPa 的 Mg-RE 系变形镁合金的力学性能，该类合金的加工过程一般包括：铸造镁合金试棒→固溶处理→塑性变形→时效处理。Mg-RE 系变形镁合金的力学性能取决于变形条件和热处理工艺。例如，Li 等人[26]指出通过热挤压、冷轧以及时效处理可以大幅度提高 Mg-14Gd-0.5Zr 合金的力学性能，其中冷轧可以引入位错，为后续时效处理过程中大量的析出 β' 相的形成提供了有利的形核位点。Yu 等人[29]通过低温挤压和时效处理制备出了一种超高强度的 Mg-11.7Gd-4.9Y-0.3Zr 合金，其屈服强度可以达到 500 MPa，其超高的强度归咎于粗大的变形晶粒、细小的动态再结晶晶粒、β' 析出相、Mg_5RE 颗粒相以及析出的位错，图 1-3 显示了该合金在变形过程中析出的 Mg_5RE 颗粒相以及位错的 TEM 照片。

表 1-2　部分 Mg-RE 系变形镁合金的力学性能[22-31]

合　　金	拉伸性能		
	抗拉强度/MPa	屈服强度/MPa	伸长率/%
Mg-7Y-5Sm-0.3Zr	413	370	5.8
Mg-6Gd-3Y-2Nd-0.4Zr	435	359	5
Mg-12Gd-3Y-0.6Zr	446	350	10.2
Mg-8.0Gd-3.7Y-0.3Ag-0.4Zr	448	391	3.9
Mg-14Gd-0.5Zr	482	445	2
Mg-9Gd-4Y-0.5Zr	508	400	8
Mg-12Gd-3Y-0.6Zr	510	453	4
Mg-11.7Gd-4.9Y-0.3Zr	539	500	2.7
Mg-8Gd-1Er-0.5Zr	560	518	4.8
Mg-8.5Gd-2.3Y-1.8Ag-0.4Zr	600	575	5.2

1.2.2　Mg-RE-Zn 系合金

通过向 Mg-RE 合金中加入一定量的 Zn、Cu、Ni，在合金凝固过程中或热处理过程中就会形成长周期堆垛有序（long-period stacking ordered，LPSO）结构。LPSO 不仅在成分上有序而且在结构上也表现出了有序特征，且与 α-Mg 共享 {0001} 基面。其中，18R 和 14H 是主要的两种 LPSO 类型。Zhu 和 Nie 等人[32-34]详细地调查了 Mg-Y-Zn 系合金中的 LPSO，并指出 18R 的化学式为 $Mg_{10}Y_1Zn_1$，14H 的化学式为 $Mg_{12}Y_1Zn_1$。LPSO 主要的强化机制包括：（1）细晶强化：LPSO 可按照"颗粒刺激形核"机理促进 α-Mg 相晶粒细化[35]。LPSO 本身作为一种硬质相，其硬度远高于 α-Mg 基体，且与 α-Mg 基体之间为共格界面。

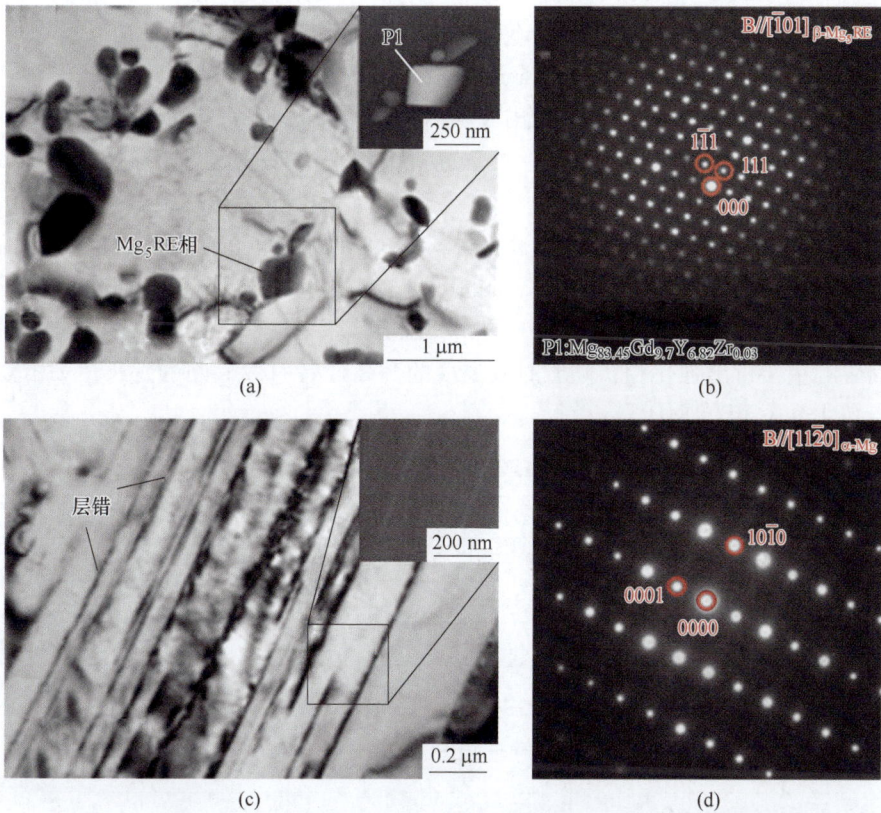

图 1-3　变形 Mg-11.7Gd-4.9Y-0.3Zr 合金中颗粒相与位错的 TEM 结果[29]

（a）（b）Mg5RE 相；（c）（d）位错

因此，合金经塑性变形时，在 Mg/LPSO 界面处容易产生应力集中，这些高应力可以促进 LPSO 附近的 α-Mg 晶粒细化。（2）第二相强化：LPSO 的显微硬度和弹性模量均显著高于 α-Mg 基体，且 LPSO 与周围的 α-Mg 可以形成特定的共格界面，因此 α-Mg/LPSO 界面通常不会作为合金失效时裂纹的发展起源。此外，由于 LPSO 与 α-Mg 特定的位向关系，经过挤压等塑性变形后，LPSO 平行于挤压方向排列，其强化机理类似于复合材料中的短纤维增强机制[36]。（3）与孪晶、位错的交互作用：LPSO 可以有效阻碍基体中孪晶的生长。当形变孪晶在大块状的 LPSO 处生长受阻时，只能沿 LPSO 基面蔓延。而在 LPSO 密度相对较低的区域，形变孪晶可以直接穿过 LPSO 片生长，在实验中观察到 LPSO 在孪晶界处沿基面方向发生了固定偏移，这是由于 LPSO 中的原子层在孪晶生长时发生了拖曳[37]。此外，层片状 LPSO 还可以有效地阻碍位错在基体内部的滑移。因此，LPSO 可以起到非常有效的强化合金作用。

　　表 1-3 列出来一系列的高强度 Mg-RE-Zn 系铸造镁合金的力学性能，其强化机制除 LPSO 强化以外，还包括 β′、γ′、γ″以及层错强化。Zhu 和 Nie 等人[45,46]首次报道了 Mg-6Gd-1Zn-0.6Zr 合金通过 250 ℃时效处理后在基体内析出了 γ″和γ′两种强化相。随后，他们[47]指出 γ″和 γ′相的整个析出过程为：SSSS→G.P 区→γ″→γ′→γ+14H。图 1-4（a）中 A 位置所指就是时效过程初期形成的 G.P 区，该区域实际上是（0001）$_\alpha$面上单独的原子层，如图 1-4（b）中红色箭头所示。图 1-4（a）中 B 位置所指是时效过程中析出的 γ″相，每个 γ″相均由富集着稀土元素的原子层组成，如图 1-4（c）中的红色箭头所指。γ″相与 Mg 基体的位相关系为：（0001）$_{\gamma''}$//（0001）$_\alpha$和［10$\bar{1}$0］$_{\gamma''}$//［2$\bar{1}$$\bar{1}$0］$_\alpha$。γ″相是 Mg-RE-Zn 镁合金时效过程中的主要析出强化相，随着时效温度的升高或者时效时间的延长，γ″相会进一步转化为 γ′相和 14H。

表 1-3　部分 Mg-RE-Zn 系铸造镁合金的力学性能[38-44]

合　　金	拉伸性能		
	抗拉强度/MPa	屈服强度/MPa	伸长率/%
Mg-11Gd-4Y-1.7Zn-0.5Zr	361	231	4
Mg-14Gd-3Y-1.8Zn-0.5Zr	366	230	2.8
Mg-17.4Gd-1.7Zn-0.6Zr	380	278	2.5
Mg-6.5Gd-2.5Dy-1.8Zn	392	295	6.1
Mg-14Gd-2Zn-0.5Zr	404	292	5.3
Mg-15Gd-1Zn-0.4Zr	405	288	2.9
Mg-17.4Gd-1.7Zn-0.6Zr	410	313	1.9

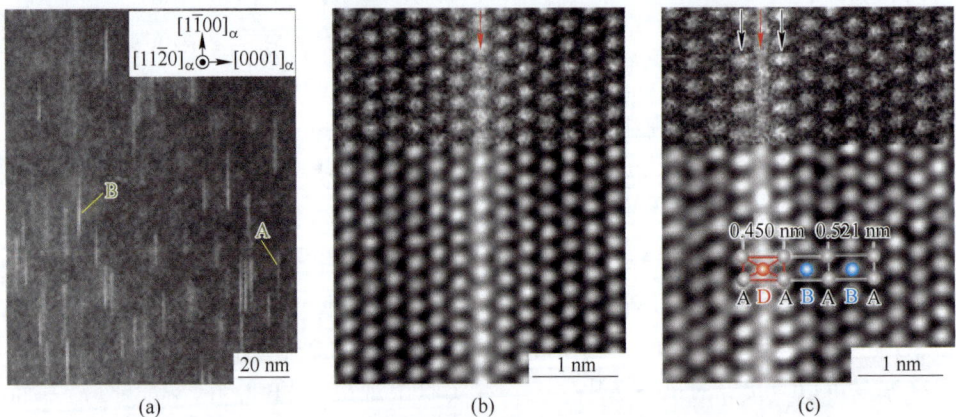

图 1-4　Mg-6Y-2Ag-1Zn-0.6Zr 时效合金中的 G.P 区和 γ″析出相的 TEM 结果[47]

（a）低倍；（b）（c）高倍

图 1-5 分别显示了 γ''、γ' 以及 14H LPSO 的 HAADF-STEM 图。其中，γ' 相的结构单元为 ABCA 堆垛，与 Mg 的方向关系为：$(0001)_{\gamma'}//(0001)_{\alpha}$ 和 $[2\bar{1}\bar{1}0]_{\gamma'}//[2\bar{1}\bar{1}0]_{\alpha}$。此外，Yamasaki 等人[49]指出在 300~500 ℃热处理时在 Mg-11.5Gd-2.4Zn 合金中析出了 γ'、14H，而在 200~300 ℃热处理时会在基体内析出 β、β_1 和 β' 相。最近，Wu 等人[48]的研究表明，200 ℃时效处理形成的 γ' 和 β' 相对 Mg-15Gd-1Zn-0.4Zr 合金产生联合强化效果。

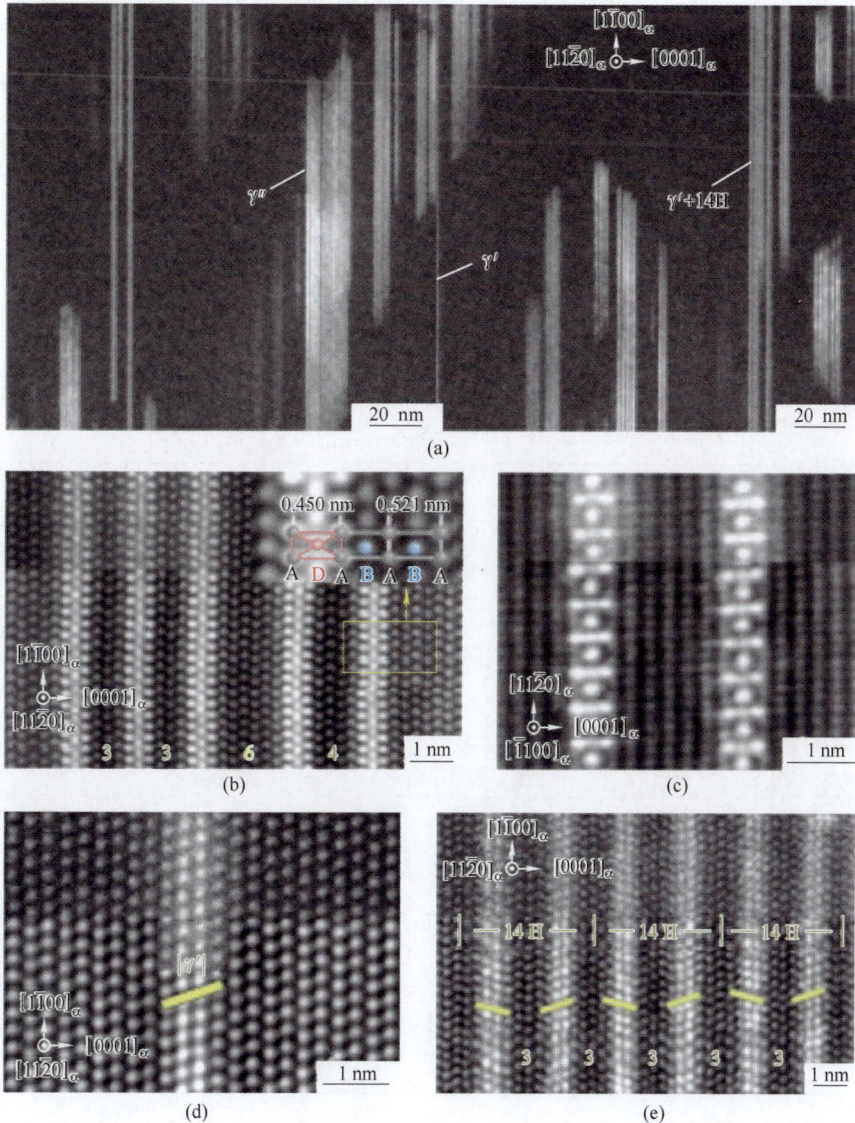

图 1-5 γ'、γ'' 以及 14H LPSO 析出相 TEM 结果[47]

(a) 低倍；(b)~(e) 高倍

经塑性变形后，Mg-RE-Zn 系合金中的 LPSO 在压力的作用下会发生扭折，甚至被挤碎成细小的结构，同时会伴随有动态的析出相产生。通常，变形 Mg-RE-Zn 系合金主要的强化机制是细小动态再结晶的晶界强化和 LPSO 的弥散强化。而变形 Mg-RE-Zn 合金经时效处理后，会从基体内析出大量的纳米级 β′相、细小的 LPSO 以及其他析出相，从而进一步强化了合金。

表 1-4 列出了抗拉强度在 400 MPa 以上的 Mg-RE-Zn 系变形镁合金的力学性能。其中，Xu 等人[56]制备出了一系列的高强度 Mg-8.2Gd-3.8Y-1.0Zn-0.4Zr 变形镁合金，并指出该合金强化的主要原因是在基体内析出了 LPSO 以及在动态再结晶晶粒的晶界处析出了 β′相。特别是，变形合金再经过一定温度时间下的时效处理，会在基体内析出大量的 γ′相，通过 LPSO+β′+γ′ 的联合强化，其强度会得到显著的提高。此外，Wu 等人[57]通过热挤压、冷轧以及时效处理制备出了超高强度的 Mg-11Gd-4.5Y-1Nd-1.5Zn-0.5Zr 合金，并指出冷轧可以促进时效硬化效果，并促进了基体内高密度位错的产生，进而激发了大量 β′在时效过程中的形核。Yan 等人[59]通过等通道转角挤压制备出一种超高强度的 $Mg_{97}Y_2Zn_1$ 合金，屈服强度达到了 550 MPa，其超高的强度主要是由于块状的 18R 被挤压成细小的颗粒并在基体内呈均匀分布，图 1-6 为该合金的 SEM 和 TEM 分析结果。

表 1-4　部分 Mg-RE-Zn 系变形镁合金的力学性能[22, 50-60]

合　　金	拉伸性能		
	抗拉强度/MPa	屈服强度/MPa	伸长率/%
Mg-4Y-2Zn-0.5Al	416	376	11
Mg-15Gd-1Zn-0.4Zr	420	338	2.6
Mg-3.5Sm-0.6Zn-0.5Zr	427	416	5.1
Mg-8.8Gd-3.4Y-1Zn-0.8Mn	434	371	10.7
Mg-6.8Y-2.5Zn	450	400	2.5
Mg-7Y-5Sm-0.3Zr-0.5Zn	465	413	6.5
Mg-8.4Gd-5.3Y-1.7Zn-0.6Mn	500	322	10
Mg-8.2Gd-3.8Y-1Zn-0.4Zr	520	462	10.6
Mg-11Gd-4.5Y-1Nd-1.5Zn-0.5Zr	547	502	2.6
Mg-12.62Gd-1.28Y-0.93Zn-0.46Mn	564	543	1.2
$Mg_{97}Y_2Zn_1$	570	550	12

另外，在 Mg-Zn-Y 系铸造镁合金中主要的第二相包括了 I 相、W 相以及 LPSO。其中，I 相是准晶体结构，其化学式为 Mg_3Zn_6Y；W 相是面心立方结构，

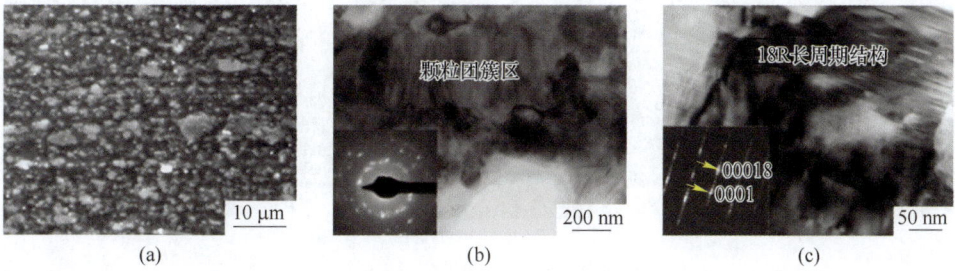

图 1-6 $Mg_{97}Y_2Zn_1$ 合金 18H 颗粒[59]

（a）SEM 结果；（b）（c）TEM 结果

其化学式为 $Mg_3Zn_3Y_2$；LPSO 包括了 18R 和 14H。在高 Zn 低 Y 的情况下（Zn/Y = 4~6）合金组织主要为 α-Mg 基体和 I 相。在低 Zn 高 Y 的情况下（Zn/Y = 0.35~0.55）合金组织主要为 α-Mg 基体和 LPSO。当 Zn/Y = 1.5~2 时合金组织主要为 α-Mg 基体和 W 相。总之，Mg-Zn-Y 系合金组织的第二相主要为 I 相或者 W 相或者为 I+W 相。而在 Mg-Y-Zn 系合金组织的第二相主要为 LPSO 或者为 LPSO+W 相。表 1-5 列出了抗拉强度大于 400 MPa 的 Mg-Y-Zn 系变形镁合金。Singh 等人[62]制备出了高强韧含 I 相的 Mg-8Zn-2Y 变形合金。低温挤压使得 I 相破碎成细小的颗粒，尺寸在 1 μm 到 50 nm，并且引起了极细小的动态再结晶晶粒（1 μm）。同时在挤压过程中动态析出了大量的尺寸在 15nm 的 β_1' 相。Pan 等人[65]通过热挤压制备出了一种高强度的含 W 相 Mg-10.3Zn-6.4Y-0.4Zr-0.5Ca 合金，图 1-7 为该合金的显微组织。他们的研究表明，W 相经过热挤压变成了细小的颗粒状，其尺寸为 500 nm。同时颗粒的 W 相促进了动态再结晶的形成并有效地抑制了再结晶的生长。

表 1-5 部分 Mg-Y-Zn 系变形镁合金的力学性能[61-65]

合　金	拉伸性能		
	抗拉强度/MPa	屈服强度/MPa	伸长率/%
Mg-5.1Zn-3.2Y-0.4Zr-0.4Ca	403	373	5.1
Mg-14Zn-3Y	416	386	16
Mg-8Zn-2Y	418	404	12
Mg-5Zn-1Ce-0.5Y-0.6Zr	421	407	9
Mg-8.3Zn-1.5Y	425	410	12
Mg-10.3Zn-6.4Y-0.4Zr-0.5Ca	466	447	4.7

图 1-7   Mg-10. 3Zn-6. 4Y-0. 4Zr-0. 5Ca 合金显微组织[65]
（a）铸态 SEM 组织；（b）挤压态 SEM 组织；（c）挤压态 TEM 组织

1. 3   LPSO 结构

1. 3. 1   LPSO 结构模型

在密排六方结构（hexagonal close packed，HCP）中，为达到堆垛最为紧密，密排面中原子堆垛的位置有 A、B、C 三种不同的类型，如图 1-8 所示。纯镁的原子堆垛顺序为 ABABAB···型，且仅有 A、B 两种密排面。当在纯镁的 HCP 中插入一层错 C，并且 C 层呈有规律的周期性出现，就称为长周期堆垛（long-period stacking，LPS）结构。如果不仅出现了长周期堆垛结构，而且在 A、B、C 三种密排面上的原子种类和分布也呈周期有序，就称为长周期堆垛有序（long-period stacking ordered，LPSO）结构，简称 LPSO[66]。

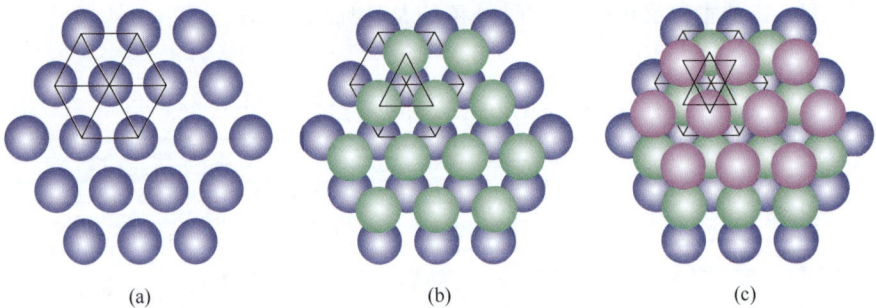

图 1-8   HCP 中的密排面示意图
（a）A 层；（b）AB 层；（c）ABC 层

在 LPSO 模型中，规定堆垛顺序 AB、BC、CA 为正，用"＋"表示，而堆垛顺序 BA、CB、AC 为负，用"－"表示。如图 1-9 所示，LPSO 中有两种周期性[67]，分别是 L 循环周期和 E 循环周期。L 循环周期指的是密排面堆垛正反顺序形成的周期；E 循环周期指的是堆垛序列重复的层数。在 LPSO 的命名中，数字表示堆垛序列重复的层数，字母 H 和 R 分别表示该种 LPSO 为六角点阵（Hexagonal，$E=L$）和菱面体点阵（Rhombohedra，$E=3L$）。如图 1-10 所示，18R 的堆垛序列为 ABACBCBCBACACACBAB，整个序列是一个循环周期，且每经过六个密排面，顺序周期重复一次，即 $L=6$，$E=3L=18$。14H 的堆垛序列为 ABCBCBCACBABAB，同样整个序列为一个循环周期，但顺序周期经过了整个序列，即 $E=L=14$。

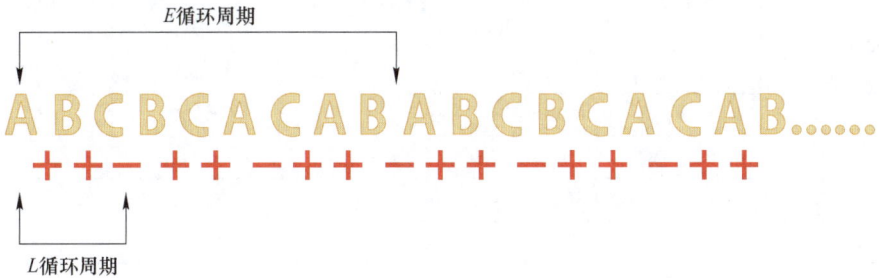

图 1-9　LPSO 中的两种周期

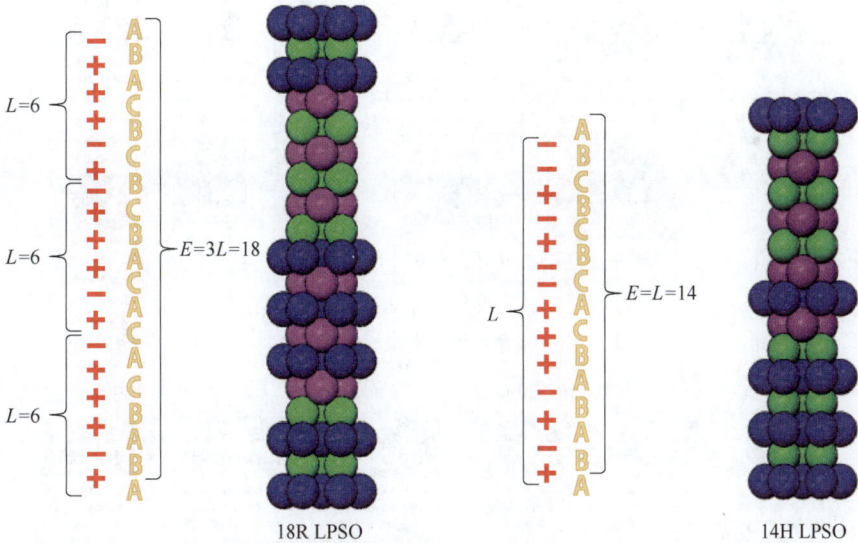

图 1-10　18R 和 14H 的密排面排列示意图

1.3.2　LPSO 结构类型

目前已发现的 LPSO 类型主要包括 6H、10H、14H、12R、18R 和 24R 六种。它们的密排面排列方式见表 1-6。通常来说，在镁合金中存在 ABCB（I1-SFS）和 ABCA（I2-SFS）两种内禀堆层错。因此 LPSO 结构相也可分为 I1 型 LPSO 和 I2

型 LPSO。根据目前研究结果，I1 型 LPSO 结构相是在 Mg-RE-Zn（Mg-Y-Zn、Mg-Dy-Zn、Mg-Er-Zn、Mg-Ho-Zn 和 Mg-Tm-Zn）三元系在凝固过程中作为次生相沿晶界形成，包含 4H、6H、8H、9R、12H、15R、16H[3]；I2 型 LPSO 结构相则在 Mg-Gd-Zn 铸造后的高温热处理过程中从 α-Mg 基体中析出形成，包含 10H、12R、14H、18R、24R。部分 LPSO 结构单元的排列方式如图 1-11 所示。

表 1-6   LPSO 类型

类型	密排面排列方式	a/nm	c/nm
6H	ABACAB	0.560	1.560
10H	ABACBCBCAB	0.325	2.603
14H	ABACBCBCBCABAB	1.112	3.647
12R	ABCACABCBCAB	1.112	3.126
18R	ACBCBCBACACACBABAB	0.321	0.521
24R	ABABABABCACACACABCBCBCBC	0.322	6181

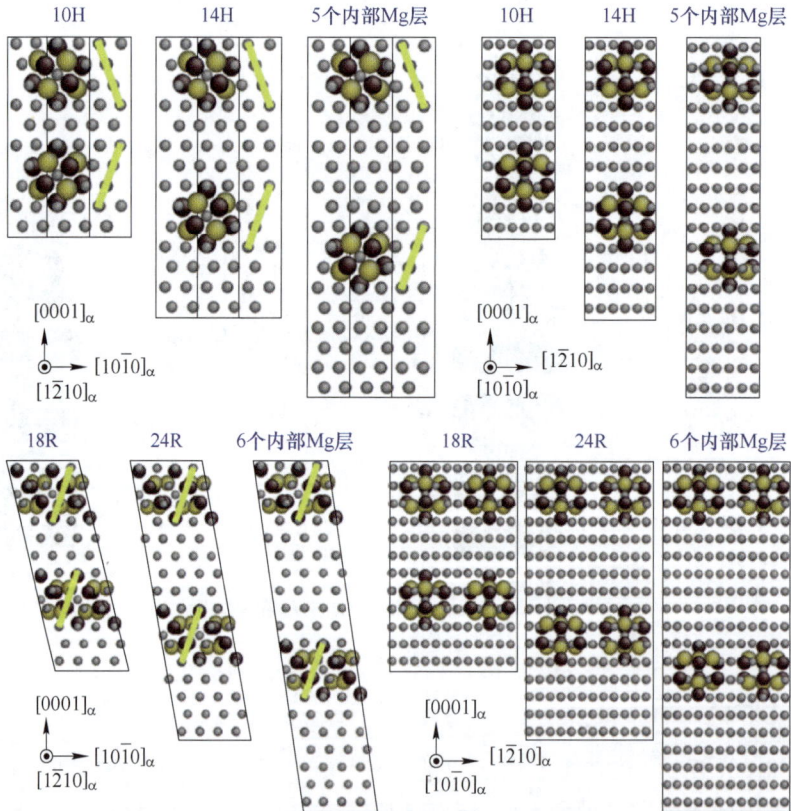

图 1-11   LPSO 结构单元的排列方式

1.3.3 LPSO 结构的形成及转变

对于 LPSO 相的形成机制，目前普遍认可的是层错与溶质浓度理论。18R 和 14H LPSO 相通常分别在凝固和高温固态反应过程中形成。块状 18R 相在铸造合金的晶界上形成准连续网络。在凝固过程中，由于 α-Mg 晶粒的形成，溶质 RE 和 TM 原子被排斥到液体中，液体中的 RE/TM 浓度比达到 18R 相所需的浓度比。根据铸态中 LPSO 相（如片状 14H）形成的一般观点，有序堆积断层（SF）的生成、RE 和 TM 原子向 SF 中的扩散以及窗台机制的生长是 LPSO 相形成的主要步骤。最新的观点认为，LPSO 单元构件的成核始于 TM/RE 原子共同聚集到两个相邻的紧密堆积层中（形成 GP 区，这是一个薄基底面缺陷，其 HCP 结构中富含 TM/RE 原子），随后形成堆积断层，以释放 HCP 结构中由此增加的能量，如图 1-12 所示。

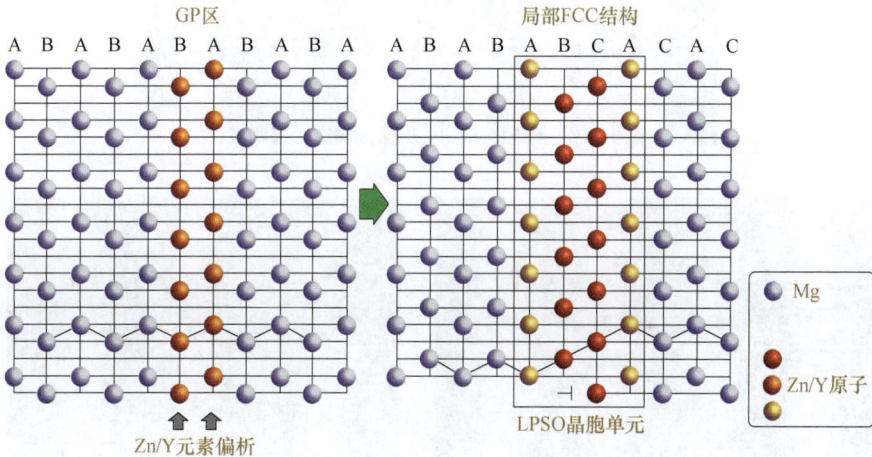

图 1-12 LPSO 相形成和生长的示意图模型

Luo 等人[68]在 Mg-Y-Zn 合金的晶界处第一次观察到 18R，认为 18R 的化学式为 $Mg_{12}YZn$，并指出 18R 是一种立方结构，晶格参数分别为 $a = 0.321$ nm 和 $c = 4.86$ nm，其晶胞的密排面堆垛次序为 ABABABCACACABCBCBCA。通过快速凝固粉末冶金工艺，Kawamura 等人[69]制备出了高强度的 Mg-RE 合金，室温屈服强度达到了 610 MPa，200 ℃时的屈服强度达到了 300 MPa，这种超高的强度主要归咎于细小的晶粒尺寸和 LPSO 的析出。Abe 等人[70]通过粉末冶金的方法在制备 $Mg_{97}Zn_1Y_2$ 合金时发现了 6H，并指出 6H 的结构单元由堆垛 ABCBCB 组成，其中在 A 和 B 层上富集了大量的 Y 和 Zn 元素。

Zhu 等人[32]指出 18R 的晶格参数为：$a = 1.112$ nm，$b = 1.926$ nm，$c = 4.689$ nm，$\beta = 83.25°$，其化学式为 $Mg_{10}YZn$。14H 的晶格参数为：$a = 1.112$ nm，

$c = 3.647$ nm，其化学式为 $Mg_{12}YZn$。此外，18R 和 14H 中有着相似的结构单元
ABCA。溶质原子 Y 和 Zn 有序排列在 ABCA 型结构单元的 B 和 C 层上。18R 的
晶胞是由三个-ABCA-结构单元构成，如图 1-13（a）中黄色线条所示，其中每两
个相邻的-ABCA-结构单元之间隔有两层密排 Mg 原子。14H 的晶胞是由孪生对称
堆垛-ABCA-和-ACBA-结构单元构成，且两相邻结构单元间隔有三层密排 Mg 原
子，如图 1-13（b）所示。Zhu 等人[33] 还揭示了 18R 和 14H 相的形成及转变机
制。他们指出，18R 的生长需要借助六层原子的台阶（$h = 1.563$ nm）来完成溶
质原子的扩散；14H 的生长需要借助七层的台阶（$h = 1.824$），并把 LPSO 之间的
转变归咎于扩散-位移型相变，具体如图 1-14 所示。

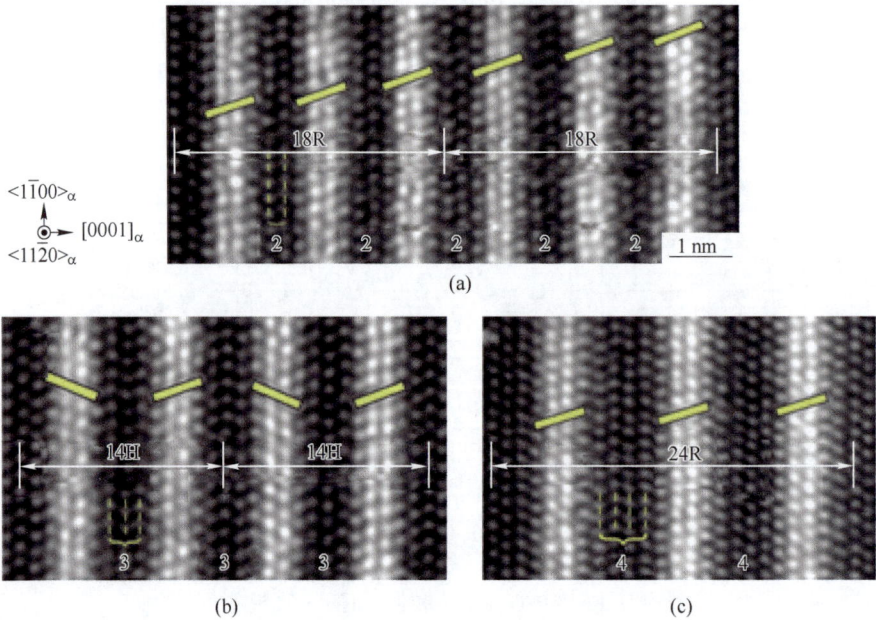

图 1-13   18R、14H 和 24R LPSO 的 HAADF 照片[32]
(a) 18R；(b) 14H；(c) 24R

Yamasaki 等人[71] 在 $Mg_{75}Zn_{10}Y_{15}$ 合金中发现了 10H 结构，并指出其化学式
为 $Mg_{77.2}Zn_{9.7}Y_{13.1}$，符合理想的化学计量学分子式 $10H$-$Mg_{23}Zn_3Y_4$。此外，Yi 等
人[72] 通过第一性原理计算调查了 10H 结构。如图 1-15 所示，10H 晶胞单元为
ABACBCBCAB，其密排原子面垂直于 c 轴，且 A、B 和 C 密排原子层上的原子分
别用黄色、灰色和绿色的球表示。通过快速凝固的方法制备 Mg-Y-Zn 合金时，由
于正常的 18R 和 14H 的形成受到剧烈的扰动，因此在合金的显微组织中会出现
少量周期数为 10H 和 24R。目前已观察到的 24R 和 10H 的结构的堆垛次序分别
为 ABABABCACACACABCBCBCBCAB 和 ABACBCBCAB，如图 1-13（c）和

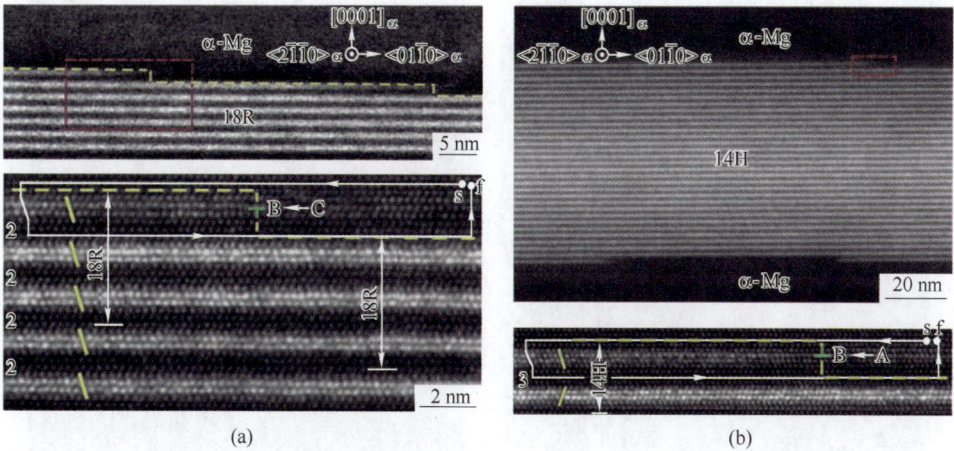

图 1-14 18R 和 14H 的高角环形暗场扫描透射电镜照片[33]

(a) 18R; (b) 14H

图 1-16 所示。可见，10H 结构中含有两个具有相反切变方向的-BACB-型堆垛单元，24R 结构中含有 3 个具有相同切变方向的-BACB-型堆垛单元。通过标定，10H 和 24R 均为六方结构，其点阵参数分别为 $a=0.325$ nm、$c=0.2306$ nm 和 $a=0.322$ nm、$c=0.6181$ nm。

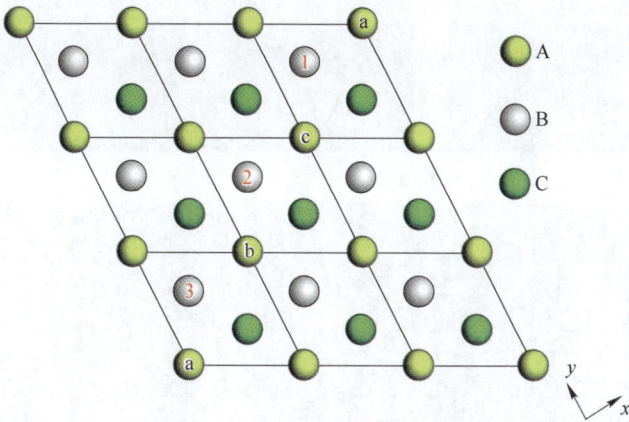

图 1-15 10H LPSO 晶胞示意图[72]

Liu 和 Zhu 等人[73] 在 $Mg_{80}Ni_5Y_{15}$ 合金中发现了一种新型 LPSO 结构，即 12R。图 1-17 为具体的 TEM 和 HAADF-STEM 照片。12R 的晶格参数为 $a=b=1.112$ nm，$c=3.126$ nm，$\alpha=\beta=90°$，$\gamma=120°$，其晶胞单元由三个-ABCA-结构单元构成，堆垛次序为 ABCACABCBCAB。

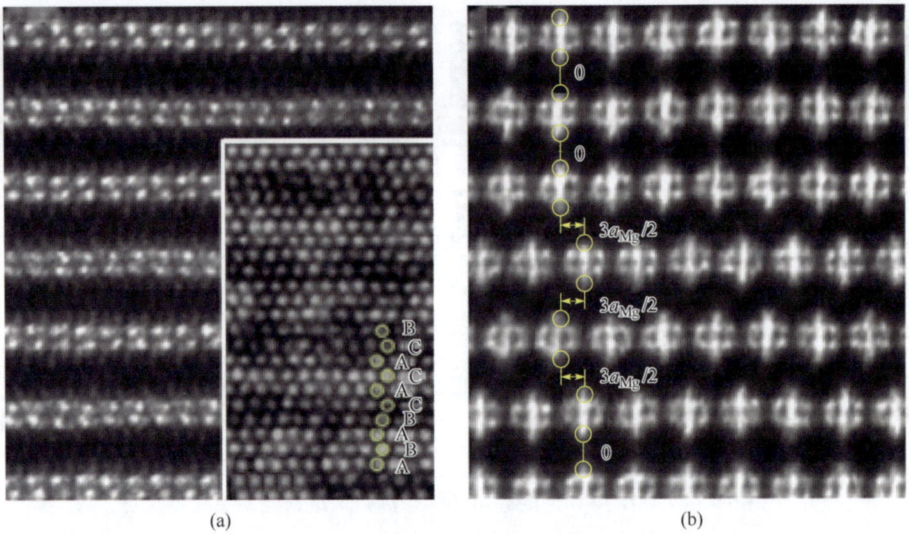

(a)　　　　　　　　　　　　　　　(b)

图 1-16　10H LPSO 的 HAADF 照片[70]

（a）低倍；（b）高倍

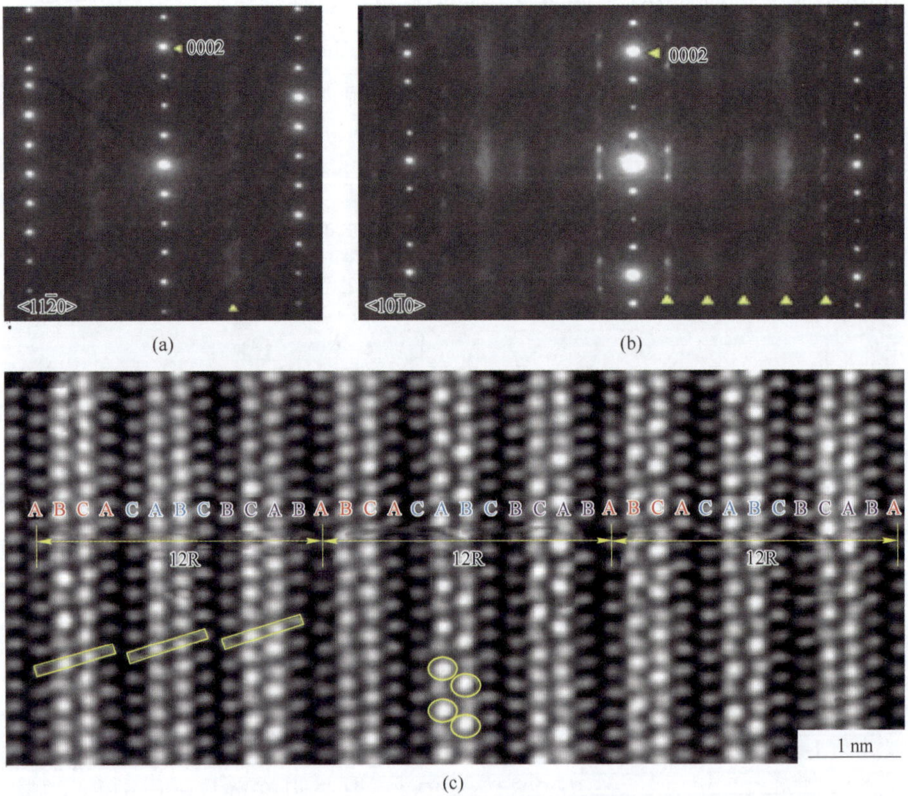

(a)　　　　　　　　　　　　　　　(b)

(c)

图 1-17　12R LPSO 结构 TEM 分析结果[73]

（a）（b）选区衍射；（c）HAADF

1.3.4　LPSO 结构的扭折变形

在具有 HCP 结构的纯金属中，塑性变形的启动与晶体的轴比（c/a）有关。对于轴比小于 1.73 的密排六方金属（如 Mg，c/a=1.633），当晶体受到平行于 c 轴的拉力或垂直于 c 轴的压力时，$\{10\bar{1}2\}$ 拉伸孪晶易于启动；对于轴比大于 1.73 的密排六方金属（如 Zn，c/a=1.856），在该外力条件下拉伸孪晶不能启动。此时，这些金属中发生扭折以协调变形。LPSO 独特的晶体结构导致其轴比很大（18R-LPSO，c/a=4.225；14H-LPSO，c/a=3.288），其基面滑移受到抑制时，会发生扭折以协调应变。

在 Mg-RE-Zn 镁合金的塑性变形过程中，LPSO 扭折（deformation kink）是最常见的一种变形机制。Mg 和 LPSO 的主要变形模式是基面 $\langle$a$\rangle$ 滑移，而当基面 $\langle$a$\rangle$ 滑移受阻时，LPSO 就会发生扭折。扭折首先由 Orowan[74] 提出，属于六方晶格金属的一种特殊的变形模式。其中 LPSO 扭折是由于其晶格的转动而引起的，并被认为是一种有效的强化形式。图 1-18 显示了 LPSO 扭折形成的示意图以及对应的转动轴和转动角，同时扭折的形成伴随有扭折带（kink band）以及扭折带边界（kink band boundary）的出现。

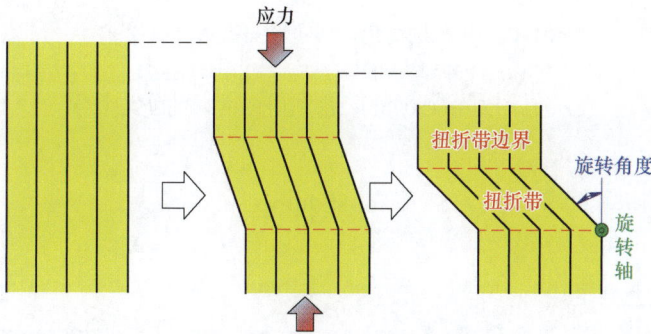

图 1-18　形成扭折的示意图

近年来，随着高角环形暗场扫描透射电镜（HAADF-STEM）以及第一性原理模拟计算的应用，LPSO 扭折的形成机制得到了广泛的研究。例如，Shao 等人[35,36]研究了 LPSO 扭折界面上原子的偏聚情况，如图 1-19 所示是 LPSO 扭折的高角环形暗场扫描透射照片。Yamasaki 等人[75]对挤压态 $Mg_{89}Zn_4Y_7$ 合金中 18R LPSO 扭折进行了系统的研究，并将 18R LPSO 扭折分为了三类，具体如图 1-20 所示。其中，$\langle\bar{1}100\rangle$ 和 $\langle0\bar{1}10\rangle$ 旋转型扭折是基面 $\langle$a$\rangle$ 滑移沿着密排方向滑移形成的；$\langle0001\rangle$ 旋转型扭折是通过柱面 $\langle$a$\rangle$ 滑移模式转动形成的；而 $\langle1\bar{2}10\rangle$ 旋转型扭折是通过联合的基面 $\langle$a$\rangle$ 滑移形成。最近，Yamasaki 等人[76]

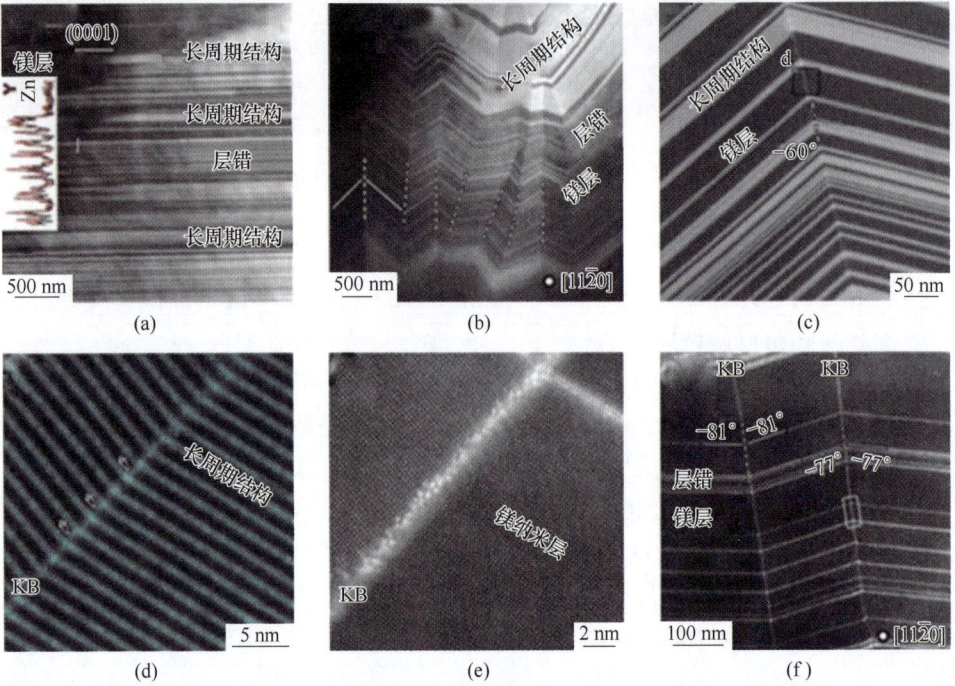

图 1-19　扭折的高角环形暗场扫描透射照片[36]

(a) LPSO 结构和位错（SFs）；(b) 低倍扭折；

(c)~(f) 分别在 LPSO 结构、Mg 基体和位错中的扭折高倍照片

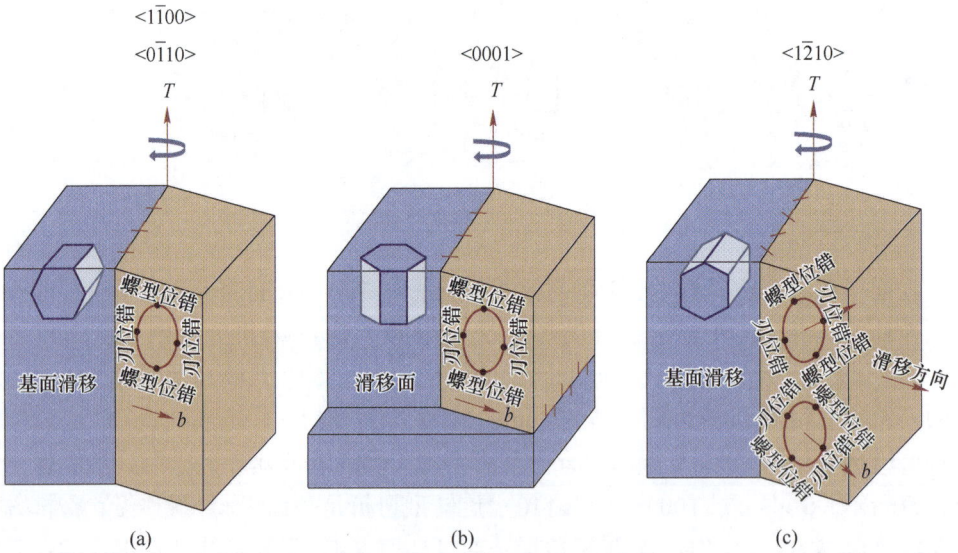

图 1-20　挤压 $Mg_{89}Zn_4Y_7$ 合金中三种扭折[75]

(a) $\langle 1\bar{1}00 \rangle / \langle 0\bar{1}10 \rangle$；(b) $\langle 0001 \rangle$；(c) $\langle 1\bar{2}10 \rangle$

在分析挤压态 $Mg_{85}Zn_6Y_9$ 合金中小角度扭折中的位错形貌时发现，不同的扭折带具有不同的晶格旋转轴，例如 $\langle 1\bar{1}00 \rangle$ 和 $\langle 1\bar{2}10 \rangle$；并且 $\langle 1\bar{1}00 \rangle$ 旋转型扭折和 $\langle 1\bar{2}10 \rangle$ 旋转型扭折均是由基面 $\langle a \rangle$ 刃型位错组成。此外，Shao 等人[36] 的研究表明，在 LPSO 发生扭折的同时，其周围的 α-Mg 相会通过位错滑移产生类似扭折的塑性变形，α-Mg 相的塑性变形主要是通过基面 $\langle a \rangle$ 滑移和 $\langle c+a \rangle$ 锥面滑移完成的，而非基面滑移是由 α-Mg 相与 LPSO 之间不匹配的弹性模量激发的。可见，LPSO 扭折的产生严重地影响着 α-Mg 相的塑性变形行为。因此，很有必要对 LPSO 的塑性演变规律进行系统的研究。

1.4 变形理论基础

1.4.1 HCP 晶体结构

纯镁具有密排六方（HCP）晶体结构，其晶胞是一个六方柱体，Mg 原子分别分布在柱体的上下面的六个角以及柱体的中心处[77]，如图 1-21 所示。图中，$a = 0.3202$ nm 和 $c = 0.5199$ nm 是 HCP 结构在室温下的晶格点阵常数，轴比 c/a 为 1.624。HCP 的堆垛次序为…ABABA…。图 1-22 和图 1-23 显示了 HCP 结构中的晶向与晶面，其中最密排方向为 $\langle 11\bar{2}0 \rangle$ 方向，最密排面为 $\{0001\}$ 基面，包含最密排方向的晶面有基面 $\{0001\}$、柱面 $\{10\bar{1}0\}$ 和锥面 $\{10\bar{1}1\}$。

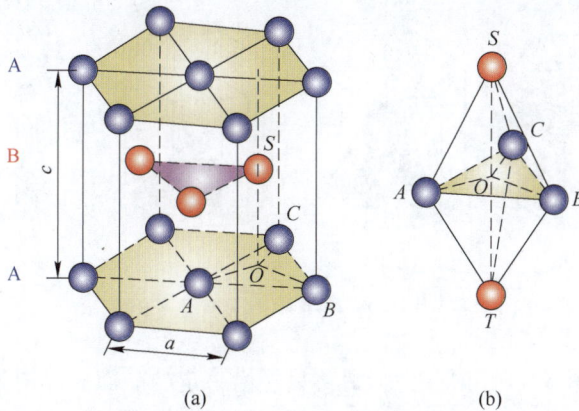

图 1-21 HCP 结构
（a）密排六方晶体结构示意图；（b）汤普森六面体

1.4.2 HCP 中的位错

在剪切应力的作用下，晶体的一部分与另一部分沿着一定的晶面和晶向发生

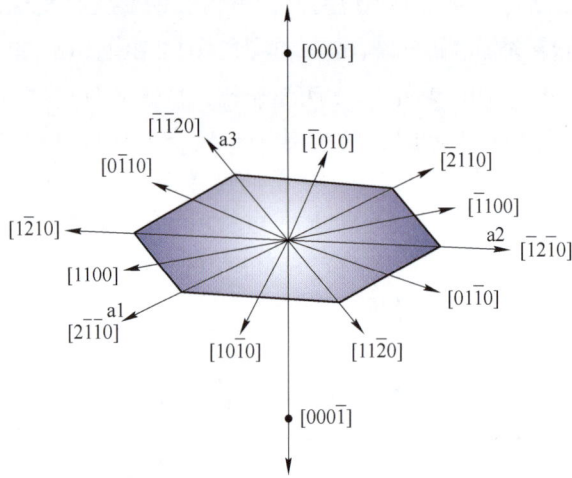

图 1-22　HCP 结构中的晶向

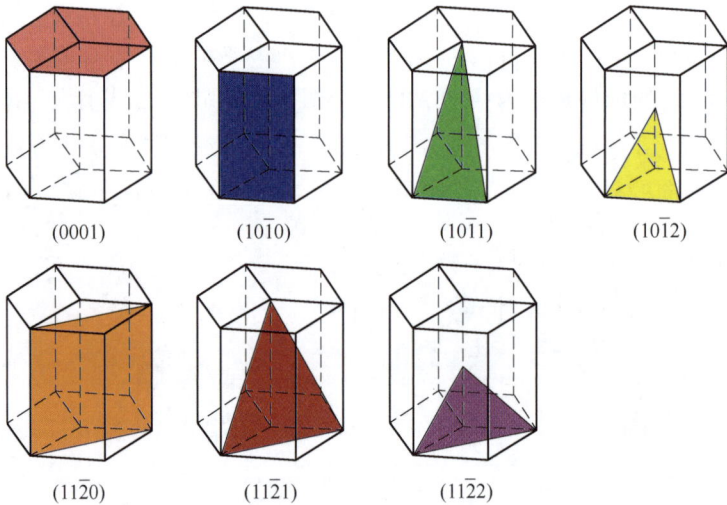

图 1-23　HCP 结构中的晶面

相对移动，称为滑移。一般来说，滑移只能沿一定的晶面和晶向发生，这些晶面和晶向称为金属的滑移面和滑移方向。滑移面和滑移方向往往是金属晶体中原子排列最紧密的晶面和晶向。在 FCC 晶体中，滑移面是密排面（111），滑移方向为 [110]。而在 HCP 晶体中，滑移方向为 [$11\bar{2}0$]，比较稳定。但是，由于密排六方金属的原子排列情况受轴比 c/a 值的影响，因此各晶面的面间距及滑移面均与 c/a 值有关，当 c/a 值大于或接近理想密堆值 1.633 时（如纯镁和大部分镁合金），其最密排面和滑移面为（0001）基面；而当 c/a 值小于 1.633 时，基面间距缩小，（0001）面不再是最密排面，这时滑移面是（10$\bar{1}$0）柱面或（11$\bar{2}$2）锥面。

一般，HCP 结构中的位错是通过（0001）基面上的三个原子和正上方的柱体中心位置处的一个原子构成的锥体来表示，如图 1-21（b）所示。图中，A、B、C 三个顶点为（0001）基面上的三个原子，O 为三角形 ABC 的中心，S 为正上方柱体中心的原子位置。锥体中的不同方向矢量可以表示 HCP 晶体结构中不同的位错伯氏矢量。例如，矢量 AB、BC、CA、BA、CB 和 AC 代表了〈a〉位错，其伯氏矢量 $b = 1/3\langle 11\bar{2}0 \rangle$；矢量 ST 和 TS 代表了〈c〉位错，其伯氏矢量 $b = \langle 0001 \rangle$[77]。

1.4.3　HCP 中的滑移系

滑移是镁合金塑性变形过程中的一个重要变形机制。镁合金的塑性变形主要通过位错的运动来实现。在 HCP 晶体结构中，（0001）基面是最密排面和滑移面，〈11$\bar{2}$0〉晶向是原子最密排方向，也是最容易发生滑移的方向。此外，〈$\bar{1}$1$\bar{2}$3〉晶向也是一个潜在的滑移方向。表 1-7 列出了 HCP 晶体结构在室温下可能的滑移系，对应的晶胞几何取向如图 1-24 所示。镁合金中最常见的滑移系包括基面〈a〉滑移，柱面〈a〉滑移，锥面〈a〉滑移和锥面〈$c+a$〉滑移[77]。任意的变形过程可以用 6 个独立的应变分量 ε_{xx}，ε_{yy}，ε_{zz}，ε_{xy}，ε_{yx} 和 ε_{zx} 来表达，而塑性变形过程中需要满足体积不变：$\varepsilon_{xx} + \varepsilon_{yy} + \varepsilon_{zz} = 0$。因此，多晶体实际上至少需要 5 个独立的应变分量或者滑移系才能实现任一点产生任意的应变量。

表 1-7　镁及镁合金中的滑移系

滑移系	滑移面	伯氏矢量/滑移方向	总滑移系数目	独立滑移系数目
〈a〉基面滑移	{0001}	$a/[11\bar{2}0]$	3	2
〈a〉柱面滑移	{10$\bar{1}$0}	$a/[11\bar{2}0]$	3	2
〈a〉锥面滑移	{10$\bar{1}$1}	$a/[11\bar{2}0]$	6	4
〈$c+a$〉锥面滑移	{11$\bar{2}$2}	$c+a/[\bar{1}\bar{1}23]$	6	5

当晶体的塑性变形以滑移机制为主时，位错芯的结构对塑性变形行为有很大影响。实际上 HCP 金属的位错芯结构在基面和柱面上存在很大差异，位错只有在基面滑移时才遵循 Schmid 定律，而在棱柱面滑移时会偏离 Schmid 定律。尽管临界分切应力与晶体的取向无关，但同一晶体内不同滑移面之间的 CRSS 值存在很大差异，并且受变形温度等外部条件的影响。对密排六方金属而言，可用棱柱面滑移与基面滑移的 CRSS 比值大小来衡量柱面滑移的难易程度，比值越大则棱

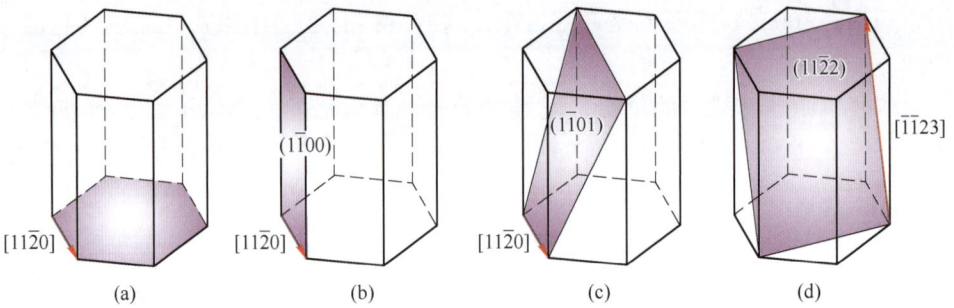

图 1-24　镁合金中的滑移系统

(a) 基面⟨a⟩滑移；(b) 柱面⟨a⟩滑移；(c) 锥面⟨a⟩滑移；(d) 锥面⟨c+a⟩滑移

柱面滑移越难以发生。例如，室温时镁单晶非基面滑移的临界分切应力比基面滑移的大得多，并且随温度的变化非常明显。镁基面滑移时的 CRSS 值在室温下为 0.6~0.7 MPa，且与温度的关系不大；而柱面滑移室温时的 CRSS 值则高达 40 MPa 以上，且随温度的升高而急剧减小。当温度在 573 K 以上时，基面滑移和棱柱面滑移的 CRSS 值变得非常接近，这也是镁在高温下塑性得以大幅度改善的重要原因。

1.4.4　镁合金中的动态再结晶行为

动态再结晶（dynamic recrystallization，DRX）是镁合金遭受热挤压时的一种普遍现象，是位错重新排列和消失的过程并且决定着变形合金的组织和力学性能。在这种情况下，无畸变晶粒取代变形晶粒，由生成大角度晶界，并使小角度晶界迁移至大角晶界而实现。在晶界能作用下，发生再结晶形核后，形成了新的晶粒并长大。再结晶改善合金的塑性、控制最终晶粒大小、晶粒形状和取向分布等微观结构特征方面发挥着重要作用。

许多因素影响着动态再结晶的析出，包括镁合金的层错能、塑性变形条件、初始晶粒大小以及第二相的尺寸与分布。在塑性变形过程中，镁合金的动态再结晶机制主要有不连续动态再结晶（discontinuous dynamic recrystallization，DDRX）、连续动态再结晶（continuous dynamic recrystallization，CDRX）和几何动态再结晶（geometric dynamic recrystallization，GDRX）三种。

首先，不连续动态再结晶过程包括再结晶晶粒的形核和长大，其主要特征可以归纳如下[78,79]：

（1）在应力-应变曲线上存在一个临界应变 ε_{cr}，且略低于峰值应变 ε_p，如图 1-25（a）所示。

（2）根据变形温度、加载速度以及材料的初始晶粒尺寸，在应力-应变曲线上会出现单一或者多峰，如图 1-25（b）所示。

（3）不连续动态再结晶通常会在原始的晶界形核，并形成由等轴晶组成的项链结构，如图 1-25（c）所示。

（4）减小原始晶粒尺寸和应变速率以及增加变形温度可以促进再结晶动力学，如图 1-25（d）所示。

（5）在不连续动态再结晶过程中，晶粒尺寸将达到一个稳定值 D_s。再结晶晶粒尺寸的大小取决于原始晶粒尺寸和变形条件，如图 1-25（e）和（f）所示。

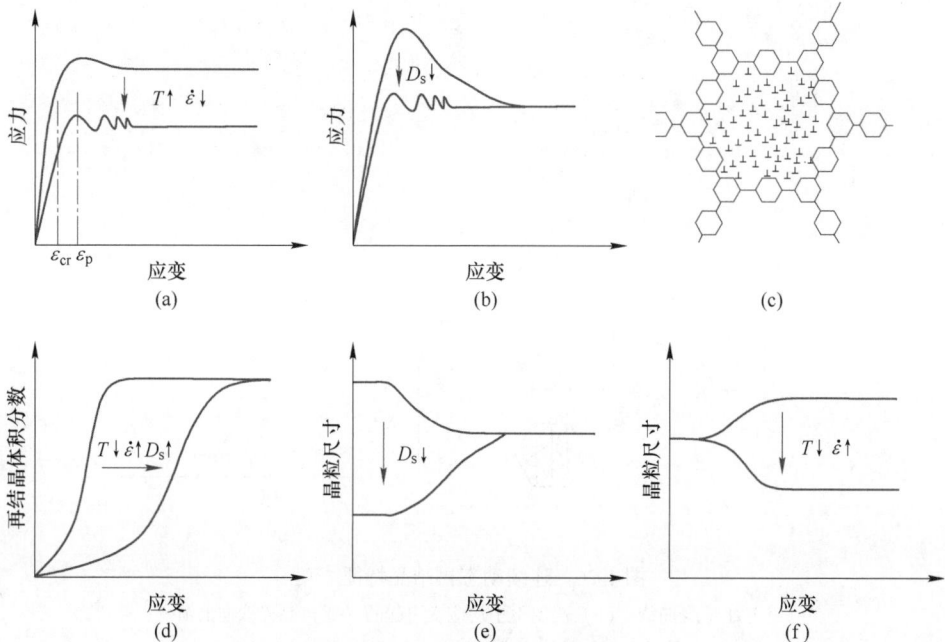

图 1-25　不连续动态再结晶特征[78]

（a）（b）显示从单峰到多峰过渡的应力-应变；（c）不连续动态再结晶过程中形成的项链结构；
（d）变形条件和初始晶粒大小对再结晶动力学的影响；（e）平均晶粒大小随初始晶粒大小的变化而变化；
（f）平均晶粒大小随变形条件的变化而变化

区别于不连续动态再结晶，连续动态再结晶中没有再结晶晶粒的形核和长大，是通过亚晶界旋转移动逐渐转变而来的。其主要的特征可归纳如下[78,79]：

（1）应力随着应变的增加而增加，并且会达到一个稳定的最大值。如图 1-26（a）所示，这个稳定值随挤压温度降低和变形速率的升高而增大。

（2）取向差随着应变的增加而增加。存在一些稳定的取向，使得取向差的增加不足以形成高角度晶界，如图 1-26（b）所示。

（3）一般，小角度晶界向大角度晶界的转变需要通过三种方式，如图 1-26（c）所示。分别是通过高温下小角度晶界取向的增加，或者是通过晶界处连续的晶格转动和大应力应变下形成剪切带。

（4）再结晶晶粒尺寸会随应变的增加而减小，并在某大应变时达到一个稳定值，如图1-26（d）所示。

（5）在大应变条件下易形成强织构。

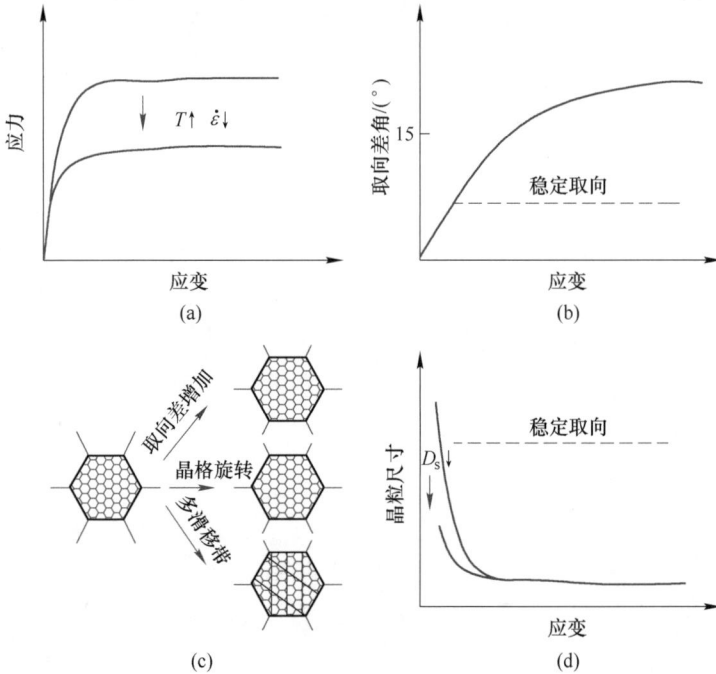

图 1-26　连续动态再结晶特征[78]

（a）应力-应变曲线；（b）高温下平均应变引起的（亚）晶界取向的演变；
（c）连续动态再结晶的形成机制；（d）平均晶粒尺寸的演变

几何动态再结晶的特征如下[78,79]：

（1）在高温和低应变速率下，会在具有高层错能的材料中发生几何动态再结晶现象。

（2）在应力-应变曲线上，应力会先增加到峰值，然后缓慢下降，最后由于织构的弱化而达到一个稳定值，如图1-27（a）所示。

（3）在某临界应力条件下会形成亚晶。亚晶首先会在原始的晶界处产生且晶粒尺寸为一常数，如图1-27（b）所示。

（4）不同于连续动态再结晶，几何动态再结晶晶粒的取向差角是通过位错反应饱和而形成的，如图1-27（c）所示。

（5）在几何动态再结晶中，织构保持不变。

（6）当存在溶质原子拖拽和颗粒钉扎时，形成亚晶界的临界应变和高角度晶界的面积分数将增大，如图1-27（d）所示。

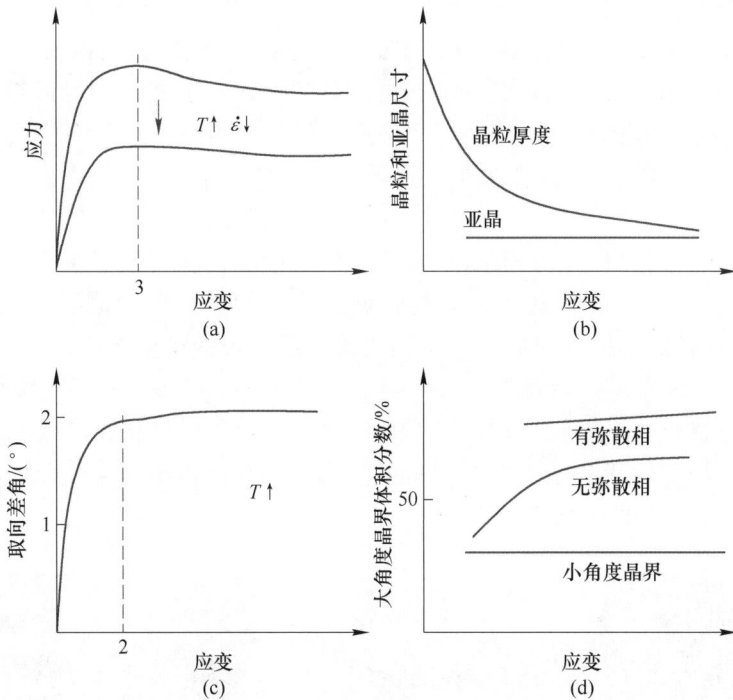

图 1-27　几何动态再结晶特征[78]

(a) 流动应力的影响；(b) 晶粒厚度和亚晶粒尺寸的演变过程；
(c) 透射电镜下测量取向差角的演变；(d) 大角度晶界体积分数的演变

　　动态再结晶现象是 Mg-RE-Zn 合金塑性变形过程中的一个重要变形机制。变形应变为原始晶界和第二相界面的突起以及位错密度的增加提供了驱动力，当位错密度达到一定值时，动态再结晶就会形核并长大。而 18R 和 14H 在挤压过程中的扭折变形会引起位错的产生、聚集以及重组等一系列的位错运动。因此，Mg-RE-Zn 合金中 18R 和 14H 的存在会对动态再结晶的析出产生重要的影响。Lv 等人[80,81] 在低温低应变速率压缩条件下，分别研究了含 18R 和 14H 的 Mg-2Zn-0.3Zr-5.8Y 合金中动态再结晶的演变行为。结果发现，在高温压缩变形过程中，晶界处的 18R 和 α-Mg 基体内的 14H 均会阻碍动态再结晶的产生，并且 14H 以及变形过程中形成的扭折带阻碍动态再结晶长大的作用要远大于 18R。他们指出，该挤压合金中的动态再结晶机制主要以连续的动态再结晶为主，并伴随有原始晶界处形成的不连续动态再结晶。Liu 等人[82] 通过多道次的等通道转角挤压，研究了 Mg$_{97}$Y$_2$Zn$_1$ 合金中 LPSO 对动态再结晶现象以及合金力学性能的影响。研究发现，在挤压的初期，合金中扭折的块状 18R 促进了动态再结晶的形核，而基体内层状 14H 却阻碍了动态再结晶的产生；然而，随着挤压的进行，扭折的 14H 逐渐被挤碎。同时，细小的 14H 触发了第二次动态再结晶的形核，并指出 18R 和 14H 均是通过粒子激发成核机制（particle stimulated nucleation，PSN）触发动态再结晶的形核。虽然研究者们对 LPSO 激发的动态再结晶行为有了一定的研究进展，但是具体的动态再结晶机制还不清楚。所以，对 18R 和 14H 激发的动态再结晶机制进行深入的调查具有重大的研究意义。

综上所述，含 LPSO 的 Mg-RE-Zn 变形镁合金不仅表现出了高的强度，而且还具有好的韧性，其组织特征主要包括动态再结晶现象、共晶相（如 W 相）的碎化、LPSO 扭折、位错的扩展以及相关动态析出相的产生等[56,65]，如图 1-28 所示。其中，碎化的共晶相能够有效地避免微裂纹的扩展，从而提高合金的强度；平行于挤压方向分布的 18R 和 14H 相当于强化纤维结构，可以同时提高合金的强度和韧性；LPSO 扭折、再结晶和析出相的动态析出，均可有效地细化合金组织并起到极大的强化作用。

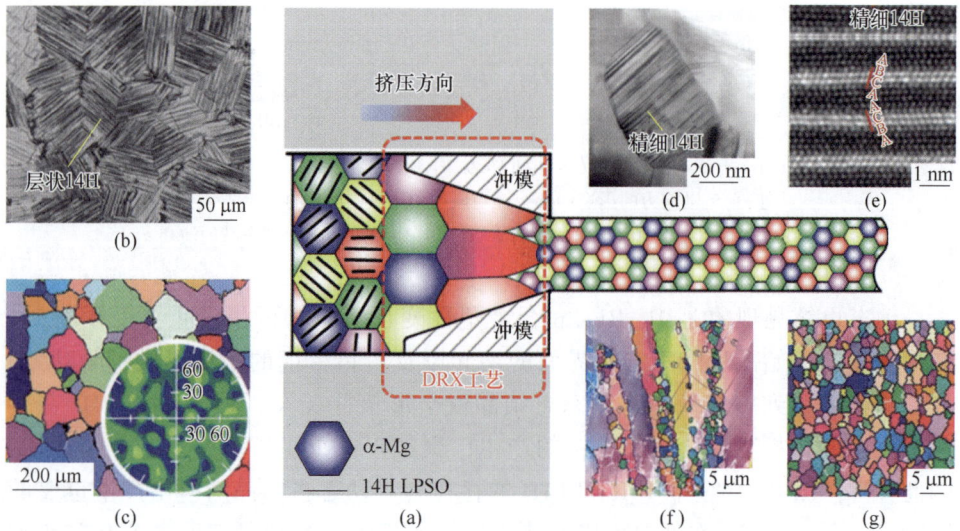

图 1-28　Mg-RE-Zn 镁合金在挤压过程中的组织演变

（a）挤压组织演变示意图；（b）（c）挤压前组织特征；（d）~（g）挤压后组织特征

然而为了满足工业需求并得到更高强度的镁及镁合金构件，Mg-RE 变形镁合金受到研究者们的广泛关注，尤其是含 LPSO 的 Mg-RE-Zn 变形镁合金更是成为一大研究热点。但是，有关 LPSO 在塑性变形过程中的演变规律以及与动态再结晶的关系的认识还不够深入，许多理论问题和实际应用技术仍有待进一步的探讨。

1.5 强 化 机 制

迄今为止开发的高强度含 LPSO 变形镁合金，复合强化效应有助于实现高强度，包括 LPSO 强化、细晶强化、扭折强化、双峰结构强化等。这些强化机制相互协同，共同提升了 Mg-RE-Zn 系镁合金的综合性能。

1.5.1 LPSO 强化

LPSO 相与 Mg 基体的界面为完全共格界面，可以有效抑制微裂纹和孔洞的形成，阻碍位错滑移。位错是晶体中的一种线缺陷，它的运动是导致材料塑性变形的主要原因。当位错在合金中移动时，遇到 LPSO 相的界面或者内部结构时，其运动就会受到阻碍。例如，LPSO 相的原子排列有序性和其与基体之间的界面能，使得位错难以顺利地穿过 LPSO 相，从而增加了位错运动的阻力。具有高强度、高弹性模量的 LPSO 本身可作为增强相，而板条状的 LPSO 可以在拉伸过程中承载由 α-Mg 晶粒传递的部分载荷。LPSO 的形成可以提高基面滑移的临界分切应力，激活非基面滑移，改善合金的塑性。尤其是在变形过程中，LPSO 结构相可以通过扭折变形形成扭折带，一方面可以协调合金的塑性变形过程，改善塑性，由于 LPSO 相在阻碍位错运动的同时，并不是像脆性相那样容易导致裂纹的产生和扩展，而是通过较为均匀的应力分布来抵抗变形。因此，含有 LPSO 相的合金在断裂前能够吸收更多的能量，具有更好的韧性，并且在塑性变形过程中也能够保持一定的变形能力。另一方面扭折带可以阻碍位错滑移提高合金的强度。例如，在一些含有 LPSO 相的 Mg-RE-Zn 系镁合金中，其抗拉强度可以比不含 LPSO 相的同类合金提高数倍。同时，合金的屈服强度也会有明显的提升，这使得合金在承受载荷时能够更好地抵抗变形。

另外，与 α-Mg 基体共格界面的 LPSO 相拥有优异的性能，包括高强度、强度各向异性和高模量，本身作为增强相直接起着强化作用。如图 1-29 所示，在 $Mg_{97}Y_2Zn_1$ 挤压合金中，LPSO 结构在挤压过程中沿着挤压方向被拉长成短纤维，可以起到类似于复材中的纤维强化，从而显著强化挤压合金强度。当加载方向与纤维方向平行，由于载荷传递机制，挤压过程形成的长条状 LPSO 相能够显著增强合金强度，这是因为在拉伸试验中 LPSO 相将承载大部分载荷，LPSO 相能够承受的载荷高于基体能够承受的载荷，这与 Garcés 等人[83]研究结果相同。

1.5.2 细晶强化

细晶强化是金属材料中四大强化机制之一，能同时提高强度和韧性的强化方式，基于 Hall-Petch 关系，晶粒越细其强度越高。镁合金在变形过程中通过再结

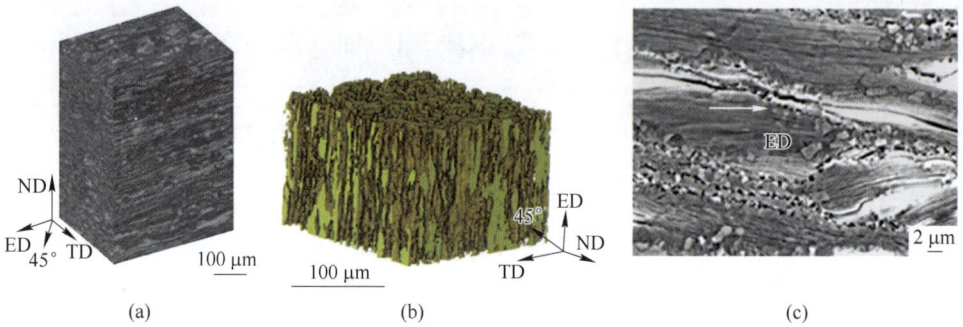

图 1-29　$Mg_{97}Y_2Zn_1$ 合金组织[83]

（a）三维显微组织；（b）彩色 CT 层析图；（c）SEM 结果

晶行为细化晶粒，而再结晶行为又受 LPSO 相的显著影响，LPSO 相通过粒子刺激形核（particle stimulation nucleation，PSN）机制促进 DRX 行为，由于 LPSO 弹性模量高于基体弹性模量，Mg/LPSO 界面在变形过程中表现出变形不相容性，在界面处形成强烈的应力集中和严重的变形区，这些高能区域为 DRX 晶粒形核创造了条件，从而促进 DRX 行为。此外，不同类型和形态的 LPSO 结构对 DRX 行为的影响是不同的。通常，块状结构的 18R-LPSO 相通过 PSN 机制促进 DRX 行为，而分布在基体中层状的 14H-LPSO 相在变形过程中抑制 α-Mg 晶粒的晶格旋转和阻碍 DRX 晶界的迁移，抑制 DRX 行为的发生。然而，扭折严重的 14H-LPSO 相也会促进 DRX 行为。因此，块状 18R-LPSO 结构对 DRX 行为表现出促进作用，而层状 14H-LPSO 结构根据其形态和分布对 DRX 行为表现出抑制或促进作用[84]。

1.5.3　扭折带强化

　　LPSO 扭折带是由有限区域内的基底位错雪崩形成的，它能有效地阻止位错运动和基底滑移。为了系统分析 LPSO 相的强化效果，Yu 等人[85]研究了不同挤压工艺对 $Mg_{88}Zn_4Y_8$ 合金挤压变形行为的影响，包括挤压温度、挤压比和挤压方向。不同的挤压工艺使得 LPSO 结构在挤压过程变形行为不同，使得 LPSO 相的强化作用表现出各向异性。其中，当拉伸方向与挤压方向垂直或平行时，基面滑移系和加载方向垂直或平行，此时晶粒处于硬取向，基底滑移转变为扭折带的形成。当拉伸方向与挤压方向夹角约为 45°时，晶粒处于软取向，基底滑移主导变形行为。挤压引起的 LPSO 强化方式主要有两种，一种是织构强化，另一种是扭折强化[42]。随着挤压比增大，LPSO 结构变形程度更大、织构更强、扭折更严重，使合金强度更高，但是扭折强化对合金的高温屈服强度强化效果不明显。

　　LPSO 相的扭折也有利于 DRX。晶格旋转变形形成扭折带，基底位错在扭折带边界处垂直于滑移面排列。随着变形应变的进一步增大，具有一定扭折角的扭折带会引起局部塑性应变，在扭折边界附近形成新的晶界，使较大的局部应变松弛，从而容纳较大的塑性变形。同时，局部应力集中是位错成核、新晶界和亚晶粒形成的一个条件。最后，在扭折的 14H 薄片周围产生 DRX 晶粒。由于在变形过程中发生扭折，薄层状 14H 对 DRX 的抑制作用逐渐转化为促进作用。当 14H 薄片破碎成细颗粒时，它们可能会通过 PSN 机制进一步刺激 DRX 行为，并在最后产生具有 14H 颗粒和 DRX 晶粒的混合微观结构[86]。此外，晶间块状 LPSO 相和晶内扭折薄层状 LPSO 相诱导的 DRX 行为不同。块状 LPSO 刺激的 DRX 是一种不连续的 DRX，包括通过原始晶界的凸起而形核和新晶粒的生长。扭折的 LPSO 薄片刺激的 DRX 被认为是一种连续的 DRX，通过亚晶粒的逐渐旋转和晶界取向错位的增加，从低角度晶界（LAGBs）逐渐转变为高角度晶界（HAGBs）。

1.5.4 双峰结构强化

值得注意的是，在传统的热挤压工艺下，含有晶内层状 LPSO 结构的 Mg-RE-Zn 镁合金通常无法实现完全的 DRX。因此，热挤压的 Mg-RE-Zn 合金总是表现出双峰微观组织，包括发生 DRX 行为的细晶区和未发生 DRX 行为的粗晶区，这种双峰微观组织对改善变形合金的力学性能效果显著[83]。粗晶粒的强织构对强度的贡献比细晶粒更大，而在细小的 DRX 晶粒的辅助下，双峰晶粒结构比等轴细晶结构具有更好的强化效果[87]，如图 1-30 所示。

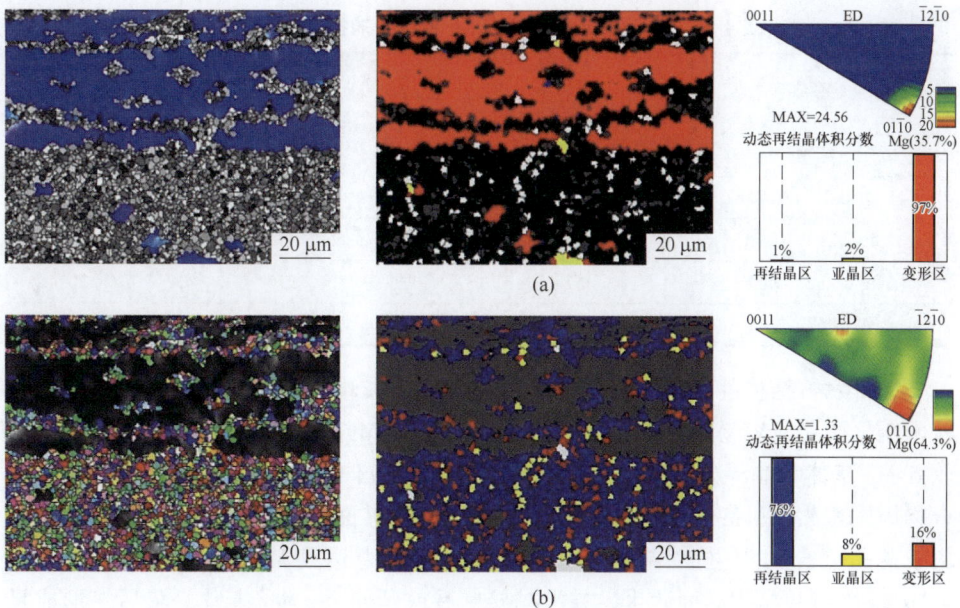

图 1-30　挤压后的 Mg-15Gd-1Zn-0.4Zr 样品的粗晶粒和细晶粒的 EBSD 结果[87]

（a）粗晶粒；（b）细晶粒

1.6　断裂机制

从安全性和实用性的角度来看，强度和断裂韧性（K_{IC}）是最重要的两个性能。然而，屈服强度的增加不可避免地伴随着断裂韧性的急剧下降，迫切需求克服屈服强度和断裂韧性的倒置关系。如，通过快速凝固制备的 Mg-2Zn-7Y-0.4Al 合金可获得 498 MPa 超高的抗拉屈服强度（YS）[88]，然而，平面应变断裂韧性 K_{IC} 仅为 9.5 MPa·m$^{1/2}$。热挤压 Mg-8Gd-3Y-0.5Zr 合金[89]具有完全再结晶组织，其 K_{IC} 高达 20.4 MPa·m$^{1/2}$，然而 YS 较差，仅为 290 MPa。结果表明，K_{IC} 增加，而 YS 降低，这主要是由于位错密度降低和基底织构减弱[89]。此外，随着 Mg-Zn-Y 合金中 LPSO 相体积分数从 0% 增加到 85%[90]，Mg-Zn-Y 合金的 YS 从 210 MPa 增加到 450 MPa，但是 K_{IC} 从 11.7 MPa·m$^{1/2}$ 降低到 7.5 MPa·m$^{1/2}$。α-Mg 基体中的拉伸孪晶和 LPSO 相中的扭结活化会导致大量的能量耗散，有利于提高 K_{IC}，然而，脆性的 LPSO 相通常不利于断裂韧性。因此，强度-韧性的权衡是镁合金不可避免的一大难题，表 1-8 列举了纯镁和部分 Mg-RE-Zn 系合金的 UTS、YS、EL 和 K_{IC}[48-52]。到目前为止，研究大多集中在具有 LPSO 结构的 Mg-RE-Zn 系合金的强化机理上[53]，然而，对具有 LPSO 结构的挤压和时效 Mg-RE-Zn 合金在塑性变形过程中的裂纹萌生和扩展的研究很少。

表 1-8　纯镁和部分 Mg-RE-Zn 系合金的拉伸性能[91-96]

合金成分	状态	抗拉强度/MPa	屈服强度/MPa	伸长率/%	断裂韧性/MPa·m$^{1/2}$
纯 Mg	挤压	126	102	12.6	12.7
Mg-7Gd-2Y-1Zn-0.5Zr	挤压	355	298	22.5	25.8
Mg-2Zn-7Y-0.4Al	快速凝固	440	412	7.6	13.6
Mg-8Gd-3Y-0.5Zr	挤压	293	210	12	20.4
Mg-6.6Zn-1.4Y	挤压	337	315	16.8	32.5

密排六方结构的镁合金在室温下滑移系较少，塑性变形过程中应力集中松弛较困难，微裂纹容易在这些应力集中部位形核。Mg-RE-Zn 系铸造镁合金主要由软 α-Mg 基体和晶界处的共晶化合物组成。随着拉伸载荷的增加，位错在共晶化合物周围积累，α-Mg 基体与共晶化合物之间的界面倾向于充当应力集中位点。由于共晶化合物为网状结构的硬脆相，一旦应力达到某一临界值，裂纹将在 α-Mg 基体与共晶相界面萌生，并沿晶界扩展或延伸至 α-Mg 基体。最后，形成具有多个解理面的破碎共晶化合物拉伸断裂面，如图 1-31（a）所示[97]。

铸态 Mg-RE-Zn 系合金经过固溶处理后，共晶相溶解到基体中，消除了共晶相引起的微裂纹萌生潜在位置。压缩应变分量平行于 α-Mg 基体的 c 轴时，晶粒内会激活 {1011} 压缩孪晶，压缩孪晶一旦形成，孪晶部分将沿母晶 ⟨1120⟩ 方向旋转 56.2°，压缩孪晶导致孪晶部分的 c 轴偏离拉伸加载轴 33.8°，与母晶相比，c 轴取向的施密特因子更大。在随后的单轴拉伸加载过程中，在新形成的压缩孪晶内部，基面滑移、棱柱滑移和双孪晶很容易被激活，如图 1-31（b）所示。Knezevic 等人[98]研究表明，如果在孪晶区域内或相邻的基体区域中有利于其他滑移系激活，则变形孪晶将导致孪晶内外滑移系的额外非均质性，从而导致孪晶-基体边界处的相干性丧失，最终阻止变形孪晶的生长。因此，断裂表面的压缩孪晶形貌非常狭窄。此外，有报道称[99]，镁合金的拉伸断裂可以表现为在接近最大剪切面的平面上破坏。压缩孪晶的形成产生了非常高的剪切应变，但压缩孪晶的生长被阻止，在随后的拉伸加载过程中，压缩孪晶内部局部变形的严重程度非常高，在压缩孪晶片层区域容易形成微裂纹，最终导致孪晶边界剪切破坏。

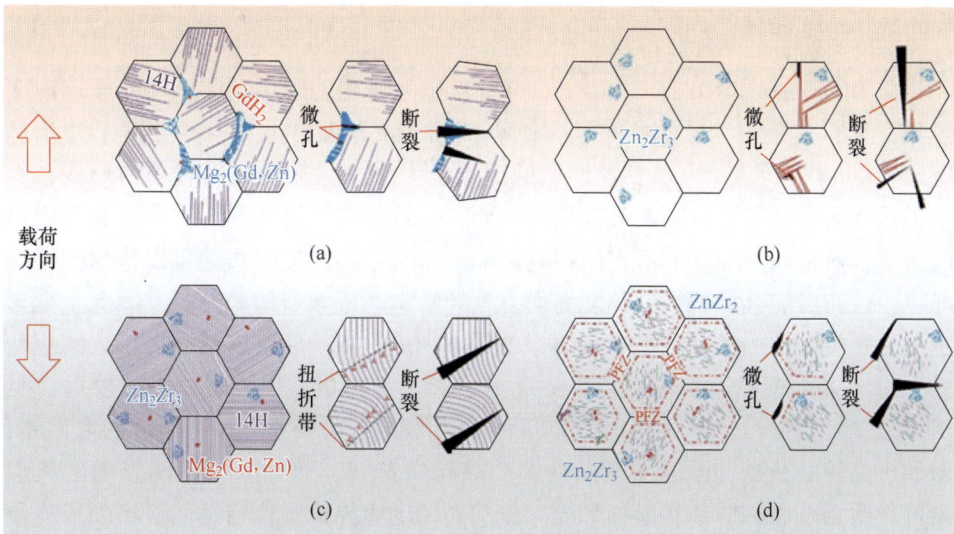

图 1-31　不同热处理条件下的显微组织演化和断裂行为示意图[97]
（a）铸造；（b）热水淬火；（c）炉冷却；（d）峰时效

　　铸态 Mg-RE-Zn 系合金通过固溶处理将块状 18R-LPSO 结构转变为晶内层状 14H-LPSO 结构，如图 1-31（c）所示，随着拉伸的进行，位错积累导致扭折角增大，然后在高扭折角边界处形成微裂纹，引起 LPSO 相断裂，最终导致过早断裂。由于稀土原子和锌原子的长程周期堆垛和有序排列使得形变孪晶受到 LPSO 结构的强烈抑制，在含 LPSO 结构的 Mg-RE-Zn 系合金断口区域几乎看不到变形孪晶[100,101]。因此，即使随炉冷却的合金表现出较高的断裂伸长率，但由于基体内密集分布的 14H-LPSO 相，变形孪晶仍然无法被激活。

峰值时效试样的断裂机制如图 1-31 （d）所示，在峰值时效条件下，析出的 γ″和 γ′相对增加屈服强度比 14H-LPSO 相更为显著[102]，这是由于这些析出相数密度大，长径比低所致。在这种情况下，析出的 γ″和 γ′相对阻碍基体内部位错运动起主导作用。然而，由于缺乏析出相，无析出相区晶粒内部软得多。因此，与合金的屈服应力相比，无析出相区内的塑性变形将在更低的应力下发生，这导致无析出相区引发微裂纹的可能性增加。由于无析出相区内严重的局部应变，微裂纹一旦形成，就极易扩展。最后，形成低断裂伸长率和大量大解理面的晶间断口。

含 LPSO 结构的 Mg-RE-Zn 系合金经过塑性变形过后，显微组织发生了显著变化，其结构主要为细小的 DRX 区、粗的非 DRX 区域和变形扭折的 LPSO 区。Yin 等人[103]详细分析了显微组织对断裂韧性的影响，包括 α-Mg 基体、LPSO 相和 α-Mg/LPSO 界面。

1.6.1　α-Mg 基体

非 DRX 晶粒 $\{10\bar{1}2\}$ $\langle 10\bar{1}\bar{1}\rangle$ 变形孪晶可能在裂纹尖端前有限的压缩应变场和密集的应变集中形成，并且裂纹可能沿孪晶边界扩展[103]，如图 1-32 （a）所示。Kaushik 等人[104]也发现类似的现象，大量孪晶在裂纹尖端周围形成，有助于消耗大应变能，提高断裂韧性。然而，裂纹倾向于沿孪晶界扩展，表现出脆性特征，对抗断裂性能有潜在的不利影响。事实上高角度的边界可以作为位错的屏障，位错可能会堆积在高角度界面上，导致微孔或微裂纹的形核。因此，变形孪晶对断裂韧性的影响既是有利的，也是不利的。由于裂纹周围存在较大的应变场，DRX 晶粒孪晶通常也在裂纹尖端上方和下方形成，但离裂纹尖端较远（见图 1-32 （e）和（i））。细化的 DRX 晶粒在相邻晶粒之间引入了大角度的取向差，增加了晶界的数量，限制了孪晶在多个晶粒中扩展。此外，DRX 晶粒的随机取向可以激活基底和非基底滑移系。虽然高角度边界抑制位错运动，增强应变硬化，成为裂纹扩展的屏障[105,106]，但它们也可能引起高应力集中，导致微孔成核。

1.6.2　LPSO 相

与 α-Mg 基体相比，LPSO 相具有更高的强度，从而改变了材料的变形行为。如图 1-32 （d）（h）和（l）所示，在裂纹尖端附近没有产生明显的塑性变形，这是由于 LPSO 相的织构较强，变形机制特殊所致。Hagihara 等人[107]认为，即使在挤压比很小的情况下，由于挤压加工，LPSO 的 $\{0001\}$ 面也与 ED 平行，挤压比越高，织构越强。因此，较强的织构导致基底滑移的施密德因子较低，应变能未被塑性变形消耗是导致 LPSO 相早期破坏的原因之一。晶内和晶界的

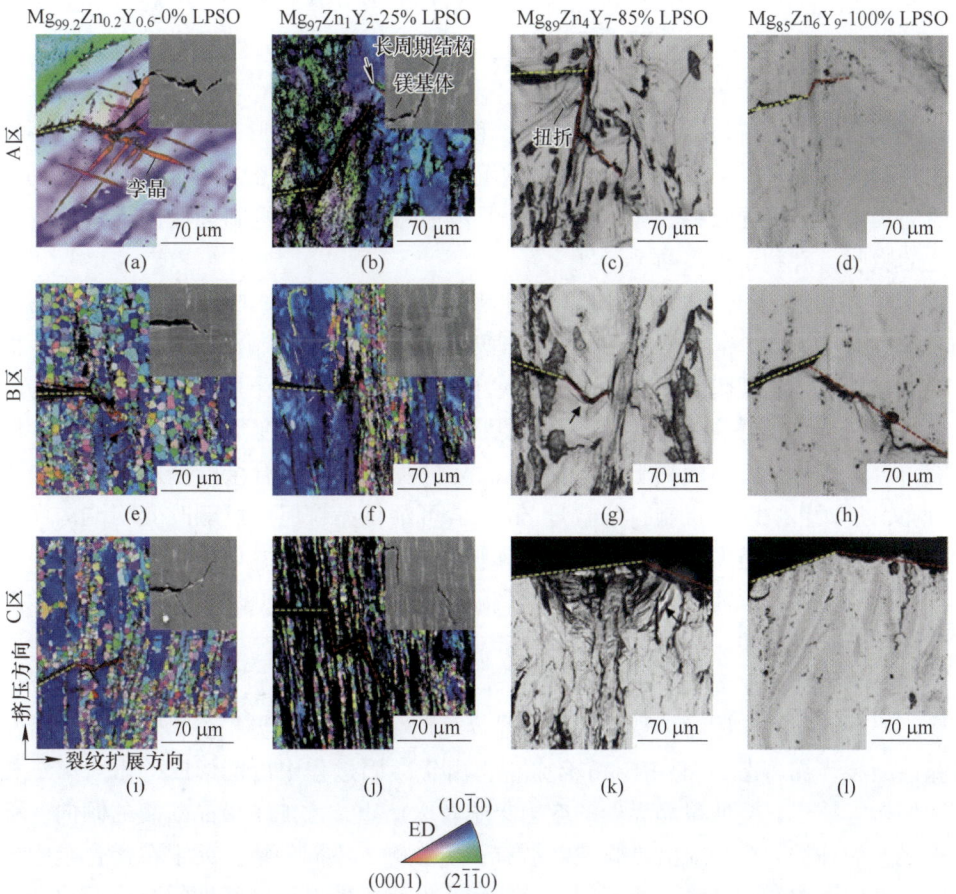

图 1-32 IPF 图、SEM 图和在断续三点自由弯曲表面上观察到的裂纹尖端附近形态的
OM 具有四个 LPSO 体积分数的 A 区域、B 区域和 C 区域[103]
(a)~(d) A 区域；(e)~(h) B 区域；(i)~(l) C 区域

LPSO 结构对拉伸断裂行为的影响不同。在挤压态合金中，与晶界界面强度相比，较高的 LPSO 相强度可以防止晶界处的裂纹萌生。此外，在高温变形过程中，LPSO 相可以起到抑制裂纹扩展的屏障作用。然而，由于基体的强度低于 LPSO 相，LPSO 相中的缺陷以及 α-Mg 基体与 LPSO 相之间的界面失配可能为非 DRX 晶粒中裂纹的萌生提供形核位点。时效处理后，α-Mg 基体通过析出 β′ 相得到强化。因此，时效合金中形变的 LPSO 相在拉伸过程的初始阶段起着阻碍裂纹扩展的作用。

1.6.3 Mg/LPSO 界面

对于 Mg/LPSO 界面，如图 1-32（b）（f）和（j）中的裂纹所示，裂纹更容易在 LPSO 相中扩展。由于拉长的 LPSO 晶粒强烈的基底织构，引起单一的主裂纹路径直接扩展，没有分支，直到到达 Mg/LPSO 界面。另外，Mg/LPSO 界面作为一种屏障，防止裂纹进一步扩散到邻近的晶体中。Shao 等人报道[108]，由于在原子水平上也没有检测到脱粘或缺陷，稳定的界面不是变形过程中孔洞和微裂纹的有利成核位置。因此，当外加载荷不断增加时，裂纹停止在界面处，导致局部应力集中，最终导致相邻 Mg 或 LPSO 晶粒屈服。这两种机制都促进了塑性变形能的吸收，有利于提高断裂韧性。

Mg-RE-Zn 系合金的断裂机制较为复杂，受多种因素影响。温度方面，高温时扩散过程加剧，晶界滑移和位错运动更易发生，断裂机制倾向于韧性断裂，而低温时则更易出现脆性断裂；应变速率上，较高应变速率下应力集中明显，易发生脆性断裂，较低应变速率下材料有更多时间进行塑性变形，可能呈现韧性断裂。合金成分中，不同稀土元素和 Zn 含量的变化会改变合金的微观结构和缺陷分布，进而影响断裂机制，如微量 Zn 元素可细化晶粒但也可能改变相结构和断裂方式。其断裂类型通常为韧性断裂和脆性断裂，韧性断裂时断口呈韧窝状，常与材料的塑性变形能力相关；脆性断裂断口呈解理状或沿晶状，与晶体结构、缺陷及应力状态有关。

合金中的杂质元素、第二相粒子等往往偏聚在晶界处，降低晶界的结合强度。当受到外力作用时，裂纹容易在晶界处萌生并沿着晶界扩展，从而导致沿晶脆性断裂。在铸态的 Mg-RE-Zn 合金中，由于凝固过程中可能形成的粗大第二相和偏析等缺陷，会使得晶界处的应力集中较为严重，增加了沿晶断裂的倾向。稀土元素的种类和含量对沿晶脆性断裂有一定影响。不同的稀土元素在镁合金中的固溶度和形成的化合物性质不同，有些稀土元素可能会形成脆性的金属间化合物分布在晶界，增加沿晶断裂的敏感性；而适量的锌元素在某些情况下可以细化晶粒，改善晶界结构，从而在一定程度上抑制沿晶脆性断裂。

Mg-RE-Zn 系合金具有密排六方晶体结构，其滑移系相对较少，在低温或高应变速率下，位错运动受到限制，难以通过滑移来协调变形。当外力作用时，晶体内部的应力集中在某些特定的晶面上，这些晶面的原子间结合力相对较弱，容易在应力的作用下发生解理，形成解理裂纹。解理裂纹在晶体内部迅速扩展，最终导致材料的断裂。在时效态的 Mg-RE-Zn 合金中，如果时效处理不当，导致合金内部产生较大的内应力或形成了脆性的相，可能会增加解理断裂的倾向。合金的成分和组织结构对解理断裂有显著影响。稀土元素和锌元素的含量及比例会影响合金的晶体结构和相组成，进而影响解理断裂的敏感性。例如，适量的稀土元素可以细化晶粒，改善晶体的取向和对称性，从而降低解理断裂的倾向；而过高的锌含量可能会导致合金中形成脆性相，增加解理断裂的风险。此外，加载速率和温度等外部因素也对解理断裂有重要作用，一般来说，随着加载速率的增加和温度的降低，解理断裂的可能性会增大。

在 Mg-RE-Zn 系合金中，由于其组织结构的不均匀性，如存在不同尺寸的晶粒、不同类型和分布的第二相粒子等，在受力过程中，不同区域的变形和裂纹扩展机制可能不同。在一些区域，可能由于第二相粒子的阻碍作用和位错的塞积，形成微孔和微裂纹，表现出韧性断裂的特征；而在另一些区域，如晶界处或存在较大缺陷的地方，裂纹可能会快速扩展，呈现出脆性断裂的特征。这种在同一材料中同时存在韧性和脆性断裂的现象称为韧-脆混合断裂。合金的制备工艺和微观结构对韧-脆混合断裂有重要影响。例如，铸造工艺中的冷却速度、变形工艺中的变形量和变形温度等都会影响合金的晶粒尺寸、第二相粒子的分布和晶体缺陷的数量等微观结构，从而影响韧-脆混合断裂的比例和程度。此外，材料的使用环境和加载条件也会对韧-脆混合断裂产生影响，如在高温或腐蚀环境下，合金的力学性能和断裂机制可能会发生变化，导致韧-脆混合断裂的情况更加复杂。

当合金中的第二相粒子分布均匀且与基体结合良好时，在受力过程中，这些第二相粒子可以有效地阻碍位错的运动，使位错在粒子周围塞积并产生应力集中。随着应力的不断增加，位错会通过攀移、交滑移等方式绕过或切过第二相粒子，继续运动并产生更多的位错，最终导致材料内部形成大量的微孔和微裂纹。这些微孔和微裂纹在应力的作用下不断扩展、连接，形成宏观裂纹，当裂纹扩展到一定程度时，材料发生断裂，但整个断裂过程中会吸收较多的能量，表现出韧性断裂的特征。在经过固溶处理或合适的热处理后的 Mg-RE-Zn 合金中，若第二相粒子的尺寸、形状和分布得到优化，就可能出现韧性断裂。合金的热处理工艺对韧性断裂有重要影响。例如，固溶处理可以使合金中的第二相粒子溶解到基体中，形成过饱和固溶体，在随后的时效过程中，第二相粒子以细小、弥散的形式析出，从而提高合金的韧性。此外，变形工艺也会影响韧性断裂，如挤压、轧制等变形加工可以使合金的晶粒细化，增加位错密度，促进第二相粒子的均匀分布，有利于韧性的提高。

1.7 热压缩行为和有限元分析

1.7.1 热压缩

材料在塑性变形过程时，通过流变应力曲线对其进行系统的研究，可以为热加工工艺的制定和设备的选择提供依据[109]。经研究表明，影响流变应力的原因包含：加工硬化的强化作用、动态回复和动态再结晶过程的软化作用。

根据图 1-33 中虚线部分所示，如果合金中只发生动态回复时，它的流变应力规律表现出明显的动态再结晶特征：随应变增大，曲线上升，金属材料的位错密度发生积聚呈上升趋势，到达峰值应力后平缓下降又逐渐趋于平稳。热压缩曲线经过了三个阶段：第一个阶段加工硬化阶段为变形量较小时，随应变增加，位错增殖，不断塞积并相互作用，阻碍位错运动，导致应力迅速增大；第二个阶段过渡阶段，随应变增加，位错增多至临界密度，晶界处开始发生动态再结晶，软化作用增强，硬化作用减弱，达到动态平衡时，出现峰值应力；第三个阶段软化阶段为峰值应力后，随应变增加，动态再结晶程度增大，动态软化的作用效果一直在上升，体积分数不断增大，软化作用占主导地位。但是，由于位错密度的大小趋于定值，无论应变量如何变化应力平缓下降并趋于平稳。在热塑性变形过程时，如果材料的层错能较低，发生的是以动态再结晶为主的动态软化行为，由于会发生位错的分解现象，当位错发生分解后便不容易再聚集，不利于动态回复现象的出现。在变形时，这些具有低层错能的金属材料，会产生畸变。位错密度越高，畸变能越大，当达到临界位错密度同时畸变能也达到临界值时，微观组织中的亚晶会长大，结合晶界突出机制便出现动态再结晶形核现象，在驱动力下，这些新晶核自发地成为无畸变的新晶粒，使加工硬化作用减弱。

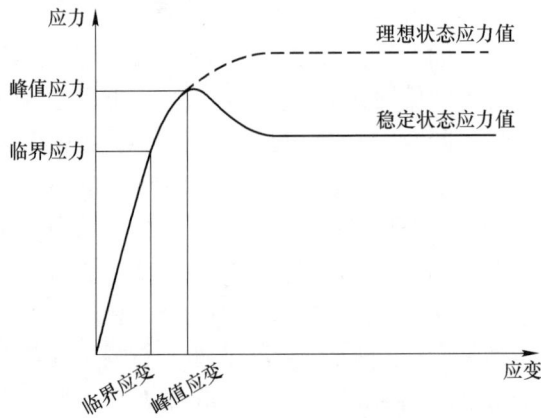

图 1-33　金属变形时典型流变曲线

在温度较高情况下对实验合金进行变形实验，通过这种方法我们可以了解该合金的力学行为和微观组织特点。Li 等人[110]认为，对于变形后的 $Mg_{95.21}Zn_{1.44}Y_{2.86}Mn_{0.49}$ 镁合金的微观组织来说，在 350 ℃时开始发生不完全动态再结晶（DRX），在 450 ℃时发生完全 DRX，形成等轴状细小的再结晶晶粒。由于实验合金中含有 LPSO 相，实验合金的激活能 Q 高于传统镁合金的激活能。Li 等人[111]认为，Mg-Gd-Zn 镁合金在温度为 350~450 ℃条件下发生高温变形时，LPSO 相有较好的热稳定性。在不同的应变速率下，孪晶和扭折对协调塑性变形都起着重要作用。此时，DRX 的程度较低，DRX 晶粒较细小。当在变形温度为 500 ℃ 时，LPSO 相几乎全部溶入基体中，在变形过程中滑移起主导作用，而 DRX 程度较高，DRX 晶粒明显长大。

同时，动态再结晶的变化规律也是高温热压缩变形中需要重点关注的变形机制。Chen 等人[112]认为，对 Mg-Zn-Y 镁合金来说，在较低的温度下，扭折的 LPSO 相所在的区域有利于 DRX 的形核。此外，LPSO 相在原始晶界处的断裂，也可以通过颗粒诱导形核再结晶（PSN）机制促进 DRX 形成。在温度升高的情况下，LPSO 相可阻碍 DRX 晶粒的边界迁移。Yuan 等人[113]认为 Mg-12Y-1Al 镁合金在应变速率为 1 s^{-1} 条件下，温度为 300 ℃ 和 350 ℃ 时的抗压强度基本相同。变形后，Al$_2$Y 的形态几乎没有变化，而 LPSO 相发生了明显的扭折变形。Mg-12Y-1Al 镁合金的动态再结晶机制是以不连续动态再结晶（DDRX）为主，连续动态再结晶为辅。

此外，在高温热变形过程中，科研人员也对孪生与滑移、动态再结晶之间的关系进行了许多实验研究，得出了许多重要结论。例如，Xu 等人[114]通过研究认为 Mg-13Gd-4Y-2Zn-0.5Zr 合金，在 350 ℃ 及不同的应变速率下，层片状的 LPSO 相的扭折、动态再结晶和孪晶等多种变形机制可共同协调该合金的塑性变形。层片状的 LPSO 相的扭折程度与应变速率呈正相关，而 DRX 与应变速率呈负相关。在较高的应变速率条件下，一些晶粒处于硬取向，这将导致基面滑移受到抑制。此时，需要激活孪晶来协调变形。

1.7.2 本构模型

对不同的材料高温塑性变形研究发现，目前广泛应用的材料本构关系模型是由 Sellars 和 Tegart[115]提出的包含变形激活能 Q、应变速率 $\dot{\varepsilon}$ 和变形温度 T 的双曲正弦形式的 Arrhenius 方程：

$$\dot{\varepsilon} = A \left[\sinh(\alpha\sigma) \right]^n \exp\left(-\frac{Q}{RT} \right) \tag{1-1}$$

式中　σ——流变应力，MPa；

　　　$\dot{\varepsilon}$——应变速率，s^{-1}；

　　　Q——变形激活能，J/mol，与材料有关；

　　　α——应力水平参数；

　　　n——应力指数；

　　　T——变形温度，K；

　　　R——气体常数，一般取值为 8.314 J/(mol·K)；

　　　A——与材料有关的常数。

Q、A、n 与变形温度无关。

变形温度和变形速率对热变形过程的影响，可由 Zener-Hollomon[116]参数 Z 来综合表示：

$$Z = \dot{\varepsilon}\exp\left(\frac{Q}{RT}\right) = A\left[\sinh(\alpha\sigma)\right]^n \qquad (1-2)$$

对于双曲正弦模型 $\sinh x = \dfrac{e^x - e^{-x}}{2}$，经 Thaler 展开后得到：

$$\sinh x = \frac{e^x - e^{-x}}{2} = x + \frac{x^3}{3!} + \frac{x^5}{5!} + \frac{x^7}{7!} + \cdots \qquad (1-3)$$

当 $x \leqslant 0.8$ 时，忽略三次项以上的项，则 $\sinh x \approx x$，其相对误差小于 4.2%；当 $x \geqslant 1.2$ 时，忽略 e^{-x} 项，则 $\sinh x \approx \dfrac{e^x}{2}$，其相对误差小于 1.9%。因此 Arrhenius 方程中的双曲正弦函数可简化成线性函数或指数函数形式。因此，上式简化为：

当 $x \leqslant 0.8$ 时：

$$\dot{\varepsilon} = A_1 \sigma^{\eta} \exp\left(-\frac{Q}{RT}\right) \qquad (1-4)$$

当 $x \geqslant 1.2$ 时：

$$\dot{\varepsilon} = A_2 \exp(\beta\sigma)\exp\left(-\frac{Q}{RT}\right) \qquad (1-5)$$

将式（1-4）、式（1-5）代入式（1-1）整理得到材料本构模型。

$$\begin{cases} \dot{\varepsilon} = A_1 \sigma^{\eta} \exp\left(-\dfrac{Q}{RT}\right) & \text{当 } \alpha\sigma \leqslant 0.8 \text{ 时} \\[3mm] \dot{\varepsilon} = A_2 \exp(\beta\sigma)\exp\left(-\dfrac{Q}{RT}\right) & \text{当 } \alpha\sigma \geqslant 1.2 \text{ 时} \\[3mm] \dot{\varepsilon} = A\left[\sinh(\alpha\sigma)\right]^n \exp\left(-\dfrac{Q}{RT}\right) & \text{所有值} \end{cases} \qquad (1-6)$$

式中　A_1——$A_1 = \alpha^n$；
　　　　β——$\beta = \alpha\eta$；
　　　　A_2——$A_2 = \dfrac{A}{2^n}$。

在同一变形温度下，Q、T、A 均为常数，式（1-6）分别对两边取对数得到：

$$\begin{cases} \ln\dot{\varepsilon} = \eta\ln\sigma + C_1, & \eta = \dfrac{\partial\ln\dot{\varepsilon}}{\partial\ln\sigma} & \text{当 } \alpha\sigma \leqslant 0.8 \text{ 时} \\[3mm] \ln\dot{\varepsilon} = \beta\sigma + C_2, & \beta = \dfrac{\partial\ln\dot{\varepsilon}}{\partial\sigma} & \text{当 } \alpha\sigma \geqslant 1.2 \text{ 时} \end{cases} \qquad (1-7)$$

在式（1-7）中，C_1、C_2 为与温度无关的常数。通过对 $\ln\dot{\varepsilon}$ 与 $\ln\alpha$，以及 $\ln\dot{\varepsilon}$ 与 σ 两者之间线性拟合关系得到 η 和 β 的值，从而根据 $\beta = \alpha\eta$ 得到 α 的值。

在变形温度变化的条件下，Q 随变形温度的变化而变化，此时 α 已知，根据式（1-3）得到 Q 的计算式。

$$Q = R \left\{ \frac{\partial \ln \dot{\varepsilon}}{\partial \ln[\sinh(\alpha\sigma)]} \right\}_T \left\{ \partial \frac{\ln[\sinh(\alpha\sigma)]}{\partial \left(\dfrac{1}{T}\right)} \right\}_\varepsilon \tag{1-8}$$

将式（1-8）简化为 $Q = R \times N \times S$，同上可得 $N = \dfrac{\partial \ln \dot{\varepsilon}}{\partial \ln[\sinh(\alpha\sigma)]}$，$S = \dfrac{\partial \ln[\sinh(\alpha\sigma)]}{\partial \left(\dfrac{1}{T}\right)}$。通过线性拟合的方法可以分别获得 N、S 值从而获得变形激活能 Q 的值。

最终将已知的 α 以及 Q 的值分别代入式（1-2）可以获得不同变形条件下的 Z 值。然后对其进行取对数得到：

$$\ln Z = n \ln[\sinh(\alpha\sigma)] + \ln A \tag{1-9}$$

同理，对 $n = \dfrac{\partial \ln Z}{\partial \ln[\sinh(\alpha\sigma)]}$ 通过线性拟合的方法可以得到 $\ln Z$ 与 $\partial \ln[\sinh(\alpha\sigma)]$ 曲线的斜率为 n，而对应的截距为 $\ln A$。从而获得了 n 和 A 的值。

1.7.3 有限元模拟

近几十年来，有限元数值模拟技术在材料塑性成型中表现出巨大的应用价值并得到了飞速发展。目前金属塑性成型领域常用的有限元模拟分析可以采用 Deform、Simufact、MSC. Mark、ABAQUS、ANSYS 等软件。利用有限元软件，可以分析成型过程中材料的流动规律，还可以获得材料的瞬时温度场、瞬时速度场、瞬时位移场、瞬时应变场及瞬时应力场等热力学参数，从而可以模拟材料的整个变形过程，并用来研究材料塑性成型过程中的工艺参数优化、外形尺寸及组织性能控制。借助软件的二次开发，还可以对材料组织与性能的变化过程进行定量预测，但此方面的研究及应用与国外还有较大的差距。

在镁合金塑性成型数值模拟的研究上，借助有限元模拟软件，彭伟等人[117]模拟分析了 ZK60 镁合金薄板材的胀形成型过程，发现变形初期材料只沿轴向流动，随着变形的进行，部分材料开始同时沿径向和轴向流动，凸模所受载荷先增大后减小，随着变形的进一步增加，材料的等效应变区开始发生转移。李居强[118]利用有限元模拟软件，分析了多向反复锻造过程中坯料的温度场、应变场、应变速率场及流变失稳区的分布，识别了最优的多向反复锻造工艺参数范围，并通过工艺试验验证了模拟结果的可靠性。郭小龙基于二次开发的 Deform-3D 有限元软件，对热锻成型镁合金 AZ40 方形孔轴类件进行了有限元模拟，仿真分析了热锻成型过程中坯料的温度、等效应力、等效应变、动态再结晶百分数、再结晶晶粒尺寸的变化，并研究了不同工艺参数对坯料热锻后微观组织的影响规律[119]。

在有限元分析中，应变场是对实际连续体应变状态的离散化描述。有限元方法的基本思想是将一个复杂的连续体结构划分成许多小的单元，这些单元通过节点相互连接。对于每个单元，应变场是根据单元内节点的位移来计算的。赵宏越[120]采用塑性成型模拟软件 Deform，结合元胞自动机模拟方法，在变形温度为 430 ℃，应变速率为 0.01 s^{-1}时，对 Mg-13Gd-4Y-2Zn-0.5Zr 合金的热压缩过程进行模拟，并分析其等效应变分布规律，如图 1-34 所示。在压缩变形过程中，由于凹凸模和工件之间有摩擦力存在，导致等效应变的分布是不均匀的。根据压缩方向观察，由于摩擦力对难变形区的影响是最大的，所以坯料与模具之间直接接触的部分变形程度最小。摩擦力对工件中心和左右两端的影响小一些，所以这两个区域较容易发生变形。实际压缩过程中，工件和模具之间有温差并且会产生热量，会出现热传递，所以会导致工件中的温度分布不同。

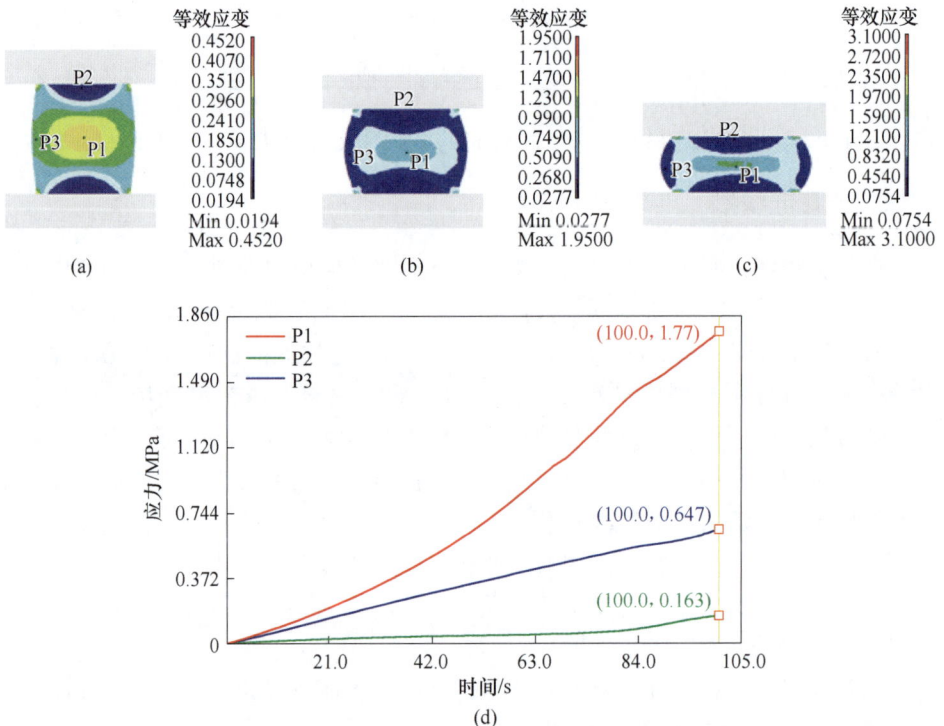

图 1-34 不同压缩量下合金等效应变分布模拟结果[120]

(a) step50 等效应变；(b) step90 等效应变；(c) step146 等效应变；(d) 追踪点等效应变

应力场可以用于评估结构是否满足强度要求并且能够清晰地显示应力集中的区域。应力场是描述物体内部各点应力状态的空间分布。应力是单位面积上的内力，它和应变通过材料的本构关系相互联系。对于线弹性材料，最常用的本构关系是广义胡克定律。郝建强[121]通过 Deform 研究了 Mg-Zn-Y-Mn-Ti 镁合金正挤压工艺，通过模拟不同温度条件下的等效应力分布（见图 1-35），发现随着变形温度的升高，等效应力逐渐减小；研究了温度变化与对应的等效应力的影响，即温度升高，会增强原子的扩散能力，从而使得坯料的变形变得容易。

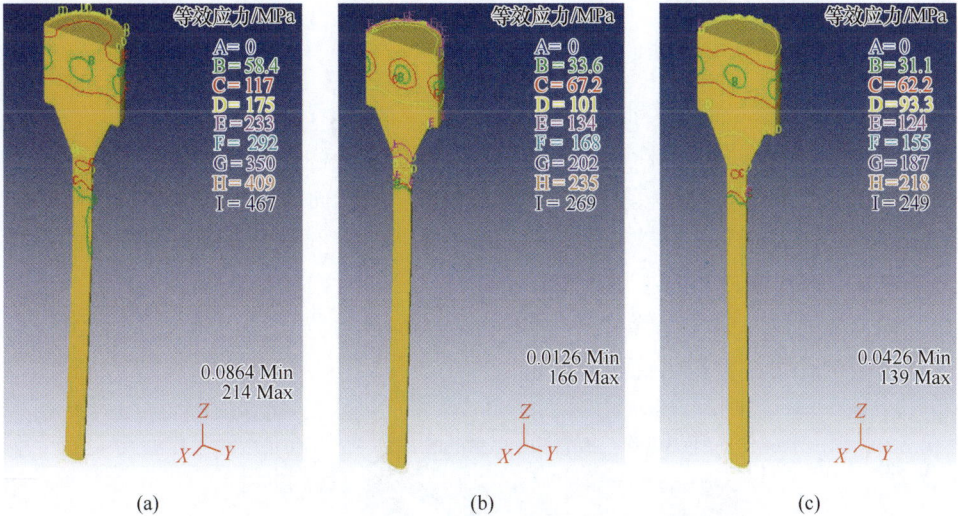

图 1-35 不同温度条件下的等效应力[121]

(a) 350 ℃；(b) 400 ℃；(c) 450 ℃

温度场则是通过求解热传导方程来获得的。通过描述温度随时间的变化与温度梯度的关系。将物体离散化为有限个单元，并在每个单元内假设温度变化的近似函数，吴桂敏[122]通过 Deform 模拟建立了不同加工条件下各区域温度分布场并进行了连续挤压圆形棒材实验（见图 1-36）。提出连续挤压低转速下 AZ31 镁合金产品晶

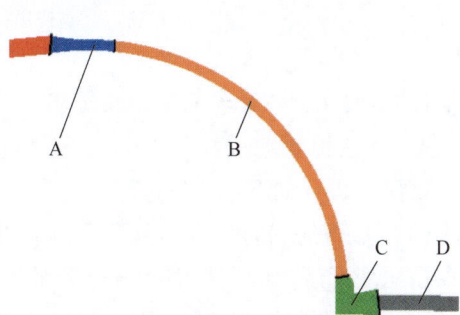

图 1-36 连续挤压各变形区温度分布[122]

粒不均匀，随着挤压轮转速的提高，晶粒尺寸逐渐均匀。提高挤压轮转速，还可减少微裂纹，使韧窝增多、加深。

材料在热成型过程中的变形行为较为复杂，在热成型过程中工件不同位置的温度、应变、应力和应变速率等并不完全相同，而且是不断变化的。由于摩擦力的存在，材料在成型过程中各部位很容易产生不均匀的应变。借助有限元仿真可

以有效地预测材料的应力应变分布、微观组织演化可成型能力，优选出合适的加工窗口，代替传统热成型中的试错法。因此，有限元数值模拟对获得组织性能一致性好的产品具有重要的意义。

1.8　挤压成型技术

1.8.1　挤压成型基本原理

1.8.1.1　基本概念

挤压定义为通过挤压杆对置于挤压筒内的金属坯料一端施加轴向压力，是一种利用塑性变形使材料经模孔流出，从而获得所需断面形状、尺寸及特定力学性能制品的塑性成型工艺（其基本原理如图 1-37 所示）。作为金属塑性成型的主要方法之一，挤压技术可直接制备管材、棒材、型材及排材等半成品（如镁合金棒材、铝合金型材或铜合金管材），同时为后续拉拔工艺（用于制备高精度管材、棒材、型材及线材）提供优质坯料。

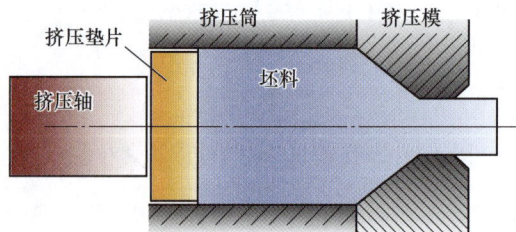

图 1-37　金属挤压的基本原理图[123]

1.8.1.2　挤压的特点及使用范围

A　挤压的优点

挤压的优点如下：

（1）显著的三向压应力强化效应：基于三向压应力状态的静水压效应，金属在挤压变形区内的塑性潜能被充分激活。典型材料的挤压比（如纯铝挤压比大于 1000、铜挤压比约 400、钢挤压比 40~50）远超常规塑性加工极限。该特性使挤压技术可加工传统轧制或锻压难以成型的脆性材料（如钨、钼等），甚至可对铸铁类材料实现有效开坯，显著改善其微观组织与宏观性能。

（2）复杂几何成型能力：针对变断面型材、异型管材等需高几何约束的制品，轧制工艺常因变形抗力不足而失效，而滚压成型、焊接或铣削等替代方案则存在经济性不足的缺陷。挤压通过模具型腔的精确控制，可实现此类复杂构件的直接成型。

（3）多维产品适应性：挤压技术既可制备常规截面的管材、棒材及型材，亦能成型含多孔结构、异型空腔的超复杂截面（如蜂窝结构型材），以及阶段式变断面型材、渐变断面型材等特殊制品（部分典型断面示例如图1-38所示），其几何自由度远超轧制、锻造等其他塑性成型工艺的极限。

图1-38 部分挤压材的横截面形状[123]

（4）精密尺寸与表面控制：挤压制品的尺寸公差与表面粗糙度介于热轧制品与冷轧制品之间。例如，铝合金挤压型材经阳极氧化或喷涂处理后，可直接作为建筑幕墙或轨道交通部件的装饰面材，无须二次精加工。

（5）柔性化生产特性：挤压设备通过模块化工模具系统，可在同一机组上快速切换模具，实现多品种、小批量制品的灵活生产，尤其适用于定制化订单场景，设备利用率显著提升。

（6）材料复合界面优化：挤压工艺可通过粉末冶金结合塑性变形实现金属粉末的致密化成型；利用共挤技术实现异质金属（如铝-铜）或金属-非金属（如铝-聚合物）的层状复合，典型应用包括铝包钢导线、铅包铜丝等高性能复合材料。

B 挤压的缺点

挤压的缺点如下：

（1）工模具高温磨损与成本问题：挤压过程中，工模具与坯料接触界面承受极高压力（400~1200 MPa）及温度载荷（铝合金约400 ℃、钢铁材料1200~1600 ℃），加之界面摩擦剧烈且接触时间持续，导致模具表面发生氧化剥落、粘着磨损等失效。尽管工模具采用高合金耐热钢（如H13钢）制造，但其高昂的材料成本与短服役周期仍显著增加生产成本。

（2）固定废料与成品率制约：在非连续正向挤压工艺中，压余量占坯料质量的10%~15%，且受坯料长径比（通常≤3~4）和挤压力峰值的双重限制，无法通过延长坯料尺寸降低废料比例。此外，为确保制品性能一致性，需切除含有缩尾缺陷的头部及低力学性能的尾部区域，进一步降低综合成品率。

（3）组织与性能梯度分布：受变形梯度影响（前端径向流动为主、后端轴向剪切主导），制品沿长度方向呈现晶粒尺寸差异（前端粗化、后端细化），截面内外层因应变速率差异导致力学性能波动（如表面硬度高于芯部）。

（4）速度受限与生产效率瓶颈：受限于变形热积累（封闭式变形区温度可达材料脆性转变点）及表层拉应力诱导的横向裂纹风险，金属流出速度需严格控制。以铝合金为例，常规挤压速度通常低于 15 m/min。同时，非连续挤压的周期特性（坯料装载、压余分离等辅助工序占 30%～40%），导致其单位产能较连续轧制工艺降低约 50%。

C　挤压的适用范围

挤压技术具有以上主要特点，使得挤压加工在以下几方面得到了更为广泛的应用：

（1）品种、规格繁多，批量小的有色金属管材、棒材、型材及线坯的生产。

（2）复杂断面，超薄、超厚、超不对称的长尺寸制品生产。

（3）低塑性、脆性材料的成型。

1.8.2　挤压成型分类

挤压工艺的分类体系取决于多组工艺参数的耦合作用（包括筒内金属的应力-应变状态、挤压方向、润滑条件、挤压温度、挤压速率、工模具结构、坯料几何参数及制品形态等），其具体分类体系如图 1-39 所示。按挤压方向可分为正向挤压（正挤压）、反向挤压（反挤压）及侧向挤压（三者流动方向分别为与挤压杆同向、反向及侧向）；其中正/反向挤压根据变形模式差异可进一步细分为三类：平面变形挤压（适用于宽厚比大于 10 的板带材，变形仅发生于二维平面）；轴对称变形挤压（如棒材/管材挤压，应变场呈径向对称分布）；一般三维变形挤压（异型材挤压，应变场在三维空间非对称演化）。图 1-40 所示是工业上广泛应用的几种主要挤压方法，包括正挤压、反挤压、侧向挤压、玻璃润滑挤压、静液挤压、连续挤压法的示意图。

1.8.2.1　正挤压

通常将挤压时金属产品的流出方向与挤压杆运动方向相同的挤压，称为正向挤压或简称正挤压。正挤压是最基本的挤压方法，具有技术最成熟、工艺操作简单、生产灵活性大等特点，成为以铝及铝合金、铜及铜合金、镁合金、钛合金、钢铁材料等为代表的许多工业与建筑材料成型加工中最广泛使用的方法之一。正挤压具有以下特征：挤压过程中挤压筒固定不动，运动的坯料与挤压筒内壁之间产生相对滑动，存在很大外摩擦（占挤压力的 30%～40%），且在大多数情况下，这种摩擦与金属坯料流动的方向相反，使金属流动不均匀，从而给挤压产品的质量带来不利影响，导致挤压产品头部与尾部、表层部与中心部的组织性能不均

挤压方法的分类 {

按挤压方向分 {
正向挤压(正挤压)
反向挤压(反挤压)
正反复合挤压
侧向挤压

按变形特征分 {
平面变形挤压
轴对称变形挤压
一般三维变形挤压

按润滑状态分 {
无润滑挤压(黏着摩擦挤压)
润滑挤压(常规润滑挤压)
玻璃润滑挤压
理想润滑挤压(静液挤压)

按挤压温度分 {
冷挤压
温挤压
热挤压

按挤压速度分 {
低速挤压(普通加压)
高速挤压
冲击挤压(超高速挤压)

按模具种类或模具结构分 {
平模挤压
锥模挤压
分流模挤压
带穿孔针挤压(又可分为固定针挤压和随动针挤压)

按坯料形状或数目分 {
圆坯料挤压(圆挤压筒挤压)
扁坯料挤压(扁挤压筒挤压)
多坯料挤压
复合坯料挤压

按产品形状或数目分 {
棒材挤压
管材挤压
实心型材挤压
空心型材挤压
变断面型材
单根产品挤压(单孔模挤压)
多根产品挤压(多孔模挤压)

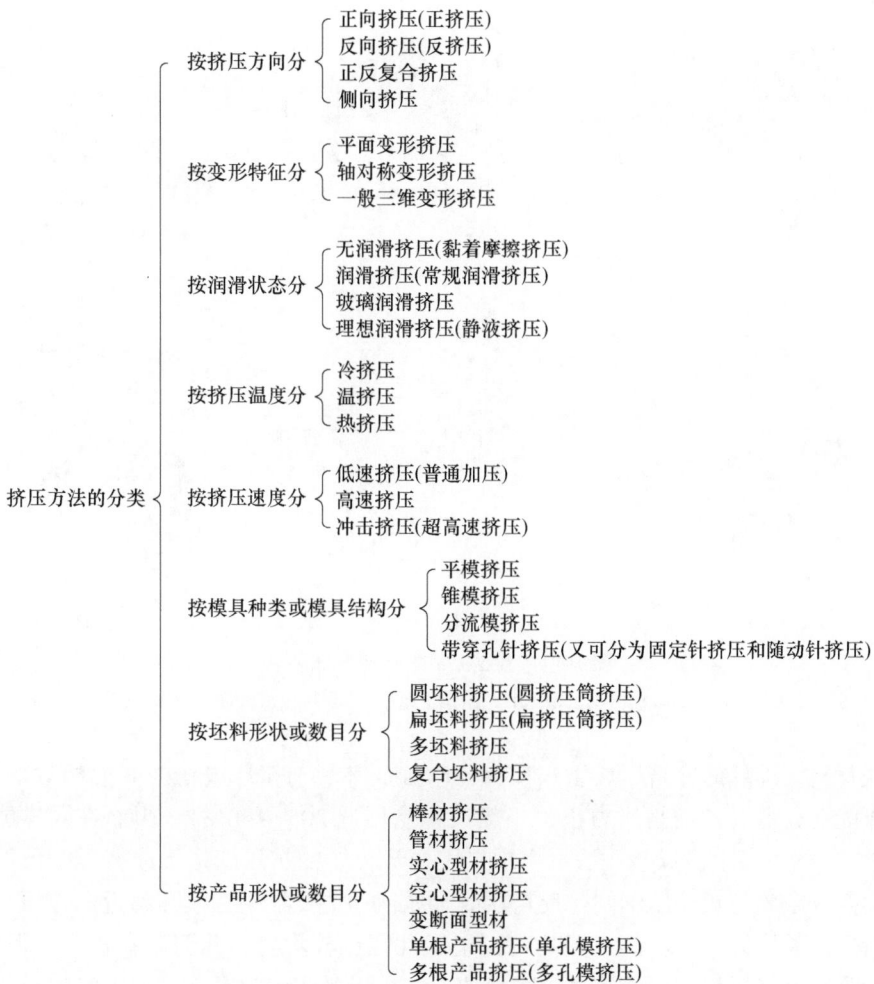

图 1-39　挤压方法的分类[123]

匀，几何废料比较长。使挤压能耗增加，一般情况下，挤压筒内表面上的摩擦能耗占挤压能耗的 30%~40%，甚至更高。强烈的摩擦发热作用，限制了镁及镁合金等中低熔点合金挤压速度的提高，而且加快了挤压模具的磨损和失效。但是，正挤压灵活性大，在设备结构、工具装配和生产操作等方面相对简单、制品表面质量较好。

1.8.2.2　反挤压

金属挤压时产品流出方向与挤压杆运动方向相反的挤压，称为反向挤压或简称反挤压，反挤压法主要用于铝及铝合金（其中以高强度铝合金的应用相对较多）、铜及铜合金管材与型材的热挤压成型，以及各种铝合金、铜合金、钛合金、

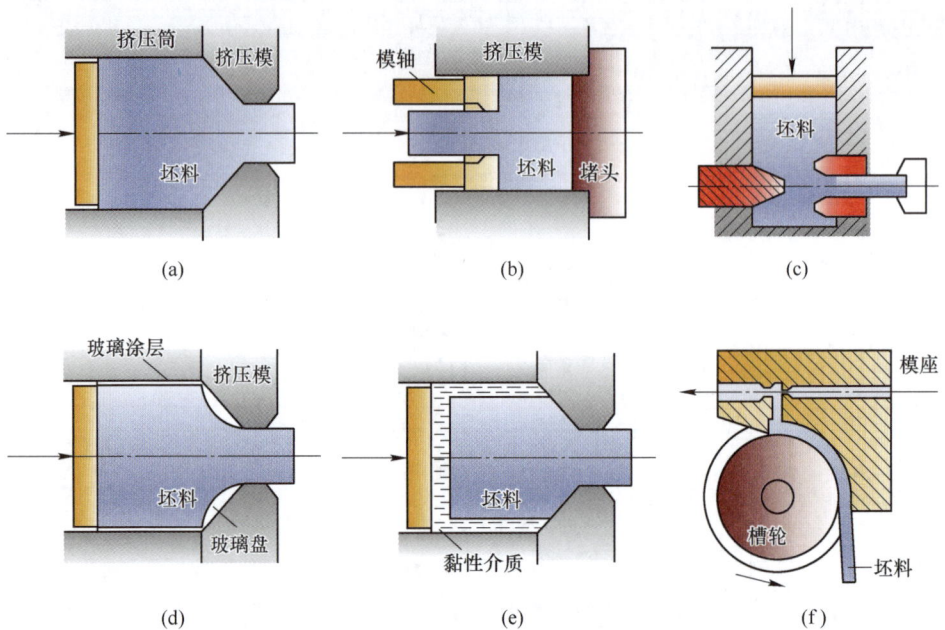

图 1-40　工业上常用挤压方法[123]
（a）正挤压；（b）反挤压；（c）侧向挤压；（d）玻璃润滑挤压；（e）静液挤压；（f）连续挤压

钢铁材料零部件的冷挤压成型。反挤压时金属坯料与挤压筒壁之间无相对滑动，挤压能耗较低（所需挤压力小，一般比正挤压低 30% ~ 40%），因而在同样能力（吨位）的设备上，反挤压法可实现更大变形程度的挤压变形，或挤压变形抗力更高的合金。与正挤压不同，反挤压时金属流动主要集中在模孔附近的领域，因而沿产品长度方向金属的变形均匀，组织性能也较均匀，几何废料较少。但是，迄今为止反挤压技术仍不完善，主要体现在挤压操作较为复杂，间隙时间较正挤压长，表面质量仍需进一步提高（常产生分层缺陷）等方面。

1.8.2.3　侧向挤压

金属挤压时产品流出方向与挤压杆运动方向垂直的挤压，称为侧向挤压。由于其设备结构和金属流动特点，侧向挤压主要用于电线电缆行业各种复合导线的成型，以及一些特殊的包覆材料成型。但近年来，有关通过高能高速变形来细化晶粒、提高材料力学性能的研究受到重视。因而，利用可以附加强烈剪切变形的侧向挤压法制备高性能新材料的尝试成为研究热点之一，如侧向摩擦挤压、等通道侧向挤压等。

1.8.2.4　玻璃润滑挤压

玻璃润滑挤压主要用于钢铁材料以及钛合金、钼金属等高熔点材料的管棒材和简单型材的成型。其主要特征是变形材料与工具之间隔有一层处于高黏性状态的熔融玻璃，以减轻坯料与工具间的摩擦，并起到隔热作用。根据所用玻璃润滑剂的种类不同，其使用范围一般为 600~1200 ℃。在钢材或有色金属的热加工过程中，玻璃润滑剂是一种值得采用的固体润滑材料。它在加热时，具有从固态逐步地过渡到塑性流动状态的特性，并能良好地附着于金属表面与变形金属一起流动，以致在金属表面形成完整的保护膜。这样，既起到了润滑作用又可避免制品在加热时的氧化，降低制品在加热过程中热量的流散速度，因而有利于提高制品的质量。同时还可显著地加速金属制品的热变形过程，提高其尺寸精度和制品的尺寸范围[124]。由于施加润滑剂、挤压后脱润滑剂等操作的缘故，玻璃润滑挤压工艺通常较为复杂，对生产率的影响较大。

1.8.2.5 静液挤压

静液挤压又称为高压液体挤压。挤压时，锭坯借助筒内的高压液体压力（高达 1000~3000 MPa）从模孔中被挤出，获得所需形状和尺寸的制品。高压液体可以直接用一个增压器将它压入挤压筒内，或者用挤压杆压缩挤压筒内的液体获得。后一种方式因技术上简单易行，故应用最广泛。与正挤压、反挤压等方法不同，静液挤压时金属坯料不直接与挤压筒内表面产生接触，二者之间介以高压介质（液体压力高达 1000~3000 MPa），施加于挤压杆上的挤压力通过高压介质传递到坯料上而实现挤压。由于挤压时金属坯料不直接与挤压筒内表面产生接触，接近于理想润滑状态，因此产品金属流动均匀，变形比较均匀，挤压力也比通常的正向挤压力小 20%~40%，因此可以选择大的挤压比，实现高速挤压。静液挤压主要用于各种包覆材料成型、低温超导材料成型、难加工材料成型、精密型材成型等方面。但是，由于使用了高压介质，需要进行坯料预加工、介质充填与排放等操作，降低了挤压生产成材率，增加了挤压循环周期时间；此外，还存在高压下模子的密封材料和结构问题；挤压工具，如挤压筒和挤压杆承受的压力极高，材料选择和结构设计如何保证其强度问题；传压介质的液体选择问题。因此，静液挤压的应用受到了很大限制。

1.8.2.6 连续挤压

以上所述各种方法的一个共同特点是挤压生产不连续，前后坯料的挤压之间需要进行分离压余、充填坯料等一系列辅助操作，影响了挤压生产的效率，不利于生产连续长尺寸的产品。为此，实现挤压生产的连续化是近 40 年来挤压技术研究开发的重要方向之一，挤压生产真正实现连续化，并获得较好实际应用，是在英国原子能局的 D. Green 于 1971 年发明了 Conform 连续挤压法之后。这种方法在可旋转的挤压轮的表面上带有方凹槽，其 1/4 左右的周长与一被称为挤压靴的导向块相配合，形成一个封闭的正方形空腔，模子被固定在导向块的一端。挤压时，将比正方形空腔断面大一些的圆坯料端头辗细，然后送入空腔中，依靠挤压轮槽与坯料间的摩擦力，将后者夹紧和拉入空腔中。坯料在初始夹紧区中逐渐塑性变形，直到进入挤压区时充满空腔的横断面。金属在挤压轮摩擦力的连续作用下，不断地从模孔中被挤出。Conform 连续挤压时坯料与工具表面的摩擦发热较为显著。因此，对于低熔点的铝及铝合金，无需进行外部加热即可使变形区的温度上升至 400~500 ℃ 而实现热挤压。而对于铜及铜合金等较高熔点的材料，单靠摩擦发热很难达到变形金属的热挤压温度，一般需要对槽轮、模座进行辅助加热才能实现稳定挤压。Conform 连续挤压适合于铝包钢电线等包覆材料、小断面尺寸的铝及铝合金线材、管材、型材的成型。采用扩展模挤压技术，也可用于较大断面型材的生产，如各种铜排、铜带的生产等。

1.8.2.7　其他挤压新工艺新技术

（1）有效摩擦挤压。有效摩擦挤压又称为快速摩擦辅助挤压或挤压筒速超前挤压。其特点是在挤压时，挤压筒沿金属流出方向以高于挤压杆的速度运动，使挤压筒作用给坯料的摩擦力方向与挤压杆的运动方向相同，促使金属向模孔流动。表征挤压筒对坯料滑动的重要指数是有效摩擦挤压的速比（挤压筒速度/挤压杆速度）。有效摩擦挤压的速比应大于 1（最佳值是 1.4~1.6）。实现有效摩擦挤压的必要条件是挤压筒与坯料之间不能有润滑剂，以便建立起高的摩擦应力。有效摩擦挤压的主要优点是：金属变形流动均匀，无缩尾缺陷，坯料表面层在变形区中不产生大的附加拉应力，可使流出速度显著提高，如挤压 2A12 铝合金棒材时，流出速度比正挤压的流出速度高 4~5 倍，比反挤压的流出速度高 1 倍；挤压制品的强度也有所提高。这种挤压方法的主要困难之处是设备结构较复杂，模具需要承受挤压杆和挤压筒的双重压力，其强度要求较高。

（2）半固态挤压。半固态挤压是将处于液相与固相共存状态（半固态）的坯料充填到挤压筒内，通过挤压杆加压，使坯料流出模孔并完全凝固，获得具有均匀断面的长尺寸制品的加工方法。金属在半固态挤压时具有以下特点：挤压力显著下降，相当于正常热挤压的 1/10~1/5；可实现大挤压比挤压；可以获得晶粒细小、断面和长度方向组织性能较均匀的制品；有利于低塑性、高强度合金，金属基复合材料等难加工材料的成型。尤其对于金属基复合材料，有利于消除常规制备与成型过程中强化相偏析、与基体润湿差等缺陷，增强复合效果；要求液固相共存温度（两相区温度）比较宽，以实现稳定挤压，因此对于纯金属、结晶温度范围窄的合金，实现稳定半固态挤压的难度较大；对挤压筒、挤压模的温度控制要求严格；由于挤压筒、挤压模与坯料中的液相接触，其使用寿命较短，只能得到完全软化的制品。实现半固态挤压成型的关键是半固态坯料的制备。半固态坯料的制备主要有两种方法，一种方法是流变成型或流变铸造，即在金属凝固过程中进行强烈搅拌，将形成的枝晶打碎或完全抑制枝晶的生长，获得由液相与细小等轴晶组成的糊状组织（称为半固态浆料），然后直接充填到挤压筒内进行挤压。另一种方法是触变成型，即将半固态浆料迅速冷却到室温，制备半固态坯料,再通过快速加热方式使坯料局部重熔,然后进行挤压。

(3)等温挤压。等温挤压是近几年发展起来的一种新的成型技术,通过安装在模孔附近的非接触测温装置测定制品出模孔的温度,制品温度的变化转换成不同电信号输入到电子控制系统中并按事先拟定的温度-速度关系,自动调节挤压速度使温度保持恒定(略低于产生裂纹的温度)。等温挤压具有以下优点:极大地减小了变形抗力和变形功;挤压时零件内外温度分布均匀、变形均匀,所以生产的零件组织性能均匀;坯料在变形过程中不会冷却,因此变形抗力和变形功以及变形热均减小,使变形均匀性增加,改善了金属在模腔中的流动性。要确保产品挤出模孔时的温度恒定,即确保产品温度沿长度方向均匀,事实上非常困难。其中,实现铝及铝合金等温挤压的主要方法大致可以分为四类:坯料梯温挤压法、工模具控温挤压法、工艺参数优化控制等温挤压法及速度控制等温挤压法。

(4)无压余挤压-锭接锭挤压。无压余挤压时,挤压垫片被固定在挤压杆上,或与挤压杆加工成一体。在挤压过程中,当挤压筒内前一个坯料还有较长的余料(一般为1/3坯料长度左右)时,装入下一个坯料继续进行挤压,具有半连续挤压的性质。无压余挤压最早用于两类产品成型:一类是需要连续长度的包覆电缆,包覆层主要为纯铅、纯铝等软金属;另一类是焊合性能良好的金属或合金的长尺寸制品,如纯铝、3000系、6063合金、6061合金小尺寸盘管(采用分流挤压)和小断面型材等。无压余挤压法主要针对消除压余、提高挤压成品率、缩短非挤压的间隙时间,一般采用润滑挤压和具有凹形曲面的挤压垫。润滑的目的是改善金属流动均匀性,防止挤压过程产生死区;采用凹形曲面挤压垫是为了补偿挤压时中心部位金属流速快,防止产生缩尾,使得前后两个坯料的端面所形成的界面在进入模孔时近似成为平面,使得焊合面的延伸长度减小,从而减少制品的切头尾量。润滑无压余挤压的成品率可提高10%~15%。采用润滑挤压时不能采用分流模。

(5)多坯料挤压。根据需要,在一个挤压筒体上开设多个挤压筒孔,在各个筒孔内装入尺寸和材质相同或不同的坯料,然后同时进行挤压,使其流入带有凹腔的挤压模内焊合成一体后再由模孔挤出。对于高强度合金空心型材,采用分流模挤压往往不能成型。而采用多坯料挤压法,不存在常规分流模挤压时的坯料分流过程,挤压模的强度条件较分流模大为改善。多坯料挤压法的主要缺点是坯料的表面容易进入焊合面。因此,必须对坯料表面进行预处理以及防止加热过程中的过氧化问题。如果在各个挤压筒内装入不同材料的坯料,并相应地改变挤压模的结构,则可以实现多种层状复合材料的成型,如双金属管、包覆材料、特种层状复合材料等。

(6)弧形型材挤压。在机械制造、汽车等领域,常常需要对各种断面形状的棒材、管材与型材(以下将三者统称为型材)进行弯曲加工(包括冷弯和温弯),以实现具有各种角度、平面弧形或三维弧形的零部件的成型。在采用平直的型材进行弯曲加工来制造各种非平直的零部件时，由于缺陷和不可避免的技术废料等原因，导致成材率低和成本较高等问题。弯曲加工常见的缺陷有横断面变形、局部壁厚减薄、回弹，对于空心型材易出现因为局部失稳而导致的报废。在解决上述问题时，有效的方法之一是在型材挤压成型过程中，采取特殊措施直接获得所需的弧形形状。挤压直接制成弧形型材（或称弯曲型材）的方法有多种，其中具有代表性的方法有两种：不等长定径带挤压法和附加弯曲挤压法。这两种方法已在美国、德国等国家获得实际工业应用，生产各种高附加值弧形部件，例如奥迪、奔驰等高档轿车的保险杠等。

（7）空心材包芯挤压。包芯挤压是结合固定针挤压和随动针挤压两种方法的特点而发展起来的一种方法，芯棒（芯材）从挤压机后部，通过空心针支承和空心针流入模孔，在被挤压金属施加在芯棒表面的摩擦力带动下，与挤压产品同步流出模孔。挤压结束后，将芯棒从产品中拔出（抽芯），获得空心管材或型材。在整个挤压过程中，芯棒不产生塑性变形，因而可在生产中循环使用。为便于芯棒与挤压产品同步流出模孔，空心针支承和空心针的内径直径应大于芯棒直径，芯棒与模孔的对中由位于空心针头部的针头内孔保证。通过选用不同直径的芯棒及与之匹配的空心针针头，便可挤压生产不同内孔的管材。如山东三山集团有限公司采用包芯挤压工艺，生产出内孔直径最小为 5~6 mm 的钎钢管材。

1.8.3　挤压成型过程

研究金属在挤压变形过程中的流动行为具有极为重要的实际意义。挤压产品的组织、性能、表面质量、外形尺寸和形状精度、成材率、挤压模具的正确设计、挤压生产效率等，均与金属流动有着十分密切的关系。

挤压变形过程中金属流动行为的研究方法，可以分为解析法和实验法两大类。解析法有初等解析法（也称主应力法或平板假设法）[125]、滑移线法[126]、以上限法为代表的能量法[127]、有限单元法[128]等；实验法有坐标网格法[126]、视塑性法[129]、高低倍组织法[126]、云纹法[130]、光塑性法[131]等。这些方法各自具有其他方法所没有的一些特点，适用于不同的具体研究对象。根据金属在挤压过程中的流动特点，为了研究问题方便，通常把挤压变形过程划分为三个阶段：填充挤压阶段、基本挤压阶段和终了挤压阶段（也称缩尾挤压阶段）。这三个阶段分别对应于挤压力行程曲线上的Ⅰ、Ⅱ、Ⅲ区，如图 1-41 所示[126,132]。

1.8.3.1　填充挤压阶段金属流动行为

挤压时，为了便于将坯料装入挤压筒内，一般根据挤压筒内径大小不同，坯料直径应比挤压筒径小 0.5~10 mm（其中小挤压筒径取下限，大挤压筒径取上限）。理论上用填充系数 R_f 来表示这一差值：

$$R_f = F_t/F_0 \tag{1-10}$$

式中　F_t——挤压筒面积;

　　　F_0——坯料原始断面积。

通常 $R_f = 1.04 \sim 1.15$，其中小挤压筒取上限，大挤压筒取下限。由于挤压坯料直径小于挤压筒内径，因此在挤压轴压力的作用下，根据最小阻力定律，金属首先向间隙流动，产生镦粗，直至金属充满挤压筒。这一过程一般称为填充挤压过程或填充挤压阶段。

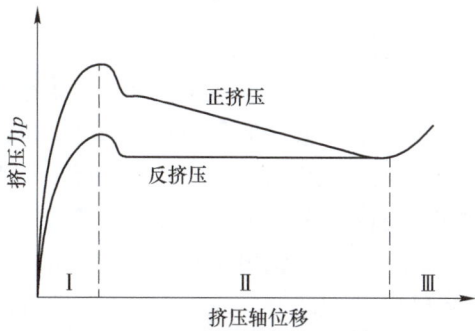

图 1-41　正、反挤压时典型的挤压力-行程（挤压轴位移）曲线[126,132]

A　金属流动与受力分析

填充挤压时，金属的流动方式与挤压机的形式（立式或卧式）和挤压模的形状与结构（平模或锥模、单孔模或多孔模等）有关。图 1-42 是采用平模和圆锥模挤压时金属填充流动模型。该图的模型适合于坯料装入挤压筒后周围存在均匀间隙的情形，例如在立式挤压机上挤压时可以认为基本上是属于这类情形。在卧式挤压机上挤压时的金属填充流动行为基本上与图 1-42 所示的情形相同，但由于坯料装入挤压筒后必然在下部与挤压筒产生部分接触，故在包含挤压轴线的铅垂截面上看，填充金属的流动与坯料周围存在均匀间隙时的情形有所不同，如图 1-43 所示。

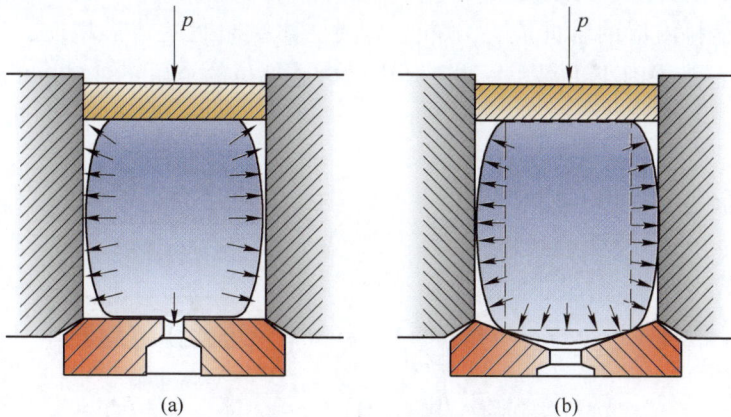

图 1-42　填充挤压时金属的流动模型[123]

(a) 平模挤压；(b) 锥模挤压

当坯料原始长度与直径之比在 3~4 以下时，填充时坯料在挤压筒内首先会产生单鼓形，金属向与挤压筒壁之间的空隙流动，同时一小部分金属流入模孔。当采用平模挤压时，会产生与圆柱体自由镦粗相同的情形——侧面翻平[133]，即

一部分侧表面的金属转移到与模面或垫片端面相
接触的表面上来。

　　当采用锥模挤压（见图1-42（b））时，随
着填充的进行，前端面外圆并不是沿着模锥面均
匀压缩，而是端面上外周围的金属逐渐转移到与
模子锥面相接触的表面上，形成与圆柱体自由镦
粗时侧面翻平相反的流动行为[134]，可将其称为
端面侧翻。在进入基本挤压阶段后，侧翻的坯料
端面转移成为产品头部的侧表面。由于这种变形
行为，导致填充阶段坯料前端面的金属受到径向

图 1-43　卧式挤压机上填充时铅垂
截面上的金属流动[123]

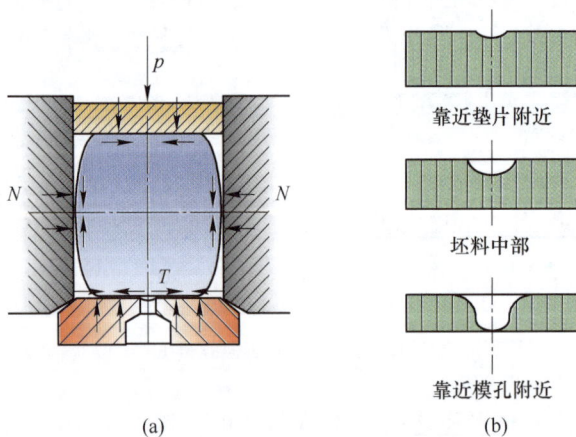

附加拉应力的作用，由此可以解释采用圆锥模挤压塑性较差的材料，当挤压比较
小时，产品前端面上容易产生裂纹的原因。

　　由于工具形状的约束作用，填充挤压阶段坯料的受力情况比一般的圆柱体
自由镦粗更为复杂。以图1-42（a）为例，假设填充进行到一定阶段，坯料侧
面部分金属与挤压筒壁产生了接触，此时的受力情况如图1-44所示。由于模
孔的影响，坯料前端面上摩擦力的分布情况不同于与垫片接触的后端面，分为
摩擦力方向互不相同的两个环形区域，即靠近模孔处摩擦阻力与靠近模子与挤
压筒交角处的摩擦阻力方向相反，如图1-44（a）所示。随着填充的进行，外
侧环形区逐渐变小，至填充完了（坯料全部充满挤压筒）时消失。此外，填充
挤压阶段坯料内部的轴向应力分布也与圆柱体镦粗时的情形相反，如图1-44
（b）所示，为中间小边部大，这也是由于中心部位的金属正对着挤压模模孔的
缘故。

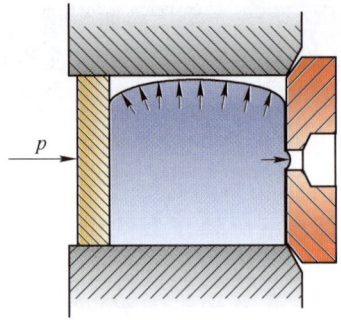

(a)

靠近垫片附近

坯料中部

靠近模孔附近

(b)

图 1-44　填充挤压阶段坯料的受力状态[123]

（a）表面受力状态；（b）轴向应力分布

由于坯料在填充过程中直径逐渐增大，单位压力也逐渐上升，特别是当一部分金属与挤压筒壁接触后，接触摩擦力及内部静水压力增大，导致填充变形所需的力迅速增加，因而对于挤压力-行程曲线上的 I 区，挤压力近似于直线上升（见图 1-41）。

B　填充挤压阶段的主要缺陷

当坯料的长度过大（长度与直径比大于 4~5）时，与圆柱体镦粗类似，填充时会产生双鼓形变形，如图 1-45 所示，在挤压筒的中部产生一个封闭空间。随着填充的进行，此空间体积减小，气体压力增加，继而进入坯料表面的微裂纹中，这些裂纹通过模子时被焊合，则在产品表面形成气泡，或者未能焊合出模孔后形成起皮。

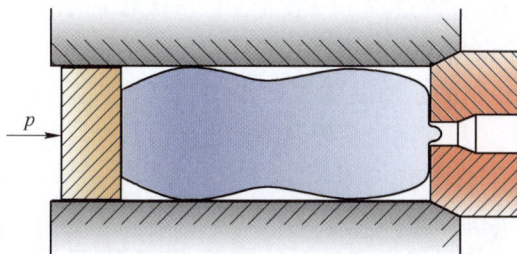

图 1-45　长坯料填充时的双鼓变形[123]

即使坯料的长径比小于 3~4，在填充时产生单鼓形，也可能会在模子与筒壁的交界部位形成密封空间（见图 1-44），同样可给挤压产品带来气泡、起皮等缺陷，且坯料和挤压筒间隙越大，即填充系数越大，产生缺陷的可能性越大，所形成的缺陷越严重。因此，在一般情况下希望填充系数尽可能小，以坯料能顺利装入挤压筒为原则。

解决上述问题的另一措施是采用坯料梯温加热法，即使坯料头部温度高尾部温度低，填充时头部先变形，而筒内的气体通过垫片与挤压筒壁之间的间隙逐渐排出。

填充挤压阶段容易形成的另一种主要缺陷是挤压棒材产品头部开裂。这种缺陷与填充挤压时金属的流动和受力特点密切相关。如前所述，锥模挤压时坯料前端面质点流向模面（见图 1-42（b）），从而在端面中心形成一个径向附加拉应力，此拉应力超过挤压温度下金属的强度时，即形成了头部开裂。平模挤压时，由于模孔附近摩擦阻力的作用（见图 1-42（a）），也会在端面中心产生径向附加拉应力，导致头部开裂。因此，难变形材料挤压时（例如钛），常将坯料头部车成与锥模模腔相一致的锥体形，以减少头部开裂的产生。当然这样做还有另一个目的，即改善流动均匀性。

1.8.3.2　基本挤压阶段金属流动行为

基本挤压阶段是从金属开始流出模孔到正常挤压过程即将结束时为止。在此阶段，当挤压工艺参数与边界条件（如坯料的温度、挤压速度、坯料与挤压筒壁之间的摩擦条件）无变化时，如图 1-41 所示，随着挤压的进行，正挤压的挤压力逐渐减少，而反挤压的挤压力则基本保持不变。这是因为正挤压时坯料与挤压筒壁之间存在摩擦阻力，随着挤压过程的进行，坯料长度减少，与挤压筒壁之间的接触摩擦面积减少，因而挤压力下降；而反挤压时由于坯料与挤压筒之间无相对滑动，因而摩擦阻力无变化。

A　挤压延伸变形机制

挤压是对处于挤压筒内的金属施加高压作用，迫使其从设定的模孔中流出，获得所需断面形状与尺寸的过程。一般而言，挤压后金属的断面积减小而长度增加。从金属流动的角度考虑，由于模孔的面积比挤压筒的横断面积小，金属从模孔流出成挤压产品（制品）后断面积变小而长度增加是很自然的现象。然而，从变形的角度考虑，金属在流经变形区的过程中，其变形状态如何，金属是如何伸长的，是一个令人产生兴趣的问题。

以实心圆棒的挤压成型为例分析金属在变形区内的变形状态和延伸变形机制。在理想状态下，一般假定变形区侧面为锥形，变形区入口和出口为球面。采用圆锥模的光塑性模型实验结果发现[131]，稳定挤压阶段存在轴向压缩径向延伸变形区，如图 1-46 所示。在轴向压缩变形区内，金属承受轴向和周向压缩变形，沿径向轴线方向流动，产生径向延伸变形；而在轴向延伸变形区内，金属承受径向和周向压缩变形，沿轴向模孔方向流动，产

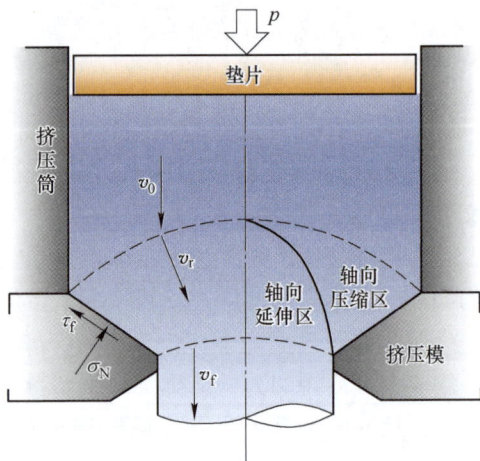

图 1-46　圆棒挤压时变形区的轴向压缩区
和轴向延伸区[131]

生轴向延伸变形。根据上述变形特点，可以将挤压延伸变形机制解释为：挤压总体延伸变形是通过坯料的外周层材料的轴向压缩而产生径向流动，对坯料的中心部分形成径向"旋压"作用，最终产生轴向伸长变形。

B　金属流动特点

金属在基本挤压阶段的流动特点因挤压条件不同而异。图 1-47 所示为一般情况下圆棒正挤压时金属的流动特征示意图。

由图 1-47（a）可知，平行于挤压轴线的纵向网格线在进出模孔时发生了方

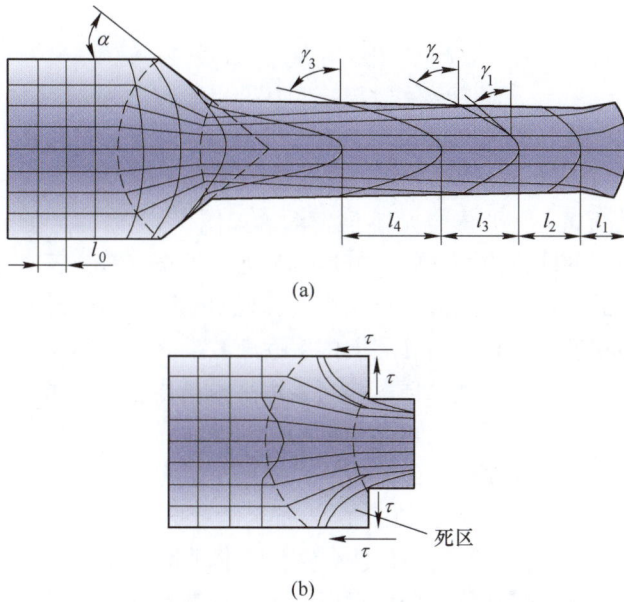

图 1-47 一般情况下圆棒正挤压时金属的流动特征图[123]
(a) 锥模挤压；(b) 平模挤压

向相反的两次弯曲，其弯曲角度由中心层向外逐渐增加，表明金属内外层变形具有不均匀性。将每一纵向线两次弯曲的弯折点分别连接起来可得两个曲面，这两个曲面所包围的体积称为变形区，而两个曲面分别称为变形区入口界面和出口界面。在理想情况下，变形区入口界面和出口界面为同心球面，球心位于变形区锥面构成的圆锥体之顶点。但是，如后所述，实际的变形区界面既非球面也非平面，其形状主要取决于外摩擦条件和模具的形状（包括模孔的大小），甚至变形区可以扩展到挤压筒内的整个坯料体积。

横向网格线在进入变形区后发生弯曲，变形前位于同一网格线上的金属质点，变形后靠近中心部位的质点比边部的质点超前许多，即在挤压变形过程中金属质点的流动速度是不均匀的。产生这种流动不均匀的主要原因有两个方面：第一，中心部位正对着模孔，其流动阻力比边部要小；第二，金属坯料的外表面受到挤压筒壁和挤压模表面的摩擦作用，使外层金属的流动进一步受到阻碍而滞后。

观察挤出棒材子午面上的网格变化（见图 1-47），可以发现：沿产品的长度方向，变形是不均匀的。首先是横向网格线之间的距离由前端向后端逐渐增加，即：

$$l_1 < l_2 < l_3 < l_4 < \cdots \tag{1-11}$$

从而

$$\mu_1 < \mu_2 < \mu_3 < \mu_4 < \cdots$$
$$\mu_i = l_i/l_0$$

(1-12)

其次，横向网格线与纵向网格线的夹角（即剪切应变γ）是变化的，亦由前端向后端逐渐增加，例如$\gamma_3>\gamma_2$。

沿产品横断面上，变形也是不均匀的。如图 1-47 所示，在挤出产品的子午面上，靠近中心的网格由原来的正方形变为近似于长方形，表明主要产生了延伸变形。而外层的网格变为近似平行四边形，说明除了延伸变形外，尚发生了较大剪切变形。剪切变形的程度由外层向内层逐渐减少，例如$\gamma_2>\gamma_1$。

以上是锥模挤压时的流动情况。当采用平模挤压，或者虽是锥模，但模角α较大时，位于模子与挤压筒交角处的金属受到模面和筒壁上的外摩擦作用，使得金属沿接触表面流动需要较大的外力。根据最小阻力定律，金属将选择一条较易流动的路径流动，从而形成了如图 1-48 所示的死区。理论上认为死区的边界为直线，如图 1-48 中虚线所示，且死区不参与流动和变形，死区形成后构成一个锥形腔，相当于锥模的作用。因此可以认为，在基本挤压阶段，平模挤压时的金属流动特征与锥模挤压时的基本相同。

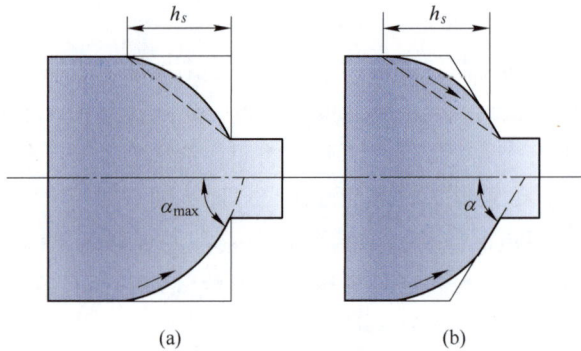

图 1-48　挤压死区形状示意图[123]
(a) 平模挤压；(b) 锥模挤压

但是，实际挤压时死区的边界形状并非为直线，一般呈圆弧状，如图 1-48 中实线所示。而且由于在死区和塑性区的边界存在着剧烈滑移区，导致死区也缓慢地参与流动，死区的体积逐渐减少，如图 1-49 所示。

C　挤压阶段产品的主要缺陷

(1) 裂纹。挤压棒材的裂纹分表面裂纹和中心裂纹两种，如图 1-50 (a) (b) 所示这种表面和中心裂纹大多形状相同、间距相等（或近似相等）呈周期性分布，故通常称之为周期性裂纹。

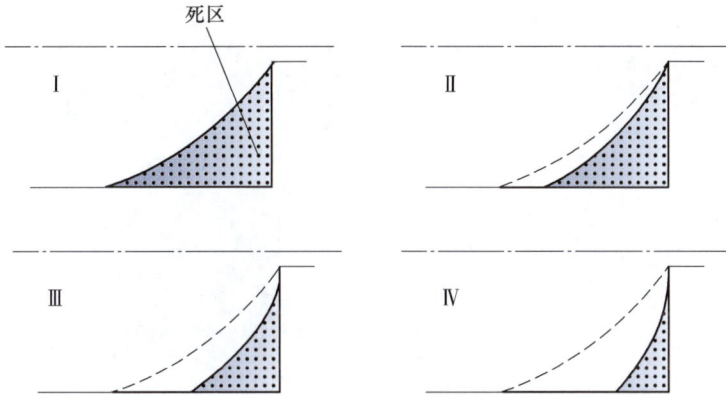

图 1-49 挤压过程中死区的变化[123]
Ⅰ—挤压前期；Ⅱ，Ⅲ—挤压中期；Ⅳ—挤压后期

裂纹的产生与金属在挤压过程中的受力和流动情况有关。以棒材表面周期性裂纹为例，由于模子形状的约束和接触摩擦的作用而使坯料表面的流动受到了阻碍，使棒材中心部位的流速大于外层金属流速，从而使外层金属受到了拉附应力作用，中心受到了压附应力作用，如图 1-51 所示。附加应力的产生改变了变形区内的基本应力状态，使表面层轴向工作应力（基本应力与附加应力的叠加）有可能成为拉应力。而当这种拉应力达到金属的实际断裂强度极限时，在表面就

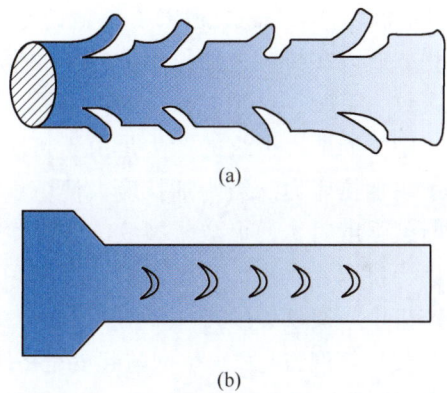

图 1-50 挤压产品的表面和中心
周期性裂纹示意图[123]
（a）棒材表面周期性裂纹；（b）中心裂纹

会出现向内扩展的裂纹，其形状与金属通过变形区域的速度有关。裂纹的产生使得局部拉附应力降低，当裂纹扩展到位置 K 时裂纹顶点处的工作应力降低到断裂强度极限以下，第一个裂纹不再向内部扩展。随着金属变形不断地进行，棒材又会由于拉附应力的增长，其表面层工作应力超过金属的断裂强度极限，从而出现第二个裂纹。如此周而复始，在产品表面就会形成周期性裂纹。

由于越接近模子出口内外层金属的流速差越大，附加拉应力的数值也就越大，因此，表面周期性裂纹通常在模子出口处形成[135,136]。在生产中最易出现表面周期性裂纹的合金有硬铝、锡磷青铜、铍青铜、锡黄铜 HSn70-1 等，这些合金在高温下

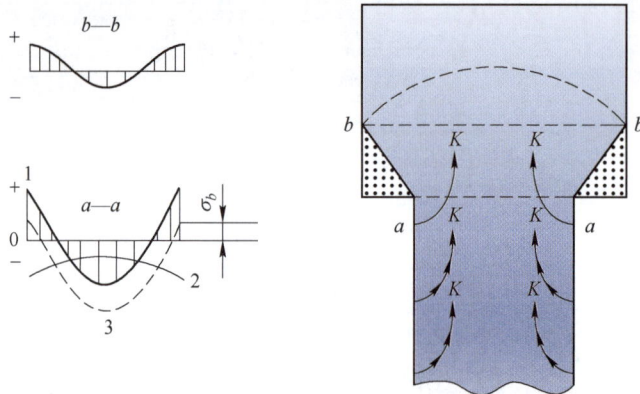

图 1-51　附加应力分布与裂纹形成[135,136]
1—附加应力；2—基本应力；3—工作应力

的塑性温度范围较窄（100 ℃左右），挤压速度稍快，变形热来不及逸散而使变形区内的温度急剧升高，超出了合金的塑性温度范围，在晶界处低熔点物质就要溶化，所以在拉应力的作用下容易产生断裂。有些合金在高温下易黏结工具出现裂纹、毛刺，这类裂纹有韧性断裂的特征。与表面周期裂纹的形成原因相反，中心周期性裂纹的产生是由于挤压时中心流动慢表层流动快，而在中心形成了附加拉应力。当附加拉应力使中心工作应力成为拉应力且达到了金属的实际断裂强度时，便形成了裂纹。实际生产时，由于加热不透形成内生外熟，或者因为挤压比太小，变形不深入，都可能会使金属的中心流速小于表面流速，而产生中心周期裂纹。

（2）气泡与起皮。气泡与起皮是挤压产品的常见缺陷，图 1-52 所示为挤压产品表面气泡与起皮形貌示意图。气泡破裂则成为起皮。此外，起皮还可由挤压筒壁上残留金属黏结在铸锭表面而形成。形成起皮与气泡的主要原因大致可有三个方面：铸锭方面的原因，铸锭内部有夹杂、气孔、砂眼、裂纹等缺陷，挤压时不能焊合和压实。工艺操作方面的原因，润滑剂过量，形成大量的气体，压入铸锭表面微裂纹内；或者填充挤压速度太快、填充变形量太大，使大量气体来不及排出而压入铸锭表面。这些压入铸锭表面的气体在通过模子时被焊合而形成气泡，或未被焊合而形成起皮。工具方面的原因，挤压筒和穿孔针表面不光滑，或穿孔针上有裂纹将气体带入而形成气泡或起皮。垫片与挤压筒尺寸配合不好，挤压时在筒内表面残留有金属皮，下一次挤压时，黏在铸锭表面被挤出模孔而形成起皮。

（3）黏结与条纹。黏结与条纹是挤压产品的主要表面缺陷之一，对于冷挤压或温挤压成型的零部件，以及以 6063 为代表的铝合金建筑型材，黏结与条纹甚至是最主要的、最难以克服的缺陷。冷挤压和温挤压时，容易在挤压产品的表

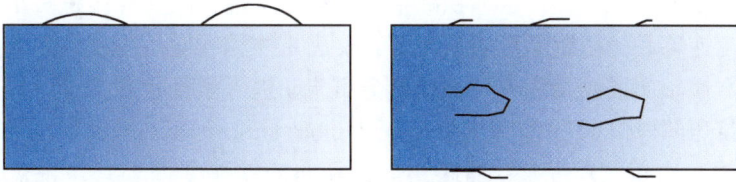

图 1-52　挤压产品表面的气泡与起皮示意图[123]

面产生粗大条纹、金属黏结现象。一般认为，润滑膜破裂导致变形金属与工模具表面产生直接接触是其主要原因。但是，模具设计不合理时，金属流动不均匀性增加，难以形成良好润滑状态，往往也是导致黏结与条纹的重要原因。在热挤压时，特别是铝合金型材无润滑热挤压时，黏结与条纹的产生与金属流动行为，尤其是模孔定径带（生产现场习惯于称作工作带）附近的金属流动与变形密切相关[137,138]。当采用具有较长定径带的模具挤压 6063 铝合金型材时，在模孔出口侧的定径带上，黏附膜由破碎的屑块组成。这些屑块来源于产品表面与定径带之间的剧烈摩擦作用，但与定径带表面的结合强度很低，在定径带上沿挤压方向延伸变形并产生滑动，然后又黏附到产品表面，在形成黏结的同时使挤压条纹加剧。而在模孔入口侧的定径带上，存在着不同于出口侧黏附膜形貌的区域。在该区域内，金属黏附膜形状完整，与定径带之间的结合较牢固，金属膜对流出模孔的产品表面产生刷洗作用而形成挤压条纹。

1.8.3.3　终了挤压阶段金属流动行为

A　金属流动特点

在基本挤压阶段，可以认为挤压筒内的塑性变形区高度基本保持不变[139,140]（尽管对于流动类型差的情形，由于挤压筒壁上摩擦的作用，坯料后端部分也有少量变形发生，但与模孔附近的变形相比要小得多）。传统理论认为[141,142]，当挤压筒内坯料的剩余长度减小到与稳定流动塑性区的高度相等（即垫片接触塑性变形区）时，挤压力开始上升，金属流动进入终了挤压阶段（或称紊流挤压阶段），对应于图 1-49 上的 Ⅲ 区。终了挤压阶段的一个显著的特点，是金属径向流动速度增加。如图 1-53 所示，在垫片未进入变形区前，变形区体积保持不变，金属从模孔中流出的量与进入变形区的量相等。而

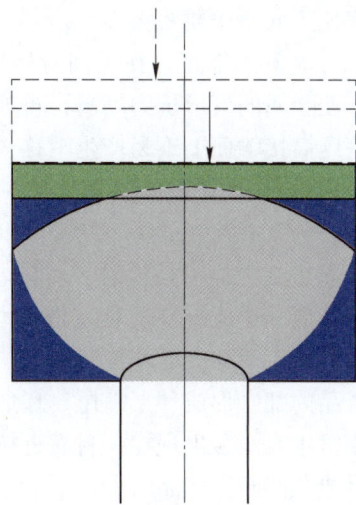

图 1-53　终了挤压阶段垫片与变形区的位置示意图[141,142]

当垫片进入变形区后，变形区体积减小，塑性区与刚性区交界面积减小，在挤压速度、流出速度和挤压比不变的条件下，要满足体积不变条件，势必增加径向流速以弥补金属轴向供给量的不足，致使金属流动进入紊流状态。

终了挤压阶段的另一个特点是挤压力迅速上升。关于挤压力上升的传统观点[135,142]是：由于垫片进入变形区，金属径向流动速度增加，并导致金属与垫片间的滑动速度增加；挤压筒内金属的体积减小冷却较快，变形抗力增加；死区也参与变形。所有这些因素均会使挤压力增加。但是，需要指出的是，垫片开始接触塑性变形区的时刻，未必是与挤压力开始上升的时刻相一致的。数值模拟的结果表明，挤压力是在垫片开始接触塑性变形区以后继续挤压一定时间后才达到最小的。

B　挤压缩尾

挤压缩尾是终了挤压阶段的一种特有缺陷，是坯料表面的氧化物、油污脏物及其他表面缺陷（如砂眼、气孔等）进入产品内部而形成的。根据这种缺陷在产品断面上的位置，可将缩尾分为中心缩尾、环形缩尾、皮下缩尾三种。

（1）中心缩尾。在终了挤压阶段的后期（紊流阶段），挤压筒中剩余的坯料高度较小，整个挤压筒内的剩余坯料处在紊流状态，且随着坯料高度的不断减小，金属径向流动速度不断增加，以用来补充坯料中心部分金属的短缺，于是坯料后端表面的氧化物、油污等易集聚到坯料的中心部位，进入产品内部；而随着挤压的进一步进行，径向流动的金属无法满足中心部分的短缺，于是在产品中心部分出现了漏斗状的空缺，即中心缩尾。尽管反向挤压金属流动比正向挤压要均匀得多，但当压余（剩余坯料）厚度较薄时，仍可形成中心缩尾，不过缩尾的长度比正向挤压要短得多。

（2）环形缩尾。在无润滑挤压过程中，若坯料外层金属的挤压温度显著降低，使金属的变形抗力增高，再加上坯料与挤压筒接触表面的摩擦力大则在坯料与挤压筒接触面上不易产生滑移，同时在挤压垫片处又存在难变形区（黏着难变形区），所以坯料表面的氧化物、油污就容易沿难变形区的周围界面而进入金属内部，分布在产品的中间层，形成环形，或部分环形，称为环形缩尾[135]。如 $\alpha+\beta$ 黄铜在无润滑挤压时，坯料内部的相很软，而坯料外层由于与工具接触而使温度降低，形成 α 相，使变形抗力显著升高，同时接触面的摩擦又大，在接触面上不易产生滑移，而使坯料表面的氧化物、油污沿挤压垫片难变形区周围界面进入产品内部，形成环形缩尾。环形缩尾在大多数情况下为不连续环形。当采用多孔模挤压时，多出现在棒材靠近挤压轴线的一侧，呈月牙状、带状或点状。挤压型材或非圆断面产品时，环形缩尾形状因产品形状不同而异，多出现在断面壁厚较大处[142]。

（3）皮下缩尾。在终了挤压阶段，当死区与塑性流动区界面因剧烈滑移使金属受到很大剪切变形而断裂时，坯料表面的氧化层、润滑剂和脏物等则会沿着断裂面流出，与此同时，由于坯料剩余长度很小，死区金属也逐渐流出模孔而包覆在产品的表面上，形成皮下缩尾。在热挤压铜及铜合金等重金属时，由于坯料与挤压筒温差较大，死区金属受到剧烈冷却，塑性降低而产生断裂。因此即使在基本挤压阶段也有可能产生皮下缩尾，这种皮下缩尾在后续的冷加工过程（如冷轧管和拉拔）中会导致产品表面起皮或大块撕裂。

在生产实际中，减少产品中心缩尾的主要措施是留压余和脱皮挤压。根据不同合金及坯料直径大小、具体生产条件，在挤压末期留一部分坯料在筒内而不全部挤出，即在缩尾形成流入产品之前中止挤压。压余的大小要根据合金种类和坯料尺寸等具体情况而定，其厚度一般为坯料直径的 10%~30%。所谓脱皮挤压，是指用一个比挤压筒内径小 2~4 mm 的垫片进行挤压的一种方法。挤压时，垫片压入坯料之中，挤压出坯料中心部分的金属，而外皮则留在挤压筒内。

脱皮挤压时，脱皮的过程并非由于垫片将金属切断，而是依靠塑性剪切变形，在保持金属整体性的情况下进行的。因此，为了获得均匀完整的脱皮，垫片最好具有圆滑的棱边，以便在挤压时垫片能自动地对正坯料中心。但是，垫片的圆角不宜太大，以免分离垫片时发生困难。坯料外皮必须脱得完整，否则既不能有效地减少产品中的缩尾，还会给清理挤压筒带来困难。

1.8.3.4 挤压坯料的变形阶段

在金属热挤压成型过程中，坯料从模具后端被推挤向前，经历复杂的应力、应变和温度变化，最终形成特定形状的产品。这一过程中，材料的变形行为并非均匀分布，而是根据其位置和受力状态逐渐划分为三个典型区域：弹性区、塑性区和定径区（如图 1-54 所示）。这些区域的划分不仅反映了材料在不同阶段的变形特性，还与工艺参数、模具设计及最终产品质量密切相关。

（1）弹性区。弹性区位于坯

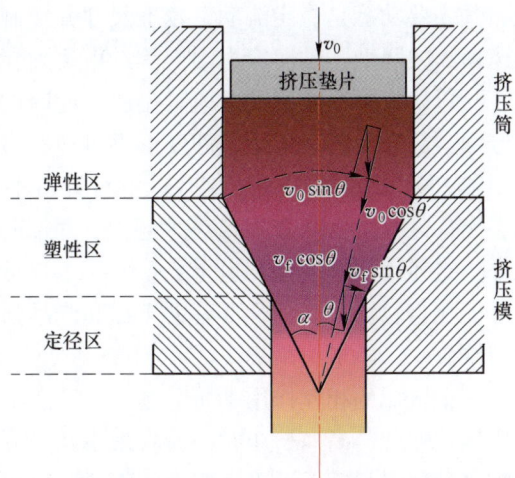

图 1-54 锥形挤压模具的挤压速度矢量示意图

料的初始端（远离模具出口的区域），是变形过程的起始阶段。当挤压轴施加压力时，材料首先进入弹性变形状态，此时内部应力尚未超过材料的屈服强度，变形遵循胡克定律，即应变与应力呈线性关系。弹性区的材料在卸载后能够完全恢复原状，其微观组织（如晶粒结构）基本保持不变。由于热挤压通常伴随高温环境，弹性区的温度相对较低（接近坯料初始温度），导致材料塑性变形能力较弱，主要以弹性压缩为主。然而，弹性区的存在对整体挤压过程至关重要：若此区域范围过大（例如模具入口设计过陡或温度不足），会导致挤压阻力显著增加，甚至引发坯料后端开裂。此外，弹性区的残余应力可能在后续冷却或加工中释放，导致产品轻微翘曲或尺寸不稳定。

（2）塑性区。随着挤压轴持续加压，材料从弹性区向前流动，逐渐进入塑性区——这是整个挤压过程中变形最剧烈、能量消耗最集中的区域。塑性区通常位于坯料中部至模具入口附近，其边界由应力是否超过材料的屈服强度决定。在此区域内，材料承受三向压应力（轴向、径向、周向），其中轴向应力最大，驱动金属向模具出口流动。由于热挤压的高温条件（通常接近或高于材料再结晶温度），塑性区的材料因变形热和外部加热进一步软化，流动性显著增强。此时，材料遵循塑性本构关系（如 Von Mises 屈服准则），晶粒在强烈剪切作用下被拉长、破碎，甚至发生动态再结晶，形成纤维状或细化的微观组织。塑性区的范围与均匀性直接影响挤压效率：若模具锥角过小或润滑不良，会导致金属流动不对称，在坯料表面形成折叠、裂纹等缺陷；而合理的工艺参数（如温度-速度匹配）可扩大塑性区范围，减少弹性区阻力，从而提高成型效率。

（3）定径区。当材料通过塑性区的高强度变形后，最终进入紧邻模具出口的定径区。这一狭窄区域（通常对应模具的定径带部分）是材料成型的最后阶段，其主要功能是稳定流动、校准尺寸并控制表面质量。在定径区内，金属的变形速率大幅降低，轴向应力因模具约束逐渐释放，但径向和周向应力仍维持较高水平，以确保材料紧密贴合模具型腔。此时的材料可能处于弹性-塑性混合状态：一方面，已发生的大部分塑性变形不可逆；另一方面，残余弹性应力可能导致微量回弹（尤其在冷却后）。定径区的设计需平衡精度与阻力：若定径带过短，金属在出口处自由膨胀会导致尺寸超差；过长则会增加摩擦阻力，甚至引发卡模。此外，定径区的温度控制也至关重要——热量通过模具和环境的散失可能使材料局部硬化，轻微加工硬化虽有助于提高产品强度，但过度冷却会导致表面粗糙或微裂纹。

三个区域的相互作用本质上是一个动态平衡过程。例如，塑性区的范围会随挤压速度变化：高速挤压时，材料来不及充分软化，塑性区可能向模具出口方向收缩，导致定径区承受更高应力；而低速挤压虽能扩大塑性区，却可能因热量散失增加能耗。再如模具几何形状的影响：较大的模具入口锥角可促进金属从弹性区向塑性区平缓过渡，减少死区形成；而定径带的表面粗糙度则直接影响摩擦系数，进而改变定径区的应力分布。从微观组织演变的角度看，弹性区的晶粒几乎不变，塑性区因动态再结晶可能形成细晶层，而定径区的快速冷却可能保留部分织构，导致产品各向异性。总之，弹性区、塑性区与定径区的划分不仅是理论上的抽象概念，更是理解金属挤压成型机理的核心框架。这三个区域的动态特性共同决定了材料的流动行为、缺陷形成机制以及最终产品的性能。

1.8.4 挤压成型工艺参数

1.8.4.1 挤压比

挤压比是指材料在塑性加工过程中，原始坯料与挤压后的产品之间的体积比值，即挤压比=原始坯料的体积/挤压后产品的体积。挤压比反映了材料在挤压过程中受到的变形程度。在金属挤压成型领域，挤压力与变形程度之间的定量关系是工艺设计与优化的核心理论问题之一。基于滑移线场理论（slip-line field theory）及热力耦合本构模型（thermo-mechanical constitutive model）的研究表明，挤压力 p 与变形程度 ε_e（由挤压比 λ 的自然对数定义，$\varepsilon_e = \ln\lambda$，其中 $\lambda = A_0/A_1$，分别为坯料与制品的横截面积 A_0、A_1）呈显著正相关[143,144]，这一规律已通过 6063 铝合金的系统实验得到验证，如图 1-55 所示[144]。

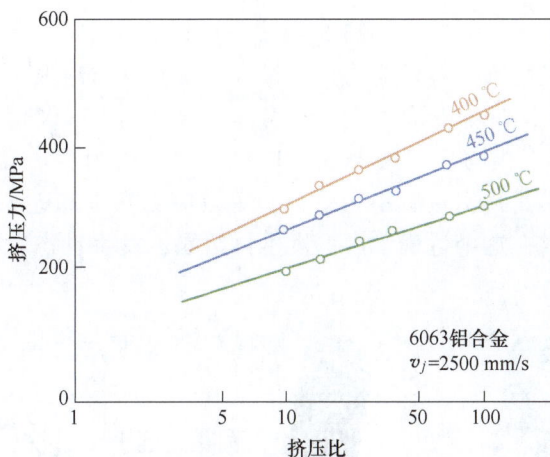

图 1-55　挤压力与挤压比的关系[144]

1.8.4.2 挤压温度

挤压温度对挤压力的影响，是通过变形抗力 σ_k 的大小反映出来的。一般地讲，随着挤压温度的升高，坯料的变形抗力下降，所需挤压力下降。两者之间的关系因变形抗力与温度之间的关系不同而异。当变形抗力随着温度的升高而线性减小时，则由前面的讨论可知，挤压力随温度的升高而线性下降。实际上，大多数金属和合金的变形抗力随温度升高而下降的关系是非线性的[135,142]，从而挤压力与挤压温度的关系也一般为非线性关系。此外，挤压温度的变化还可能通过对摩擦条件的影响而影响挤压力。

图 1-56 是 EZ80 镁合金在不同挤压温度下整体坯料变形情况的 Deform 模

拟[143]。坯料在 573 K、623 K、673 K 温度下挤压，整体变形相对均匀，根据最小阻力原理，变形区内的金属中间部位流动较快，然后向两边逐渐递减，呈现出一个"凸形"的挤压出口形貌。

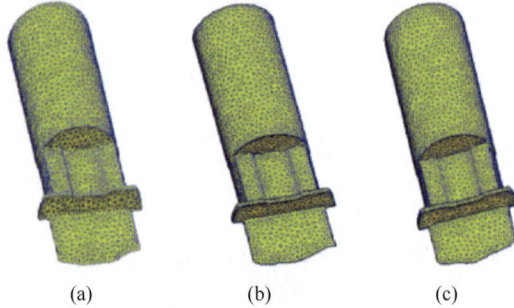

图 1-56　不同挤压温度下的成型结果[143]

(a) 573 K；(b) 623 K；(c) 673 K

　　图 1-57 是 573 K、623 K、673 K 温度下坯料的等效应力场，温度越低，等效应力越大，温度越高，等效应力逐渐减小，温度为 573 K 时等效应力为 120 MPa，温度为 623 K 时等效应力为 111 MPa，温度为 673 K 时等效应力为 102 MPa[143]。此外，上模与坯料接触面，坯料与转角处为变形较为激烈的区域，而当将棒材沿着模具挤出板后不再受力，等效应力几乎趋近为 0。同时，随着温度的升高，材料在这个过程中内部发生再结晶，发生动态软化，因此，等效应力随之降低。

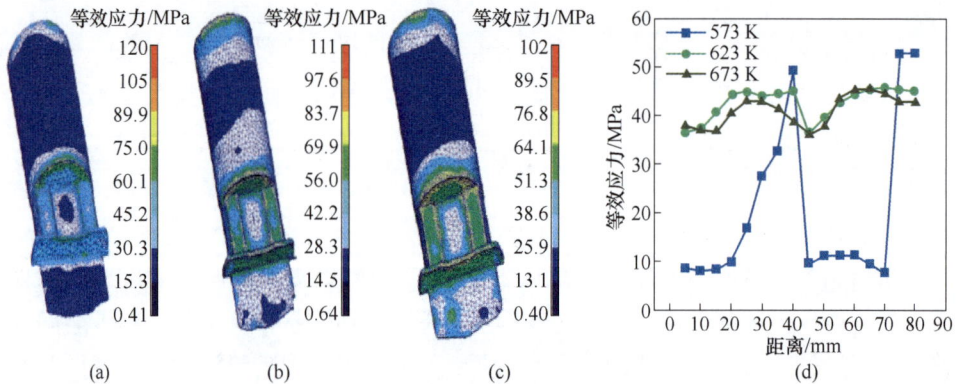

图 1-57　不同挤压温度下的等效应力场[143]

(a) 573 K；(b) 623 K；(c) 673 K；(d) 横截面等效应力

　　图 1-58 为 EZ30 镁合金在 573 K、623 K、673 K 温度下挤压的等效应变场[143]。从图中不难看出，随着挤压温度的升高，等效应变逐渐降低，当温度为

573 K 时等效应变为 11.6 mm，当温度为 623 K 时等效应变为 9.93 mm，当温度为 673 K 时等效应变为 8.79 mm。从图中还可以看出，等效应变场相对均匀，分布合理，表明模具设计具有合理性，圆柱段、过渡段以及挤出段均呈现一致的等效应力分布态势，且段与段之间对接处相对匀称，这说明在挤压过程中变形相对均匀。

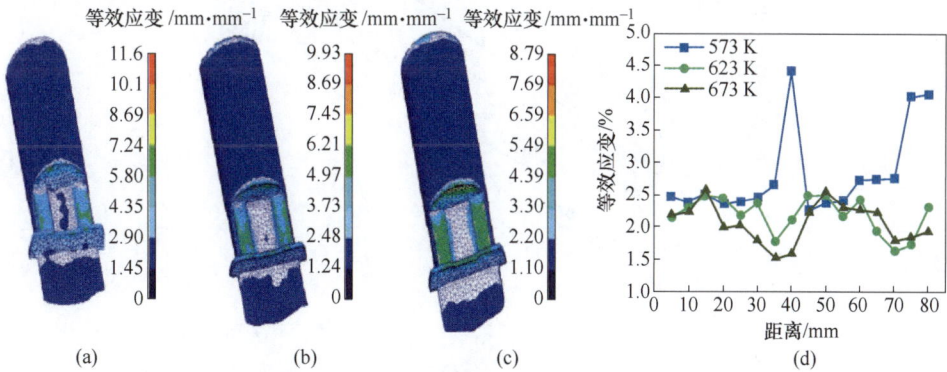

图 1-58　不同挤压温度下的等效应变场[143]

(a) 573 K；(b) 623 K；(c) 673 K；(d) 横截面等效应变

1.8.4.3　挤压速度

挤压速度也是通过变形抗力的变化影响挤压力的。冷挤压时，挤压速度对挤压力的影响较小。热挤压过程中无温度、外摩擦条件等的变化时，挤压力与挤压速度（对数-对数比例）之间成线性关系[144,145,147,148]，图 1-59 为其一例[144]。这种线性关系也可以通过变形抗力与应变速度之间的关系来表示，如图 1-60 所示[149]。挤压速度增加，所需的挤压力增加，可以解释为：热挤压时，金属在变形过程中产生的硬化可以通过再结晶软化，但这种软化需要充分的时间进行，当挤压速度增加时，软化来不及进行，导致变形抗力增加，使挤压力增加。

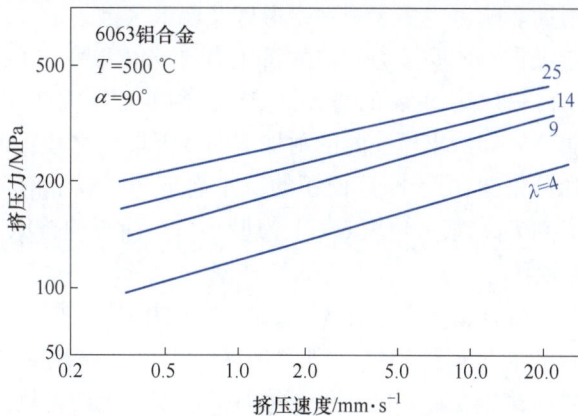

图 1-59　6030 铝合金挤压力与挤压速度的关系[144]

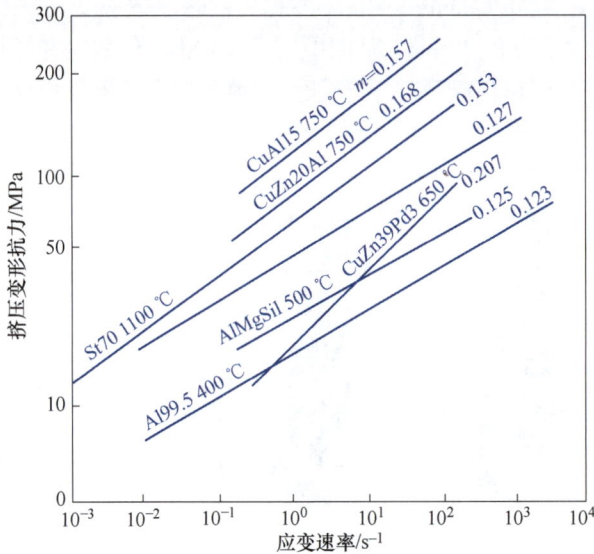

图 1-60　应变速率对挤压变形抗力的影响[149]

(St70 为非合金钢，抗拉强度约为 700 MPa)

根据图 1-60 可以正确地确定不同挤压温度和应变速率下的真实变形抗力但目前有关这方面的资料还很不全面，实际应用中，通常用一个经验性的应变速率系数 C_v 来近似确定变形抗力：

$$\sigma_k = C_v \sigma_s \tag{1-13}$$

式中　C_v——对于铝及铝合金、铜及铜合金，C_v 按图 1-61[133] 确定（图中横轴为对数比例）；

　　　　σ_s——变形温度下静态拉伸时的屈服应力。

1.8.4.4　挤压模角

模角对挤压力的影响，主要表现在变形区及变形区锥表面，而克服金属与筒壁间的摩擦力及定径带上的摩擦力所需的挤压力与模角无关。在一定的变形条件下，如图 1-62 所示，随着模角 α 的增大，变形区内变形所需的挤压力分量 R_M 增加，这是由于金属流入和流出模孔时的附加弯曲变形增加之故；但用于克服模子锥面上摩擦阻力的分量 T_M 由于摩擦面积的减小而下降。以上两个方面因素综合作用的结果，使 $R_M + T_M$ 在某一角度 α_{opt} 下为最小，从而总的挤压力也在 α_{opt} 时最小，α_{opt} 称为最佳模角。

一般认为，挤压最佳模角一般在 45°~60° 的范围内[149,151]。但近年来，对各种不同条件下所做的大量理论和实验研究证明[152,153]，挤压最佳模角随挤压条件不同而异，主要与挤压变形程度和外摩擦有关。对于无润滑热挤压的情况，理

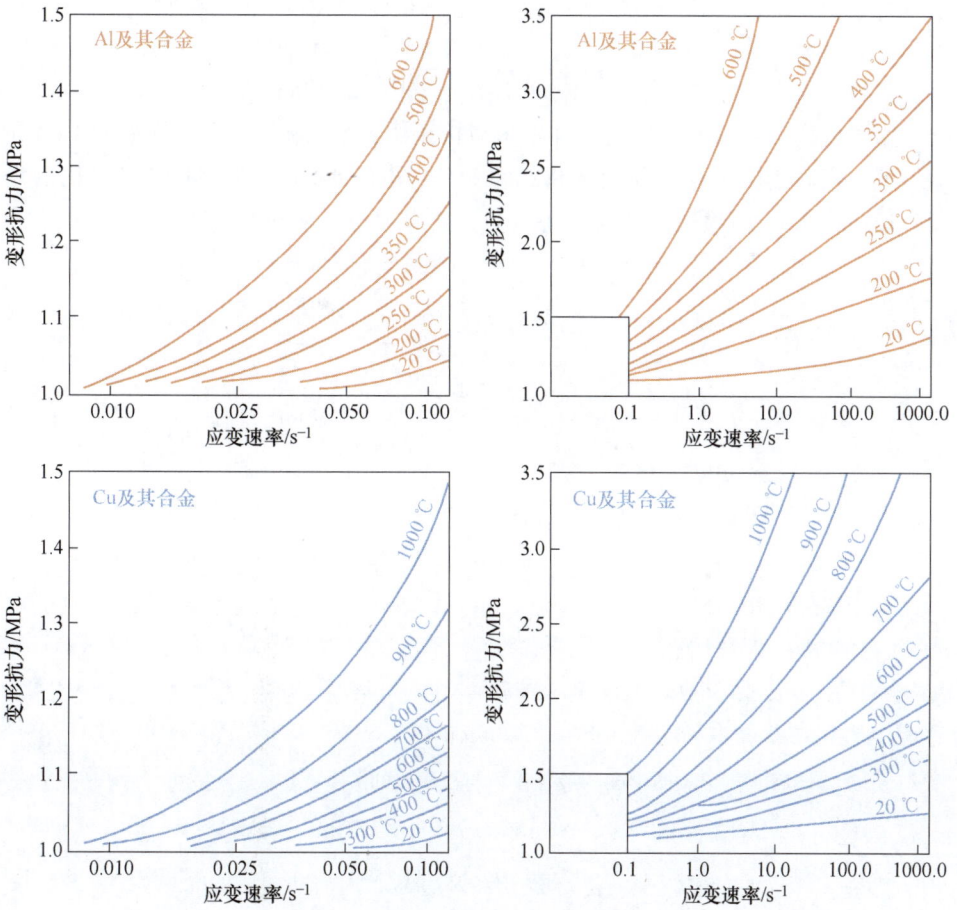

图 1-61 变形抗力的应变速率系数图[134]

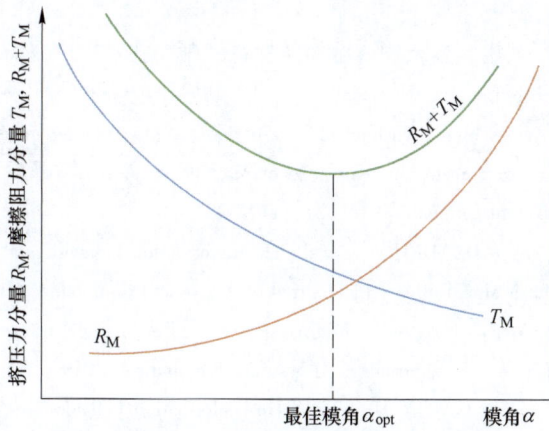

图 1-62 挤压分量与模角关系示意图[149,151]

论分析表明，最佳模角与挤压变形程度（$\varepsilon_e = \ln\lambda$）具有如下关系[152]：

$$\alpha_{opt} = \arccos\frac{1}{1+\varepsilon_e} = \arccos\frac{1}{1+\ln\lambda} \tag{1-14}$$

用铅做变形材料所得到的最佳模角与挤压比关系的实验曲线[153]如图 1-63 所示，图中同时给出了有关理论分析结果[152]。由图 1-63 可知，随着挤压比的增加，最佳模角 α_{opt} 的数值是增加的。

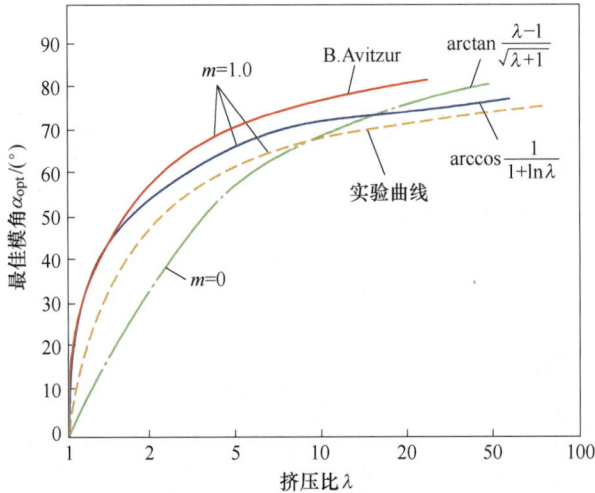

图 1-63　最佳模角与挤压比的关系[153]

参 考 文 献

［1］ HAGIHARA K, LI Z X, YAMASAKI M, et al. Strengthening mechanisms acting in extruded Mg-based long-period stacking ordered (LPSO)-phase alloys ［J］. Acta Materialia, 2019, 163：226-239.

［2］ 陈先华, 狄玉晓, 刘娟. 镁及镁合金功能材料的研究进展 ［J］. 材料科学与工程学报, 2013, 31（1）：148-152.

［3］ XU D K, HAN E H, XU Y B. Effect of long-period stacking ordered phase on microstructure, mechanical property and corrosion resistance of Mg alloys：A review ［J］. Progress in Natural Science：Materials International, 2016, 26：117-128.

［4］ LIU G, XIE W, HADADZADEH A, et al. Hot deformation behavior and processing map of a superlight dual-phase Mg-Li alloy ［J］. Journal of Alloys and Compounds, 2018, 766：460-469.

［5］ LV S H, LV X L, MENG F Z, et al. Microstructures and mechanical properties of a hot-extruded Mg8Ho0.6Zn0.5Zr alloy ［J］. Journal of Alloys and Compounds, 2019, 774：926-938.

［6］ ZHOU X J, LIU C M, GAO Y H, et al. Hot deformation behavior and processing map of a superlight dual-phase Mg-Li alloy ［J］. Journal of Alloys and Compounds, 2017, 724：528-536.

［7］ZHOU X J, LIU C M, GAO Y H, et al. Microstructure and mechanical properties of extruded Mg-Gd-Y-Zn-Zr alloys ［J］. Materials Characterization, 2018, 135: 76-83.

［8］胡耀波, 杨生伟, 潘复生, 等. 挤压比及 Mn 含量对 Mg-10Gd-6Y-1.6Zn-xMn 镁合金组织和性能的影响 ［J］. 稀有金属材料与工程, 2017, 46（1）: 135-141.

［9］邢清源, 孟令刚, 杨守杰, 等. 新型稀土镁合金的研究进展 ［J］. 铸造, 2018, 67（4）: 317-326.

［10］CHENG P, ZHAO Y H, LU R P, et al. Effect of Ti addition on the microstructure and mechanical properties of cast Mg-Gd-Y-Zn alloys ［J］. Materials Science and Engineering A, 2017, 708: 482-491.

［11］FU P H, PENG L M, JIANG H Y, et al. Tensile properties of high strength cast Mg alloys at room temperature: A review ［J］. China Foundry, 2014, 11: 277-286.

［12］YANG L, HUANG Y, FEYERABEND F, et al. Microstructure, mechanical and corrosion properties of Mg-Dy-Gd-Zr alloys for medical applications ［J］. Acta Biomater, 2013, 194（9）: 8499-8508.

［13］HE S M, ZENG X Q, PENG L M, et al. Microstructure and strengthening mechanism of high strength Mg-10Gd-2Y-0.5Zr alloy ［J］. Journal of Alloys and Compounds, 2007, 427: 316-323.

［14］GAO L, CHEN R S, HAN E H, et al. Microstructure and strengthening mechanicals of a cast Mg-1.48Gd-1.13Y-0.16Zr（at%）alloy ［J］. Journal of Material Science, 2009, 44: 4443-4454.

［15］NODOOSHAN H R J, LIU W C, WU G H, et al. Effect of Gd content on microstructure and mechanical properties of Mg-Gd-Y-Zr alloys under peak-aged condition ［J］. Materials Science and Engineering A, 2014, 615: 79-86.

［16］WANG Q, CHEN J, ZHAO Z, et al. Microstructure and super high strength of cast Mg-8.5Gd-2.3Y-1.8Ag-0.4Zr alloy ［J］. Materials Science and Engineering A, 2010, 528: 323-328.

［17］YAMADA K, HOSHIKAWA H, MAKI S, et al. Enhanced age-hardening and formation of plate precipitates in Mg-Gd-Ag alloys ［J］. Script Material, 2009, 61: 636-639.

［18］ZHANG Y, RONG W, WU Y J, et al. A comparative study of the role of Ag in microstructures and mechanical properties of Mg-Gd and Mg-Y alloys ［J］. Materials Science and Engineering A, 2018, 731: 609-622.

［19］ZHANG Y, WU Y, PENG L, et al. Microstructure evolution and mechanical properties of an ultra-high strength casting Mg-15.6Gd-1.8Ag-0.4Zr alloy ［J］. Journal of Alloys and Compounds, 2014, 615: 703-711.

［20］NIE J F. Precipitation and hardening in magnesium alloys ［J］. Metallurgical and Materials Transactions A, 2012, 43: 3891-3939.

［21］HE S M, ZENG X Q, PENG L M, et al. Microstructure and strengthening mechanism of high strengthening mechanism of high strength Mg-10Gd-2Y-0.5Zr alloy ［J］. Journal of Alloys and Compounds, 2007, 427: 316-323.

[22] LYU S Y, XIAO W L, LI G D, et al. Achieving enhanced mechanical properties in Mg-Y-Sm-Zr alloy by altering precipitation behaviors through Zn addition [J]. Materials Science and Engineering A, 2019, 746: 179-186.

[23] LIU X, HU W, LE Q, et al. Microstructure and mechanical properties of high performance Mg-6Gd-3Y-2Nd-0.4Zr [J]. Materials Science and Engineering A, 2014, 612: 380-386.

[24] LI X, QI W, ZHENG K, et al. Enhanced strength and ductility of Mg-Gd-Y-Zr alloys by secondary extrusion [J]. Alloy, 2013, 1: 54-63.

[25] WANG B Z, LIU C M, GAO Y H, et al. Microstructure evolution and mechanical properties of Mg-Gd-Y-Ag-Zr alloy fabricated by multidirectional forging and ageing treatment [J]. Materials Science and Engineering A, 2017, 702: 22-28.

[26] LI R G, NIE J F, HUANG G J, et al. Development of high-strength magnesium alloys via combined processes of extrusion, rolling and ageing [J]. Script Material, 2011, 64: 950-953.

[27] HONG M, SHAH S S A, WU D, et al. Ultra-high strength Mg-9Gd-4Y-0.5Zr alloy with bi-modal structure processed by traditional extrusion [J]. Metals and Materials International, 2016, 22: 1091-1097.

[28] LI X, LIU C T. Al-samman, microstructure and mechanical properties of Mg-2Gd-3Y-0.6Zr alloy upon conventional and hydrostatic extrusion [J]. Materials Letters, 2011, 65: 1726-1729.

[29] YU Z, XU C, MENG J, et al. Microstructure evolution and mechanical properties of a high strength Mg-11.7Gd-4.9Y-0.3Zr (wt%) alloy prepared by pre-deformation annealing, hot extrusion and ageing [J]. Materials Science and Engineering A, 2017, 70 (3): 348-358.

[30] ZHENG X, DU W, WANG Z, et al. Remarkably enhanced mechanical properties of Mg-8Gd-1Er-0.5Zr alloy on the route of extrusion, rolling and aging [J]. Materials Letters, 2018, 212: 155-158.

[31] JIAN W W, CHENG G M, XU W Z, et al. Ultrastrong Mg alloy via nano-spaced stacking faults [J]. Materials Rrsearch Letters, 2013, 1: 61-66.

[32] ZHU Y M, MORTON A J, NIE J F. Growth and transformation mechanisms of 18R and 14H in Mg-Y-Zn alloys [J]. Acta Materialia, 2012, 60: 6562-6572.

[33] ZHU Y M, MORTON A J, NIE J F. The 18R and 14H long-period stacking ordered structures in Mg-Y-Zn alloys [J]. Acta Materialia, 2010, 60: 2936-2947.

[34] ZHU Y M, WAYLAND M, MORTON A J, et al. The building block of long-period structures in Mg-RE-Zn alloys [J]. Script Material, 2009, 60: 980.

[35] SHAO X H, YANG Z Q, MA X L. Strengthening and toughening mechanisms in Mg-Zn-Y alloy with a long period stacking ordered structure [J]. Acta Materialia, 2010, 58: 4760-4771.

[36] SHAO X H, PENG Z Z, JIN Q Q, et al. Atomic-scale segregations at the deformation-induced symmetrical boundary in an Mg-Zn-Y alloy [J]. Acta Materialia, 2016, 118: 177-186.

[37] YAMASAKI M, ANAN T, YOSHIMOTO S, et al. Mechanical properties of warm-extruded Mg-Zn-Gd alloy with coherent 14H long periodic stacking ordered structure precipitate [J]. Scripta Materialia, 2005, 53 (7): 799-803.

[38] YAMADA K, OKUBO Y, SHIONO M, et al. Alloy development of high toughness Mg-Gd-Y-Zn-Zr alloy [J]. Materials Transactions, 2006, 47: 1066-1070.

[39] ZHANG S, LIU W, GU X, et al. Effects of solid solution and ageing treatments on the microstructure evolution and mechanical properties of Mg-14Gd-3Y-1.8Zn-0.5Zr alloy [J]. Journal of Alloys and Compounds, 2013, 557: 91-97.

[40] OZAKI T, KUROKI Y, YAMADA K, et al. Mechanical properties of newly developed age hardenable Mg-3.2mol%Gd-0.5 mol% Zn casting alloy [J]. Materials Transactions, 2008, 49: 2185-2189.

[41] ZHANG J H, LENG Z, LIU S, et al. Microstructure and mechanical properties of Mg-Gd-Dy-Zn alloy with long period stacking ordered structure or stacking faults [J]. Journal of Alloys and Compounds, 2011, 509: 7717-7722.

[42] LI J, HE Z, FU P, et al. Heat treatment and mechanical properties of a high-strength cast Mg-Gd-Zn alloy [J]. Materials Science and Engineering A, 2016, 651: 745-752.

[43] RONG W, WU Y, ZHANG Y, et al. Characterization and strengthening effects of γ′ precipitates in a high-strength casting Mg-15Gd-1Zn-0.4Zr (wt%) alloy [J]. Materials Characterization, 2017, 126: 1-9.

[44] OZAKI T, KUROKI Y, YAMADA K, et al. Mechanical properties of newly developed age hardenable Mg-3.2mol%Gd-0.5 mol%Zn casting alloy [J]. Materials Transactions, 2008, 49: 2185-2189.

[45] NIE J F, GAO X, ZHU S M. Enhanced age hardening response and creep resistance of Mg-Gd alloys containing Zn [J]. Scripta Materialia, 2005, 53: 1049-1053.

[46] NIE J F, OHISHI K, GAO X, et al. Solute segregation and precipitation in a creep-resistant Mg-Gd-Zn alloy [J]. Acta Materialia, 2008, 56: 6061-6076.

[47] ZHU Y M, OHISHI K, WILSON N C, et al. Precipitation in a Ag-containing Mg-Y-Zn alloy [J]. Metallurgical and Materials Transactions A, 2016, 47: 927-940.

[48] RONG W, WU Y J, ZHANG Y, et al. Characterization and strengthening effects of γ′ precipitates in a high-strength casting Mg-15Gd-1Zn-0.4Zr (wt%) alloy [J]. Materials Characterization, 2017, 126: 1-9.

[49] YAMASAKI M, SASAKI M, NISHIJIMA M, et al. Formation of 14H long period stacking ordered structure and profuse stacking faults in Mg-Zn-Gd alloys during isothermal aging at high temperature [J]. Acta Materialia, 2007, 55: 6798-6805.

[50] MING L I, HAI H, ZHANG A, et al. Effects of Nd on microstructure and mechanical properties of as-cast Mg-8Li-3Al alloy [J]. Journal of Rare Earths, 2012, 30 (5): 492-496.

[51] RONG W, ZHANG Y, WU Y, et al. Fabrication of high-strength Mg-Gd-Zn-Zr alloys via differential-thermal extrusion [J]. Materials Characterization, 2017, 131: 380-387.

[52] GUAN K, YANG Q, BU F, et al. Microstructure and mechanical properties of a high-strength Mg-3.5Sm-0.6Zn-0.5Zr alloy [J]. Meng, Materials Science and Engineering A, 2017, 703: 97-107.

[53] WANG K, WANG J F, PENG X, et al. Microstructure and mechanical properties of Mg-Gd-Y-Zn-Mn alloys sheets processed by large-strain high-efficiency rolling [J]. Materials Science and Engineering A, 2019, 748: 100-107.

[54] CHEN B, LIN D, ZENG X, et al. Microstructure and mechanical properties of ultrafine grained $Mg_{97}Y_2Zn_1$ alloy processed by equal channel angular pressing [J]. Journal of Alloys and Compounds, 2007, 440: 94-100.

[55] WANG J, SONG P, HUANG S, et al. High-strength and good-ductility Mg-RE-Zn-Mn magnesium alloy with long-period stacking ordered phase [J]. Materials Letters, 2013, 93: 415-418.

[56] XU C, NAKATA T, QIAO X G, et al. Effect of LPSO and SFs on microstructure evolution and mechanical properties of Mg-Gd-Y-Zn Zr alloy [J]. Scientific Repotts, 2017, 7: 43391.

[57] WU Y J, PENG L M, ZENG X Q, et al. A high-strength extruded Mg-Gd-Zn-Zr alloy with superplasticity [J]. Journal of Materials Research, 2009, 24 (12): 3596-3602.

[58] HENG X W, ZHANG Y, RONG W, et al. A super high-strength Mg-Gd-Y-Zn-Mn alloy fabricated by hot extrusion and strain aging [J]. Materials and Design, 2019, 169: 107666.

[59] YAN K, SUN J P, LIU H, et al. Exceptional mechanical properties of an $Mg_{97}Y_2Zn_1$ alloy wire strengthened by dispersive LPSO particle clusters [J]. Materials Letters, 2019, 242: 87-90.

[60] LI J, HE Z, FU P, et al. Heat treatment and mechanical properties of a high-strength cast Mg-Gd-Zn alloy [J]. Materials Science and Engineering: A, 2016, 651: 745-752.

[61] HAN J, SU X M, JIN Z II, et al. Basal-plane stacking-fault energies of Mg: A first principles study of Li-and Al-alloying effects [J]. Scripta Materialia, 2011, 64 (8): 693-696.

[62] SINGH A, OSAWA Y, SOMEKAWA H, et al. Development of very high strength and ductile dilute magnesium alloys by dispersion of quasicrystal phase [J]. Metallurgical and Materials Transactions A, 2014, 45: 3232-3240.

[63] KARAMOUZ M, AZARBARMAS M, EMAMY M. On the conjoint influence of heat treatment and lithium content on microstructure and mechanical properties of A380 aluminum alloy [J]. Materials & Design, 2014, 59: 377-382.

[64] ZHANG J, ZHANG W, BIAN L, et al. Study of Mg-Gd-Zn-Zr alloys with long period stacking ordered structures [J]. Materials Science and Engineering: A, 2013, 585: 268-276.

[65] PAN F, LUO S, TANG A, et al. Influence of stacking fault energy on formation of long period stacking ordered structures in Mg-Zn-Y-Zr alloys [J]. Progress in Natural Science: Materials International, 2011, 21 (6): 485-490.

[66] 陈长玖. 长周期堆垛有序结构增强高强度 Mg-Y-Zn 合金的研究 [D]. 太原: 太原理工大学, 2012.

[67] 戎咏华. 分析电子显微学导论 [M]. 北京: 高等教育出版社, 2006.

[68] LUO Z P, ZHANG S Q, TANG Y L, et al. Microstructure of Mg-Zn-Zr-RE alloys with high RE and low Zn contents [J]. Journal of Alloys and Compounds, 1994, 209: 275-278.

[69] KAWAMURA Y, HAYASHI K, INOUE A, et al. Rapidly solidified powder metallurgy

$Mg_{97}Y_2Zn_1$ alloys with excellent tensile yield strength above 600MPa [J]. Materials Transactions, 2001, 42: 1172-1176.

[70] ABE E, KAWAMURA Y, HAYASHI K, et al. Long-period ordered structure in a high strength nanocrystalline Mg-1at%Zn-2at%Y alloy studied by atomic-resolution Z-contrast STEM [J]. Acta Materialia, 2002, 50: 3845-3857.

[71] YAMASAKI M, MATSUSHITA M, HAGIHARA K. Highly ordered 10H-type long-period stacking order phase in a Mg-Zn-Y ternary alloy [J]. Scripta Materialia, 2014, 78: 13-16.

[72] YI J X, TANG B Y, CHEN P, et al. Crystal structure of the mirror symmetry 10H-type long-period stacking order phase in Mg-Y-Zn alloy [J]. Journal of Alloys and Compounds, 2011, 509: 669-674.

[73] LIU C, ZHU Y M, LUO Q, et al. A 12R long-period stacking-ordered structure in Mg-Ni-Y alloy [J]. Journal of Materials Science and Technology, 2018, 34: 2235-2239.

[74] OROWAN E. A type of plastic deformation new in metals [J]. Nature, 1942, 149 (3788): 643-644.

[75] YAMASAKI M, HAGIHARA K, INOUE S, et al. Crystallographic classification of kink bands in an extruded Mg-Zn-Y alloy using intragranular misorientation axis analysis [J]. Acta Materialia, 2013, 61: 2065-2076.

[76] MATSUMOTO T, YAMASAKI M, HAGIHARA K, et al. Configuration of dislocations in low-angle kink boundaries formed in a single crystalline long-period stacking ordered Mg-Zn-Y alloy [J]. Acta Materialia, 2018, 151: 112-124.

[77] JIANG M G, XU C, YAN H, et al. Unveiling the formation of basal texture variations based on twinning and dynamic recrystallization in AZ31 magnesium alloy during extrusion [J]. Acta Materialia, 2018, 157: 53-71.

[78] HUANG K, LOGE R E. A review of dynamic recrystallization phenomena in metallic materials [J]. Materials and Design, 2016, 111: 548-574.

[79] TAKU S, ANDREY B, RUSTAM K. Dynamic and post-dynamic recrystallization under hot, cold and severe plastic deformation conditions [J]. Progress in Materials Science, 2014, 60: 130-207.

[80] LV B J, PENG J, PENG Y, et al. The effect of LPSO phase on hot deformation behavior and dynamic recrystallization evolution of Mg-2.0Zn-0.3Zr-5.8Y alloy [J]. Materials Science and Engineering: A, 2013, 579: 209-216.

[81] LV B J, PENG J, ZHU L L, et al. The effect of 14H LPSO phase on dynamic recrystallization evolution and hot workability of Mg-2.0Zn-0.3Zr-5.8Y alloy [J]. Materials Science and Engineering: A, 2014, 599: 150-159.

[82] LIU H, JU J, YANG X W, et al. A two-step dynamic recrystallization induced by LPSO phases and its impact on mechanical property of severe plastic deformation processed $Mg_{97}Y_2Zn_1$ alloy [J]. Journal of Alloys and Compounds, 2017, 704: 509-517.

[83] GARCÉS G, MÁTHIS K, MEDINA J, et al. Combination of in-situ diffraction experiments and

acoustic emission testing to understand the compression behavior of Mg-Y-Zn alloys containing LPSO phase under different loading conditions [J]. International Journal of Plasticity, 2018, 106: 107-128.

[84] LIU W, SU Y, ZHANG Y, et al. Dissolution and reprecipitation of 14H-LPSO structure accompanied by dynamic recrystallization in hot-extruded $Mg_{89}Y_4Zn_2Li_5$ alloy [J]. Journal of Magnesium and Alloys, 2023, 11 (4): 1408-1421.

[85] YU Z, XU C, MENG J, et al. Effects of pre-annealing on microstructure and mechanical properties of as-extruded Mg-Gd-Y-Zn-Zr alloy [J]. Journal of Alloys and Compounds, 2017, 729: 627-637.

[86] LIU W, ZHANG J, XU C, et al. Precipitation behaviors of 14H LPSO lamellae in $Mg_{96}Gd_3Zn_{0.5}Ni_{0.5}$ alloys during severe plastic deformation [J]. Journal of Materials Science, 2017, 52: 13271-13283.

[87] RONG W, ZHANG Y, WU Y, et al. The role of bimodal-grained structure in strengthening tensile strength and decreasing yield asymmetry of Mg-Gd-Zn-Zr alloys [J]. Materials Science and Engineering: A, 2019, 740: 262-273.

[88] NISHIMOTO S, KOGUCHI Y, YAMASAKI M, et al. Effect of hierarchical multimodal microstructure evolution on tensile properties and fracture toughness of rapidly solidified Mg-Zn-Y-Al alloys with LPSO phase [J]. Materials Science and Engineering: A, 2022, 832: 142348.

[89] LI J, JIN L, DONG J, et al. Effects of microstructure on fracture toughness of wrought Mg-8Gd-3Y-0.5Zr alloy [J]. Materials Characterization, 2019, 157: 109899.

[90] YIN W, BRIFFOD F, SHIRAUWA T, et al. Mechanical properties and failure mechanisms of Mg-Zn-Y alloys with different extrusion ratio and LPSO volume fraction [J]. Journal of Magnesium and Alloys, 2022, 10 (8): 2158-2172.

[91] SOMEKAWA H, MUKAI T. Effect of grain refinement on fracture toughness in extruded pure magnesium [J]. Scripta materialia, 2005, 53 (9): 1059-1064.

[92] JI Z K, QIAO X G, HU C Y, et al. Effect of aging treatment on the microstructure, fracture toughness and fracture behavior of the extruded Mg-7Gd-2Y-1Zn-0.5Zr alloy [J]. Materials Science and Engineering: A, 2022, 849: 143514.

[93] NISHIMOTO S, KOGUCHI Y, YAMASAKI M, et al. Effect of hierarchical multimodal microstructure evolution on tensile properties and fracture toughness of rapidly solidified Mg-Zn-Y-Al alloys with LPSO phase [J]. Materials Science and Engineering: A, 2022, 832: 142348.

[94] LI J, JIN L, DONG J, et al. Effects of microstructure on fracture toughness of wrought Mg-8Gd-3Y-0.5Zr alloy [J]. Materials Characterization, 2019, 157: 109899.

[95] LI J, JIN L, DONG J, et al. Effects of microstructure on fracture toughness of wrought Mg-8Gd-3Y-0.5Zr alloy [J]. Materials Characterization, 2019, 157: 109899.

[96] HAGIHARA K, LI Z, YAMASAKI M, et al. Strengthening mechanisms acting in extruded Mg-based long-period stacking ordered (LPSO)-phase alloys [J]. Acta Materialia, 2019, 163: 226-239.

［97］ XIAO L, YANG G, MA J, et al. Microstructure evolution and fracture behavior of Mg-9. 5Gd-0. 9Zn-0. 5Zr alloy subjected to different heat treatments ［J］. Materials characterization, 2020, 168: 110516.

［98］ KNEZEVIC M, LEVINSON A, HARRIS R, et al. Deformation twinning in AZ31: Influence on strain hardening and texture evolution ［J］. Acta Materialia, 2010, 58 (19): 6230-6242.

［99］ BARNETT M R. Twinning and the ductility of magnesium alloys: Part Ⅱ. "Contraction" twins ［J］. Materials Science and Engineering: A, 2007, 464 (1/2): 8-16.

［100］ CHEN R, SANDLÖBES S, ZENG X, et al. Room temperature deformation of LPSO structures by non-basal slip ［J］. Materials Science and Engineering: A, 2017, 682: 354-358.

［101］ YAMASAKI M, HAGIHARA K, INOUE S, et al. Crystallographic classification of kink bands in an extruded Mg-Zn-Y alloy using intragranular misorientation axis analysis ［J］. Acta materialia, 2013, 61 (6): 2065-2076.

［102］ XU C, NAKATA T, QIAO X G, et al. Ageing behavior of extruded Mg-8. 2Gd-3. 8Y-1. 0Zn-0. 4Zr (wt%) alloy containing LPSO phase and γ′ precipitates ［J］. Scientific reports, 2017, 7 (1): 43391.

［103］ YIN W, BRIFFOD F, SHIRAIWA T, et al. Mechanical properties and failure mechanisms of Mg-Zn-Y alloys with different extrusion ratio and LPSO volume fraction ［J］. Journal of Magnesium and Alloys, 2022, 10 (8): 2158-2172.

［104］ KAUSHIK V, NARASIMHAN R, MISHRA R K. Experimental study of fracture behavior of magnesium single crystals ［J］. Materials Science and Engineering: A, 2014, 590: 174-185.

［105］ SOMEKAWA H, MUKAI T. Effect of grain refinement on fracture toughness in extruded pure magnesium ［J］. Scripta materialia, 2005, 53 (9): 1059-1064.

［106］ SOMEKAWA H, SINGH A, MUKAI T. High fracture toughness of extruded Mg-Zn-Y alloy by the synergistic effect of grain refinement and dispersion of quasicrystalline phase ［J］. Scripta Materialia, 2007, 56 (12): 1091-1094.

［107］ HAGIHARA K, LI Z, YAMASAKI M, et al. Strengthening mechanisms acting in extruded Mg-based long-period stacking ordered (LPSO)-phase alloys ［J］. Acta Materialia, 2019, 163: 226-239.

［108］ SHAO X H, YANG Z Q, MA X L. Strengthening and toughening mechanisms in Mg-Zn-Y alloy with a long period stacking ordered structure ［J］. Acta Materialia, 2010, 58 (14): 4760-4771.

［109］ 刘筱, 朱必武, 李落星. Laasraoui-Jonas 位错密度模型结合元胞自动机模拟 AZ31 镁合金动态再结晶 ［J］. 中国有色金属学报, 2013, 23 (4): 898-904.

［110］ LI L H, QI F G, WANG Q, et al. Hot deformation behavior of $Mg_{95.21}Zn_{1.44}Y_{2.86}Mn_{0.49}$ alloy containing LPSO phase ［J］. Materials Characterization, 2020 (169): 110649.

［111］ LI K, CHEN Z Y, CHEN T, et al. Hot deformation and dynamic recrystallization behaviors of Mg-Gd-Zn alloy with LPSO phases ［J］. Journal of Alloys and Compounds, 2019, 792: 894-906.

[112] TAHREEN N, CHEN D L. A critical review of Mg-Zn-Y series alloys containing I, W, and LPSO phases [J]. Advanced Engineering Materials, 2016 (18): 1983-2002.

[113] YUAN S, WNAG J H, ZHANG L, et al. Revealing the deformation behavior and microstructure evolution in Mg-12Y-1Al alloy during hot compression [J]. Journal of Alloys and Compounds, 2023 (946): 169462.

[114] XU W L, YU J M, JIA L C, et al. Deformation behavior of Mg-13Gd-4Y-2Zn-0.5 Zr alloy on the basis of LPSO kinking, dynamic recrystallization and twinning during compression-torsion [J]. Materials Characterization, 2021 (178): 111215.

[115] SELLARS C M, TEGART W J M. On the mechanism of hot deformation [J]. Acta Metallurgica, 1966 (14): 1136-1138.

[116] ZENER C, HOLLOMON J H. Effect of strain rate upon plastic flow of steel [J]. Journal of Applied Physics, 1944 (15): 22-32.

[117] 彭伟, 程文杰, 朱东方. ZK60 镁合金薄板材胀形数值模拟研究 [J]. 热加工工艺, 2012, 41 (13): 7-9, 12.

[118] 李居强. 变形镁合金热锻可成形性参数辨识与晶粒细化研究 [D]. 上海: 上海交通大学, 2016.

[119] 郭小龙. AZ40 镁合金热变形行为的实验研究及数值模拟 [D]. 重庆: 重庆理工大学, 2014.

[120] 赵宏越. 稀土镁合金热变形动态再结晶行为研究及元胞自动机模拟 [D]. 太原: 中北大学, 2022.

[121] 郝建强. 长周期堆垛有序结构增强 Mg-Zn-Y-Mn-Ti 镁合金的热变形行为及挤压工艺研究 [D]. 太原: 太原理工大学, 2019.

[122] 吴桂敏. AZ31 镁合金连续挤压工艺试验及数值模拟 [D]. 大连: 大连交通大学, 2009.

[123] 谢建新, 刘静安. 金属挤压理论与技术 [M]. 2 版. 北京: 冶金工业出版社, 2012

[124] 马英仁. 玻璃润滑剂及其在热挤压中的应用 [J]. 固体润滑, 1984 (2): 84-88.

[125] 胡建军, 刘妤, 郭宁. 金属塑性成形计算机模拟基础理论及应用 [M]. 北京: 化学工业出版社, 2021.

[126] LAUE K, STENGER H. Extrusion Processes, Machinery, Tooling [M]. American Society for Metals, 1981, 7 (11): 50.

[127] AVITGUR B. Handbook of Metal-forming Processes [M]. Jone Wiley & Sons, 1983.

[128] 谢水生, 王祖唐, 金其坚. 弹塑性有限元分析不同型线凹模静液挤压时的应力和应变状态 [J]. 机械工程学报, 1985, 21 (2): 13-27.

[129] THOMSEN E G, YANG C T, KOBAYASHI S. Mechanics of Plastic Deformation in Metal Process-ing [M]. New York: McMillan, 1965: 302.

[130] 曹起骧, 肖颖, 叶绍英, 等. 用光电扫描云纹法研究轴对称挤压 [J]. 模具技术, 1986 (3): 14-37.

[131] 谢建新, 曹乃光. 三维光塑性法及其在挤压变形研究中的应用 [J]. 中南矿冶学院学报, 1986 (5): 53-61.

[132] 日本塑性加工学会. 押出し加工-基础から先端技术まで-［M］. 日本东京：コロナ社，1992.

[133] 曹乃光. 金属塑性加工原理［M］. 北京：冶金工业出版社，1983：129.

[134] 谢建新. 圆棒挤压过程变形行为的研究［D］. 长沙：中南矿冶学院，1985.

[135] 温景林. 金属挤压与拉拔工艺学. 内部资料，1985.

[136] 马怀宪. 金属塑性加工学（挤压、拉拔与管材冷轧）［M］. 北京：冶金工业出版社，1991.

[137] HOMMA T, KUNITO N, KAMADO S. Fabrication of extraordinary high-strength magnesium alloy by hot extrusion［J］. Scripta Materialia, 2009, 61（6）：644-647.

[138] 江海涛，张韵. 变形镁合金塑性加工及组织性能的理论基础［M］. 北京：化学工业出版社，2023.

[139] 王忠堂，张士宏，梁海成. 镁合金塑性成形技术［M］. 北京：化学工业出版社，2023.

[140] 李洪波，庄明辉. 工程材料及成形技术［M］. 北京：化学工业出版社，2019.

[141] 马怀宪. 金属塑性加工学（挤压、拉拔与管材冷轧）［M］. 北京：冶金工业出版社，1991.

[142]《轻金属材料加工手册》编写组. 轻金属材料加工手册（下）［M］. 北京：冶金工业出版社，1980.

[143] 马俊飞. 耐热 EZ30 镁合金板材温热挤压工艺及组织性能研究［D］. 哈尔滨：哈尔滨工业大学，2022.

[144] 刘莹莹，王庆娟. 金属挤压、拉拔工艺及工模具设计［M］. 北京：冶金工业出版社，2018.

[145] 魏立群，柳谋渊，宋美娟. 金属压力加工原理［M］. 2 版. 北京：冶金工业出版社，2021.

[146]《重有色金属材料加工手册》编写组. 重有色金属材料加工手册（第 4 分册）［M］. 北京：冶金工业出版社，1980.

[147] 汪明朴，陈畅，张真，等. FCC、BCC 和 HCP 金属材料变形行为及组织结构演变［M］. 长沙：中南大学出版社，2021.

[148] ZENG Z R, STANFORD N, DAVES C H J, et al. Magnesium extrusion alloys: A review of developments and prospects［J］. International Materials Reviews, 2019, 64（1）：27-62.

[149] LAUE K S H. Extrusion［M］. Ohio: American Society for Metals, 1981.

[150] 铃木弘.（日）塑性加工［M］. 日本东京：裳华房，1980.

[151] 田中浩. 非铁金属の塑性加工［M］. 日本东京：日刊工业新闻社，1970.

[152] LI Y Q, LI F, KANG F W, et al. Recent research and advances in extrusion forming of magnesium alloys: A review［J］. Journal of Alloys and Compounds, 2023, 953: 170080.

[153] HAMED MIRZADEH. Grain refinement of magnesium alloys by dynamic recrystallization（DRX）: A review［J］. Journal of Materials Research and Technology, 2023.

2　Mg-Gd-Zn-Li 合金

2.1　引　言

LPSO 结构是 Mg-RE 系合金研究中的一个重要发现。通常，向 Mg-RE 系合金中加入一定量的 Zn 元素，在合金凝固过程中或热处理过程中就会形成 LPSO 结构[1-3]。目前，在 Mg-RE-Zn 系合金中发现的 LPSO 结构包括 6H、10H、14H、12R、18R 和 24R 六种。其中，以 18R 和 14H 最为常见。含 LPSO 结构的 Mg-RE-Zn 系合金可以分为两类[4]，第一类包括 Mg-Gd-Zn 系和 Mg-Tb-Zn 系合金，在该类合金的凝固组织中不含有 LPSO，而在随后的热处理过程中会在其基体内析出 14H；第二类包括 Mg-Y-Zn 系、Mg-Dy-Zn 系、Mg-Er-Zn 系、Mg-Tm-Zn 系、Mg-Ho-Zn 系镁合金，该类合金凝固过程中会在其晶界处形成 18R。LPSO 结构能极大地提高镁合金的强度和韧性，其析出机制和转变行为受到了广大研究者们的重视，成为该领域的一个研究热点。

然而，RE 含量的增加不但增大了 Mg-RE-Zn 系合金的密度，而且减小了其塑性[5]。研究发现[5-7]，将 Li 加入镁合金中可以显著地降低合金的密度并能增加合金的可加工性和韧性。特别是，在 Mg-Li 合金中，当 Li 的含量低于 5.7%（质量分数）时，合金为密排六方晶体结构；当 Li 含量在 5.7%~11.5%（质量分数）时，合金将发生密排六方晶体向体心立方晶体的转变；而当 Li 含量大于11.5%（质量分数）时，合金将转变为体心立方结构[8]。例如，胡文义等人[5]在研究 Li 对 Mg-8Gd-2Y-0.5Zr 合金的密度、析出相、微观组织与力学性能的影响时发现，当 Li 的含量大于 2.7%（质量分数）时，该合金的密度低于所有 AZ 系工业镁合金的密度；当 Li 的含量为 3%~4%（质量分数）时，Mg₅Gd 相随 Li 的增加而增加，且挤压态合金的硬度和强度下降，伸长率升高。此外，Zhang 等人[9]首次在 Mg-Li 合金中引入 18R，通过热处理和挤压变形制备出了高强韧Mg-8Li-6Y-2Zn合金，其常温条件的抗拉强度、屈服强度和伸长率分别达到了243 MPa、187 MPa 和 31%；150 ℃条件的抗拉强度、屈服强度和伸长率分别达到了 102 MPa、81 MPa 和 29%。由此可知，Li 的添加和 LPSO 的引入可以有效地提高镁合金的变形性和塑性。

综上所述，尽管研究者们在 LPSO 以及 Li 强化镁合金的研究上取得了一些进展，但是对于 Li 的添加对 LPSO 的形成及转变的影响目前还没有相关的报道。$Mg_{96}Gd_3Zn_1$ 合金属于典型的第一类含 LPSO 的 Mg-RE-Zn 系合金，其凝固组织主要包括 α-Mg 基体和 β-$(Mg,Zn)_3Gd$ 共晶相，经热处理后会在基体内析出 $14H^{[10-12]}$。本章主要研究 Li 的加入对 $Mg_{96}Gd_3Zn_1$ 合金的凝固组织以及力学性能的影响，尤其是对 β-$(Mg,Zn)_3Gd$ 共晶相形成的影响。另外，通过固溶处理分析 Li 对 β-$(Mg,Zn)_3Gd$ 共晶相向 14H 转变的影响。镁合金通过挤压变形后，组织得到细化的同时也会消除部分缩松、缩孔等铸造缺陷，从而表现出较高的强度和韧性$^{[13]}$。因此，本章通过热挤压变形，制备出一种新的高强韧变形镁合金，并讨论其强韧化机制。

2.2　Mg-Gd-Zn-Li 合金制备

本章设计了五组不同 Li 含量的镁合金体系，其各合金的实测成分如表 2-1 所示。采用高纯 Mg、Gd、Zn 和 Li 为原材料，通过电阻炉在氩气保护的条件下制备了五组镁合金试棒，即 $Mg_{96}Gd_3Zn_1$、$Mg_{94}Gd_3Zn_1Li_2$、$Mg_{92}Gd_3Zn_1Li_4$、$Mg_{90}Gd_3Zn_1Li_6$ 和 $Mg_{88}Gd_3Zn_1Li_8$。

表 2-1　Mg-Gd-Zn-Li 系合金的实测成分

合金	设计成分（原子分数）/%	实测成分（原子分数）/%			
		Gd	Zn	Li	Mg
A	$Mg_{96}Gd_3Zn_1$	2.96	1.05	0	95.99
B	$Mg_{94}Gd_3Zn_1Li_2$	2.95	1.02	1.97	94.06
C	$Mg_{92}Gd_3Zn_1Li_4$	2.99	0.99	3.92	92.10
D	$Mg_{90}Gd_3Zn_1Li_6$	2.97	1.04	5.88	90.11
E	$Mg_{88}Gd_3Zn_1Li_8$	2.96	1.02	7.86	88.16

首先，熔炼开始之前，先将原材料镁（Mg）、钆（Gd）、锌（Zn）进行打磨以去除其表面的氧化层。因钆的熔点为 1311 ℃。所以，为了便于钆的充分熔化，需要将其钳碎。为避免氧化，锂（Li）表面通常覆盖一层煤油，所以在加入镁熔体前需将锂表面的煤油处理干净。除锂外，其他原材料和浇铸模具需在干燥箱内进行干燥和预热。同时，扒渣、搅拌等工具要提前放在电炉上烘烤。此外，将熔炼所用的坩埚放到电阻炉内，并随炉升温到 400 ℃。具体步骤为：（1）熔化镁锭。电阻炉温度升到 400 ℃时，将预热好的纯镁锭加入坩埚中，并在其表面上均匀撒上预热好的覆盖剂，同时开始向炉膛内通入 Ar_2 进行气体保护；此外，由于 Mg 和 Li 都是非常活泼的金属元素，高温下极易与空气中 O_2、N_2 和水蒸气反应。

所以，本实验采用盐类覆盖剂+Ar_2保护的方法进行保护。当电阻炉温度升至 720 ℃时，开始恒温下保温 30 min，确保镁锭能够完全熔化。（2）加锌。待镁锭完全熔化后，打开炉盖进行扒渣，然后加入预热好的纯锌，均匀撒上覆盖剂后合上炉盖开始升温。（3）加稀土元素钆。当温度升至 780 ℃时，开炉扒渣，按照试验需要加入预热好的钆，搅拌后撒覆盖剂并合上炉盖，等炉温升到 780 ℃后保温 15 min。（4）加锂。在 780 ℃下保温 15 min 后，断开电源让电阻炉的温度降到 680 ℃时，加入擦净的锂，然后加覆盖剂，合上电源使电阻炉温度回升到 750 ℃。（5）精炼。炉温回升到 750 ℃时，扒掉熔液表面上的熔渣，并进行精炼。最后，均匀撒上覆盖剂后合上炉盖，待炉温回升至 750 ℃后保温 20 min。（6）浇铸。750 ℃下保温 20 min 后，扒渣后将镁合金熔体浇铸到预热好的模具（200 ℃）中，待模具温度自然冷却到室温后，将试样从模具中敲出就得到了铸态镁合金试棒。

其次，分别对 $Mg_{96}Gd_3Zn_1$ 和 $Mg_{92}Gd_3Zn_1Li_4$ 两组合金进行固溶处理。在进行固溶处理之前，对铸态 $Mg_{96}Gd_3Zn_1$ 合金试样进行了差热分析，其结果如图 2-1 所示。从图中可以看到，在升温过程中，该合金的 DTA 曲线上出现了两个吸热峰。其中，第一个吸热峰值 530 ℃对应合金第二相熔化的吸热峰；第二个吸热峰值 645 ℃对应 α-Mg 相的熔化吸热峰。因此，为了避免合金中第二相过烧，将合金的固溶温度定为 500 ℃。随后，利用 OTF-1200X 真空管式热处理炉分别对铸态 $Mg_{96}Gd_3Zn_1$ 和 $Mg_{92}Gd_3Zn_1Li_4$ 两种合金试棒进行了 45 h 的固溶处理，冷却方式为随炉冷却。

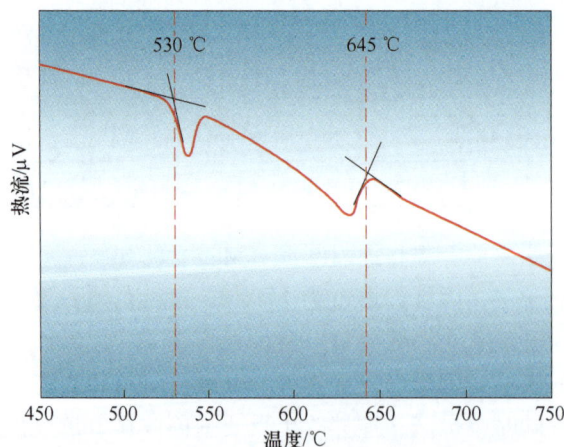

图 2-1　铸态 $Mg_{96}Gd_3Zn_1$ 合金的 DTA 曲线

最后，分别在铸态和固溶态 $Mg_{92}Gd_3Zn_1Li_4$ 合金试棒上截取两个尺寸为 ϕ40 mm×45 mm 的圆柱试棒进行热挤压变形。挤压之前分别将两组试棒放入到

350 ℃的保温炉中预热 1 h，然后按照设定的挤压温度（350 ℃）、挤压速度（1 mm/s）和挤压比（16/1）进行热挤压变形，挤出的试棒自然冷却至室温。

2.3 Mg-Gd-Zn-Li 合金组织

2.3.1 铸态合金组织

图 2-2 分别为 $Mg_{96}Gd_3Zn_1$、$Mg_{92}Gd_3Zn_1Li_4$ 和 $Mg_{88}Gd_3Zn_1Li_8$ 三组铸态合金的 XRD 图谱，从图中可以看到在这三组合金中均只有 α-Mg 相和 β-$(Mg,Zn)_3Gd$ 共晶相的衍射峰，由此可知 Li 的添加并不会改变 $Mg_{96}Gd_3Zn_1$ 铸态合金的相组成。此外，随 Li 含量的增加，β-$(Mg,Zn)_3Gd$ 共晶相分别在 $2\theta = 21°$、$25°$、$36°$、$42°$、$51°$ 和 $56°$ 处的衍射峰值逐渐增强。由此表明，Li 的添加可以促进 $Mg_{96}Gd_3Zn_1$ 合金中 β-$(Mg,Zn)_3Gd$ 共晶相的形成。β-$(Mg,Zn)_3Gd$ 共晶相是一种硬脆相，在 α-Mg/β-$(Mg,Zn)_3Gd$ 界面处容易造成微裂纹形核，从而影响合金塑性的提高，因此通常会通过一定温度下的热处理使其转变为 LPSO，或者通过塑性变形使其碎化成细小的颗粒状[14]。Lu 等人[15]的研究表明，经多道次的等通道转角挤压后 $Mg_{97.1}Zn_1Gd_{1.8}Zr_{0.1}$ 铸态合金中的网状共晶 β 相被挤碎成为细小的颗粒状，使该合金的屈服强度、抗拉强度和伸长率分别增加100%、92.5%和364%，达到了 324 MPa、387 MPa 和 23.2%。

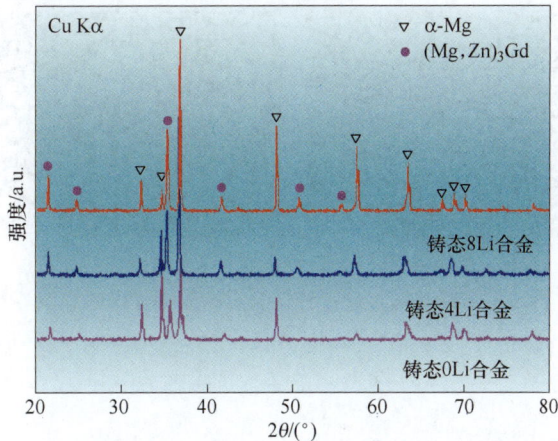

图 2-2　Mg-Gd-Zn-Li 系铸态合金的 XRD 图谱

图 2-3 和图 2-4 分别为五组铸态合金的光学显微组织和扫描显微组织照片，对应合金的 α-Mg 相晶粒尺寸和第二相的面积分数如图 2-5 所示。不难发现，五组合金均由 α-Mg 基体和晶界处的网状第二相组成。其中，在 $Mg_{96}Gd_3Zn_1$ 铸态合

金中，α-Mg 基体呈粗大的树枝晶状，且晶粒尺寸达到了 56 μm，第二相的面积分数为 35%。当添加 4% Li（原子分数）时，α-Mg 晶粒尺寸得到了明显的细化，达到了 18 μm，并且 α-Mg 相发生了树枝晶向等轴晶的转变，同时第二相的面积分数增加到 54%。当 Li 含量达到 8%（原子分数）时，α-Mg 晶粒尺寸有所增加，且出现了较为明显的树枝晶，第二相的面积分数增加到 65%。由此可知，适量 Li 的添加可以有效地细化 $Mg_{96}Gd_3Zn_1$ 合金的 α-Mg 晶粒尺寸。此外，Li 的添加促进了晶界处第二相的生成，这一结果与 XRD 分析一致。这是因为 Li 在 Mg 中的最大固溶度为 17%（原子分数），而 Gd 和 Zn 在 Mg 中的最大固溶度仅为 7.75% 和 3%（原子分数）[16]。由此可知，随着 Li 含量的增加，溶入 α-Mg 基体中的 Li 原子会逐渐增多，从而将 Gd 和 Zn 原子推向固-液界面前沿，结果在该合金结晶后期剩余液体中存在过量的 Gd 和 Zn 元素，从而导致 β-$(Mg,Zn)_3Gd$ 共晶相含量的增加。

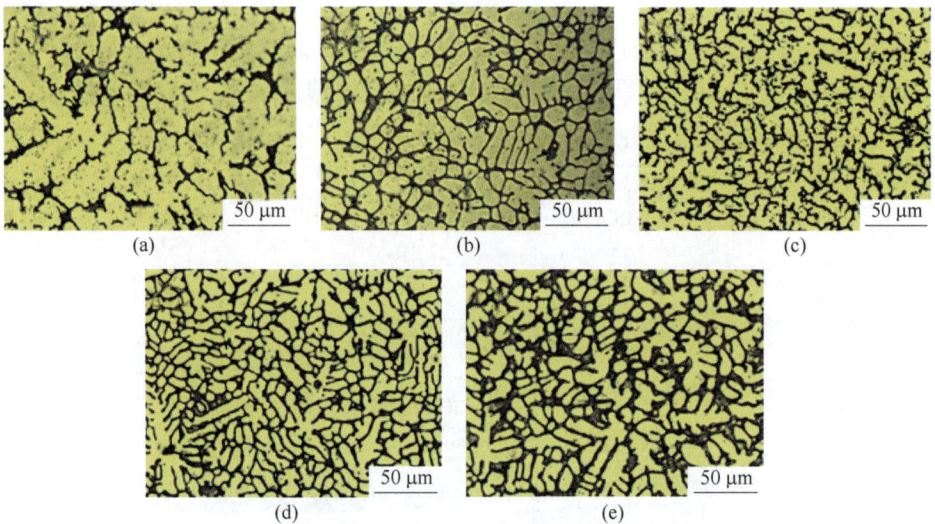

图 2-3　Mg-Gd-Zn-Li 系铸态合金的光学显微组织照片

(a) $Mg_{96}Gd_3Zn_1$ 合金；(b) $Mg_{94}Gd_3Zn_1Li_2$ 合金；(c) $Mg_{92}Gd_3Zn_1Li_4$ 合金；

(d) $Mg_{90}Gd_3Zn_1Li_6$ 合金；(e) $Mg_{88}Gd_3Zn_1Li_8$ 合金

表 2-2 分别列出了 $Mg_{96}Gd_3Zn_1$、$Mg_{92}Gd_3Zn_1Li_4$ 和 $Mg_{88}Gd_3Zn_1Li_8$ 三组铸态合金中各相的 EDS 分析结果。由表可知，三种合金中晶界处网状第二相的化学成分分别为 $Mg_{55.7}Gd_{23.3}Zn_{21.0}$、$Mg_{53.3}Gd_{25.0}Zn_{21.7}$ 和 $Mg_{53.9}Gd_{24.6}Zn_{21.5}$。结合 XRD 分析可知，三种合金晶界处的第二相均为 β-$(Mg,Zn)_3Gd$ 共晶相。从图 2-1 的 DTA 曲线可知，该合金的熔化温度和共晶温度分别为 645 ℃ 和 530 ℃。因此，在合金凝固过程中，当温度降到 645 ℃ 时首先从溶液中析出 α-Mg 相。随后，当温

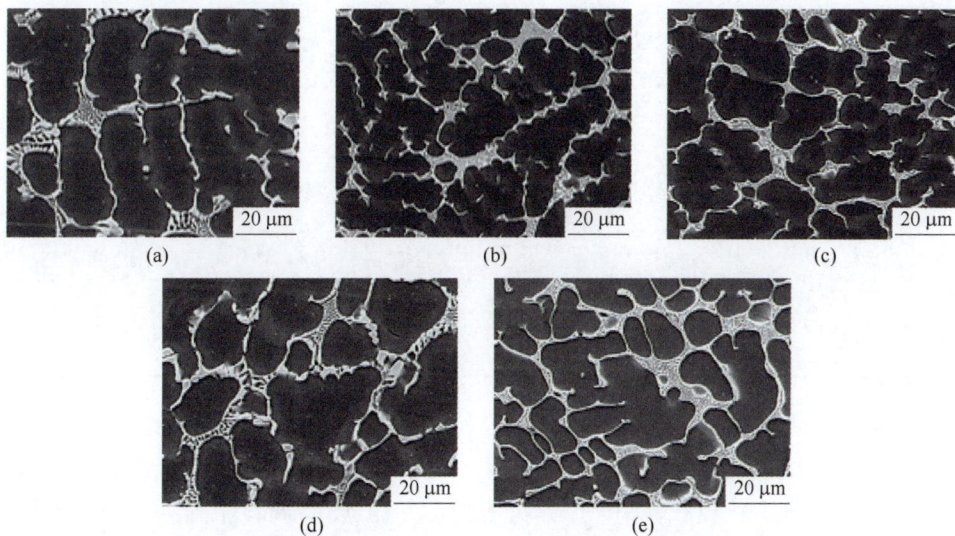

图 2-4   Mg-Gd-Zn-Li 系铸态合金的扫描显微组织照片

（a）$Mg_{96}Gd_3Zn_1$ 合金；（b）$Mg_{94}Gd_3Zn_1Li_2$ 合金；（c）$Mg_{92}Gd_3Zn_1Li_4$ 合金；

（d）$Mg_{90}Gd_3Zn_1Li_6$ 合金；（e）$Mg_{88}Gd_3Zn_1Li_8$ 合金

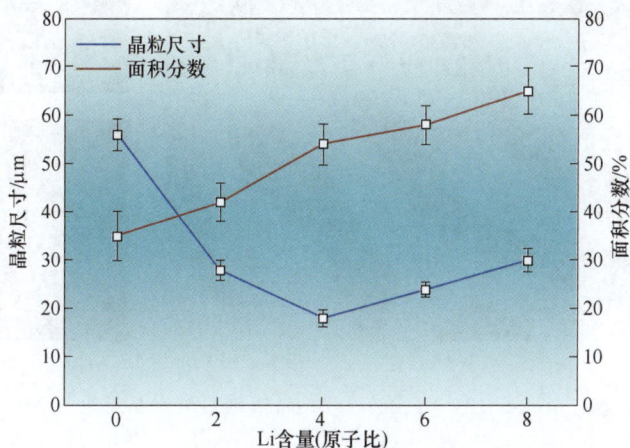

图 2-5   Mg-Gd-Zn-Li 系铸态合金的平均晶粒尺寸和第二相的面积分数

度降低到 530 ℃时，根据共晶反应 $L \rightarrow \alpha\text{-Mg} + (Mg, Zn)_3Gd$ 可知，只要满足热力学和动力学条件时，在基体中就会沿着 α-Mg 晶界析出 β-$(Mg, Zn)_3Gd$ 共晶相。

表 2-2　**Mg-Gd-Zn-Li 系铸态合金的 EDS 分析结果**

合金	对应相	元　素		
		Mg	Gd	Zn
$Mg_{96}Gd_3Zn_1$	α-Mg	98.2	1.0	0.8
	$(Mg,Zn)_3Gd$	55.7	23.3	21.0
$Mg_{92}Gd_3Zn_1Li_4$	α-Mg	98.7	0.4	0.9
	$(Mg,Zn)_3Gd$	53.3	25.0	21.7
$Mg_{88}Gd_3Zn_1Li_8$	α-Mg	98.6	0.5	0.9
	$(Mg,Zn)_3Gd$	53.9	24.6	21.5

图 2-6 为晶界处 β-$(Mg,Zn)_3Gd$ 共晶相的 TEM 明场像及其相应的选区电子衍射花样（selected area electron diffraction，SAED）照片，可以看出放大的网状 β-$(Mg,Zn)_3Gd$ 共晶相在 TEM 下呈现鱼骨状。根据 Yamasaki 等人[17]的研究，β-$(Mg,Zn)_3Gd$ 共晶相的晶体结构为面心立方结构，其晶格参数为 $a=0.720$ nm，与 α-Mg 基体的方向关系为：$[110]_{\alpha\text{-Mg}}//[111]_\beta$ 和 $(001)_{\alpha\text{-Mg}}(110)_\beta$。

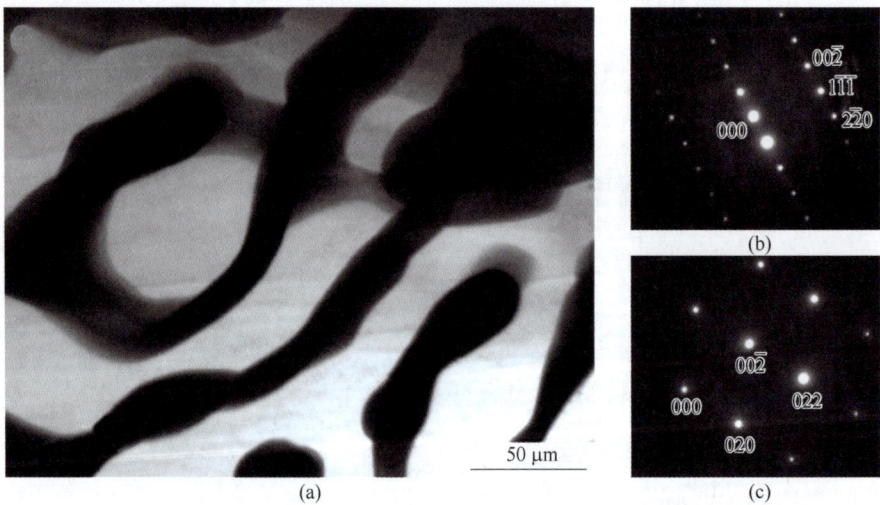

图 2-6　β-$(Mg,Zn)_3Gd$ 共晶相的 TEM 分析结果

(a) 明场；(b) (c) 选区衍射

2.3.2　固溶态合金组织

图 2-7 为固溶态 $Mg_{96}Gd_3Zn_1$ 和 $Mg_{92}Gd_3Zn_1Li_4$ 合金的 XRD 图谱。从图中可以看到，除了 α-Mg 相和 β-$(Mg,Zn)_3Gd$ 共晶相的衍射峰外在这两组合金中均出

现了 LPSO 的衍射峰。由此可知，经 350 ℃ 固溶处理后在两组合金中均析出了
LPSO 结构相。

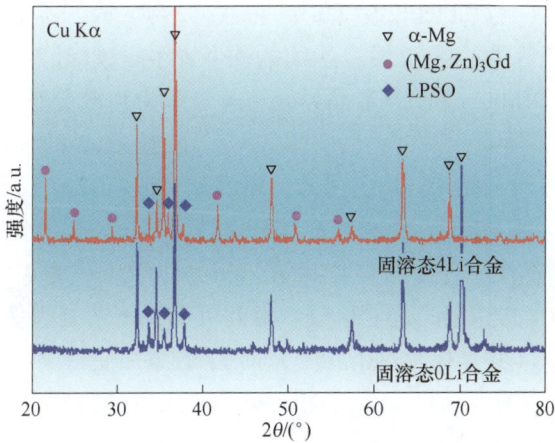

图 2-7　固溶态 $Mg_{96}Gd_3Zn_1$ 和 $Mg_{92}Gd_3Zn_1Li_4$ 合金的 XRD 图谱

图 2-8 为固溶态 $Mg_{96}Gd_3Zn_1$ 和 $Mg_{92}Gd_3Zn_1Li_4$ 合金的扫描显微组织照片。由

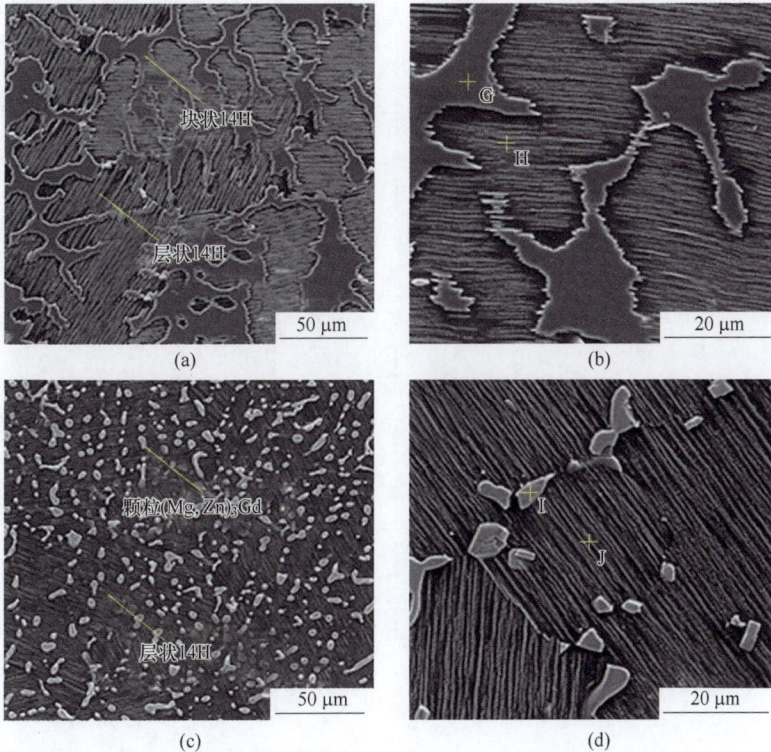

图 2-8　固溶态 $Mg_{96}Gd_3Zn_1$ 和 $Mg_{92}Gd_3Zn_1Li_4$ 合金的扫描显微组织照片

（a）（b）$Mg_{96}Gd_3Zn_1$ 合金；（c）（d）$Mg_{92}Gd_3Zn_1Li_4$ 合金

图可知经固溶处理后，在两组合金的 α-Mg 基体内均析出了层片状的第二相。通过 EDS 结果分析可知两组合金中层片状析出相的化学组成分别为 $Mg_{95}Gd_{3.32}Zn_{1.68}$ 和 $Mg_{93.82}Gd_{4.29}Zn_{1.93}$，如图 2-9（b）和（d）所示。不同的是，固溶态 $Mg_{96}Gd_3Zn_1$ 合金晶界处的第二相为连续的块状结构，如图 2-8（a）和（b）所示。而固溶态 $Mg_{92}Gd_3Zn_1Li_4$ 合金晶界处的第二相为弥散分布的颗粒状结构，如图 2-8（c）和（d）所示。图 2-9（a）和（c）分别是图 2-8（b）中 G 点和图 2-8（d）中 I 点的 EDS 分析结果。由此可知，固溶态 $Mg_{96}Gd_3Zn_1$ 合金晶界处块状相的化学组成为 $Mg_{87.2}Gd_{6.52}Zn_{6.29}$，这与 β-$(Mg,Zn)_3Gd$ 共晶相的化学组成完全不同；而固溶态 $Mg_{92}Gd_3Zn_1Li_4$ 合金中颗粒状第二相的化学组成为 $Mg_{55.10}Gd_{23.62}Zn_{21.2}$，符合 β-$(Mg,Zn)_3Gd$ 共晶相的化学组成。由此可知，固溶处理使得 $Mg_{96}Gd_3Zn_1$ 合金中 β-$(Mg,Zn)_3Gd$ 共晶相发生了相变；而 Li 的添加使得固溶态 $Mg_{92}Gd_3Zn_1Li_4$ 合金中仅发生了 β-$(Mg,Zn)_3Gd$ 共晶相的球化并未发生相变。

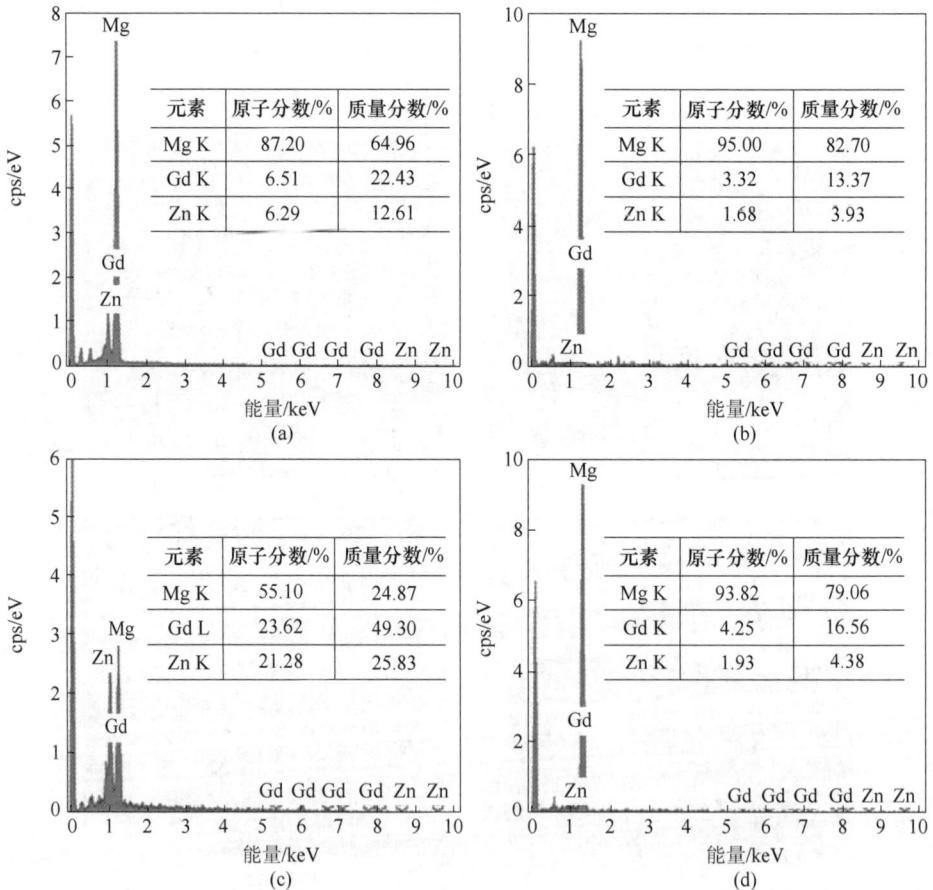

元素	原子分数/%	质量分数/%
Mg K	87.20	64.96
Gd K	6.51	22.43
Zn K	6.29	12.61

(a)

元素	原子分数/%	质量分数/%
Mg K	95.00	82.70
Gd K	3.32	13.37
Zn K	1.68	3.93

(b)

元素	原子分数/%	质量分数/%
Mg K	55.10	24.87
Gd L	23.62	49.30
Zn K	21.28	25.83

(c)

元素	原子分数/%	质量分数/%
Mg K	93.82	79.06
Gd K	4.25	16.56
Zn K	1.93	4.38

(d)

图 2-9　G、H、I 和 J 四个位置的 EDS 分析结果

(a) G 点位置；(b) H 点位置；(c) I 点位置；(d) J 点位置

为了进一步确定两组固溶态合金中晶界处的块状相和基体内的层片相，分别对其进行了 TEM 分析。图 2-10（a）和（c）分别为固溶态 $Mg_{96}Gd_3Zn_1$ 合金中块状相和基体内层片相的透射照片，图 2-10（b）和（d）分别为对应的电子衍射花样，入射电子束方向平行于 $\langle 11\bar{2}0 \rangle_{Mg}$。从两张图中可以清楚地看到，在 α-Mg 的 $(0001)_\alpha$ 和 $(0002)_\alpha$ 衍射斑点之间存在 13 个额外的衍射斑点，这是典型的 14H 的结构。由此可知，固溶态 $Mg_{96}Gd_3Zn_1$ 合金中晶界处的块状相和基体内的层片相均为 14H。图 2-10 中（e）（h）为固溶态 $Mg_{92}Gd_3Zn_1Li_4$ 合金晶界处颗粒状第二相和基体内层片状析出相的透射分析结果，可以确定两相分别为 β-$(Mg,Zn)_3Gd$ 共晶相和 14H。综上所述，经固溶处理后在 $Mg_{96}Gd_3Zn_1$ 合金中发生了 β-$(Mg,Zn)_3Gd$ 共晶相向 14H 的转变，而在 $Mg_{92}Gd_3Zn_1Li_4$ 合金中由于 Li 的添加抑制了晶界处 β-$(Mg,Zn)_3Gd$ 共晶相向 14H 的转变，仅使网状的 β-$(Mg,Zn)_3Gd$ 共晶相转变成为颗粒状，使得固溶态 $Mg_{96}Gd_3Zn_1$ 合金由 α-Mg 基体，晶界处块状 14H 以及基体内层片状 14H 组成，而固溶态 $Mg_{92}Gd_3Zn_1Li_4$ 合金由 α-Mg 基体，晶界处颗粒状 β-$(Mg,Zn)_3Gd$ 共晶相以及基体内层片状 14H 组成。在热处理过程中 α-Mg 基体内层片状 14H 的形成有两种方式，一种是由 18R 转变而来，另一种是从过饱和的 α-Mg 基体中析出[18]。很明显，在固溶态 $Mg_{96}Gd_3Zn_1$ 和 $Mg_{92}Gd_3Zn_1Li_4$ 合金中 α-Mg 基体内层片状 14H 的形成方式属于第二种。堆垛层错和溶质原子的扩散是基体内析出 14H 的两种必不可少的条件[19]。在高温热处理过程中，只要溶质原子扩散到层错上，并达到一定的化学有序条件，就会在基体内产生 14H 相形核。

此外，在一定温度的热处理过程中会在合金的晶界、相界以及位错等缺陷处产生堆垛层错，同时高温促进了溶质元素的偏聚，从而很容易形成 14H 形核[18]。一般，新相的长大是通过相界面推移进行的，即 α-Mg 基体中 14H 长大的过程实际上是 α-Mg/LPSO 界面的迁移过程。14H 与母相的成分不同，其长大过程属于扩散型相变。在扩散型相变过程中，只要新相的尺寸大于其临界尺寸时，新相就将自发长大，此时新相的长大速度就是界面的移动速度。此外，扩散型界面的移动速度与界面的类型密切相关，非共格界面的移动受体扩散控制，而共格、半共格界面的移动受界面控制[18-20]。由于 14H 与 α-Mg 在基面（0001）上共格，因此 14H 的长大过程将主要受到界面控制。

界面控制的长大一般会按照图 2-11 所示的台阶机制进行。图中台阶的宽面是共格界面，侧面是非共格界面。在扩散型长大时，与共格界面垂直的方向上难以长大，与非共格界面垂直的方向靠原子由母相转入新相使台阶侧向移动。台阶移动后，半共格界面在与其垂直的方向上长大了一个台阶高度。14H 在宽面和侧面上的生长速度分别为 v 和 u，生长速度 u 取决于溶质原子 Gd 和 Zn 从 α-Mg 基体向 14H 扩散的速度，而生长速度 v 则取决于宽面上台阶 h 的形成速度，一旦形

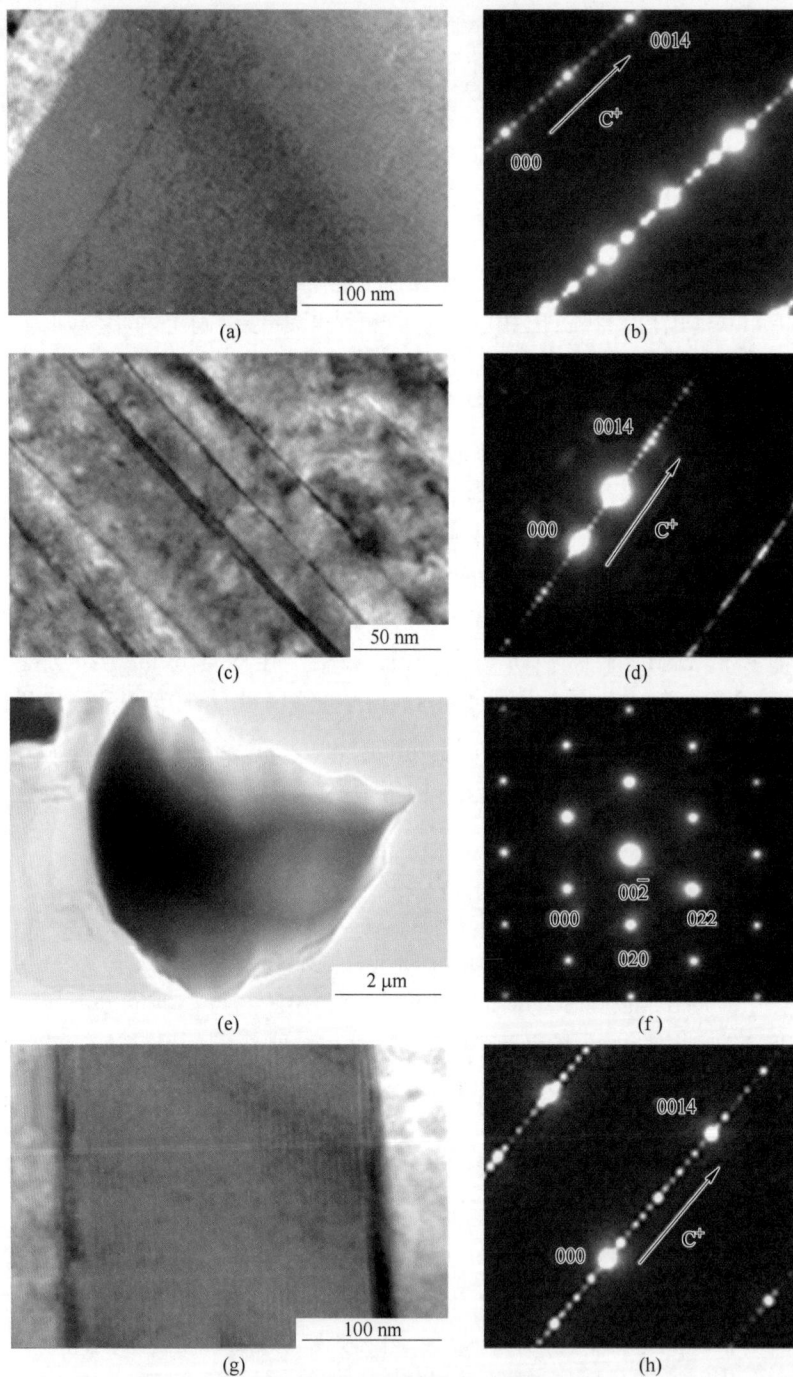

图 2-10　14H 的透射分析结果

（a）（b）$Mg_{96}Gd_3Zn_1$ 合金中块状 14H；（c）（d）$Mg_{96}Gd_3Zn_1$ 合金中层状 14H；

（e）（f）$Mg_{92}Gd_3Zn_1Li_4$ 合金中颗粒 β-$(Mg,Zn)_3Gd$ 相；（g）（h）$Mg_{92}Gd_3Zn_1Li_4$ 合金中层状 14H

成了台阶 h，则 14H 就可沿着基面迅速长大。另外，不仅 14H 的生长满足台阶机制，18R 的生长也是按照台阶机制进行的，18R 和 14H 生长过程中的台阶高度分别为 1.563 nm 和 1.842 nm。

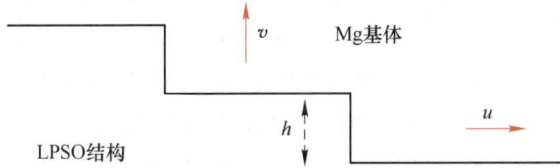

图 2-11　LPSO 的台阶生长机制

2.3.3　挤压态合金组织

为了研究基体内层片状 14H 对动态再结晶的影响，分别对两种状态的 $Mg_{92}Gd_3Zn_1Li_4$ 合金进行了热挤压。从图 2-12 的 XRD 结果可知，挤压过程不会对合金体系的相组成产生影响。

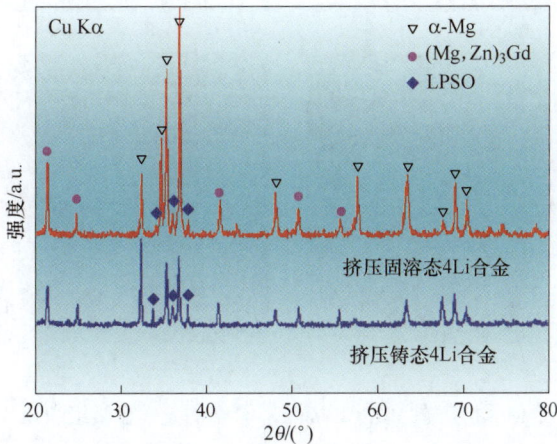

图 2-12　不同状态 $Mg_{92}Gd_3Zn_1Li_4$ 合金的 XRD 图谱

图 2-13 是两种挤压合金沿挤压方向上的光学显微组织照片。从图中可以看到，两种挤压合金组织均呈现沿挤压方向被拉长的特征。研究表明[35,36]，室温拉伸时剪切变形要穿越层片状的 LPSO，此时挤压合金中的 LPSO 相当于强化纤维。此外，在两种挤出合金中均发生了不同程度的动态再结晶现象，使得挤压合金的 α-Mg 基体均由细小的动态再结晶晶粒和粗大的变形晶粒两部分组成。然而，在挤出的 $Mg_{92}Gd_3Zn_1Li_4$ 铸态合金中，动态再结晶的体积分数达到了 90.6%。而

在挤出的 $Mg_{92}Gd_3Zn_1Li_4$ 固溶合金中，动态再结晶的体积分数为 85.2%。由此可知，α-Mg 基体中的层状 14H 的存在阻碍了动态再结晶的形成。除此之外，虽然两种挤压态合金均通过动态再结晶现象使得其晶粒尺寸得到了明显的细化，但是挤出的 $Mg_{92}Gd_3Zn_1Li_4$ 固溶合金中的动态再结晶晶粒尺寸明显要小于挤出的 $Mg_{92}Gd_3Zn_1Li_4$ 铸态合金中的动态再结晶的晶粒尺寸，其值分别为 1.2 μm 和 3.4 μm。由此可知，14H 的存在导致了更加细小的动态再结晶晶粒的产生。根据 Liu[35,36] 等人的研究，α-Mg 基体内层片状 14H 会严重限制位错的迁移，阻碍了高密度位错的形成，从而抑制了动态再结晶晶粒的形核和长大。

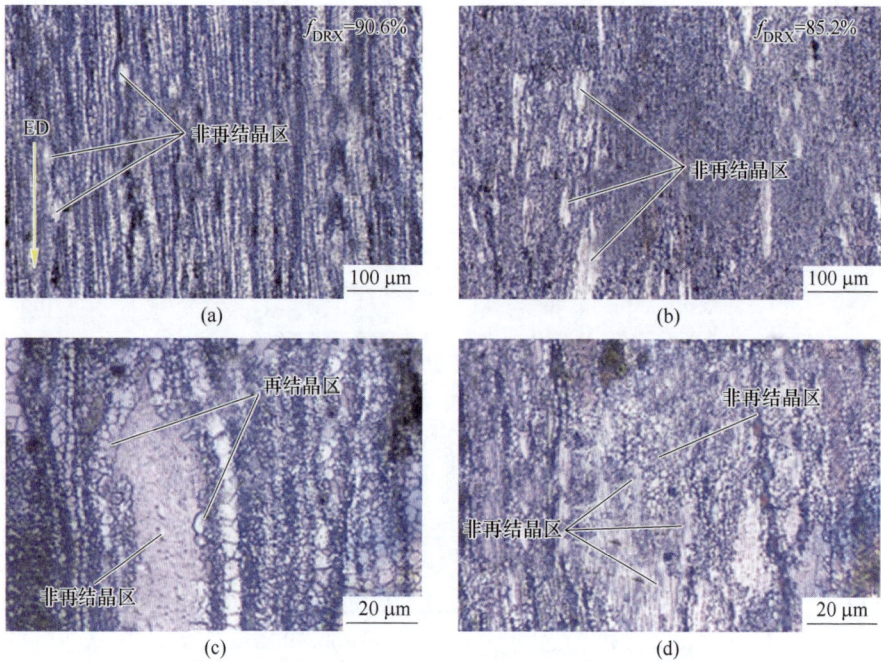

图 2-13　挤压态 $Mg_{92}Gd_3Zn_1Li_4$ 合金的光学显微组织照片
（a）（c）挤出的铸态合金；（b）（d）挤出的固溶态合金

　　图 2-14 是两种挤压合金的扫描组织照片。从图中可以发现，β-$(Mg,Zn)_3$Gd 共晶相均被挤碎成了细小的颗粒状，且沿挤压方向排列。碎化的 β-$(Mg,Zn)_3$Gd 颗粒相可以有效地阻碍裂纹的扩展，进而提高合金的韧性[21]。此外，动态再结晶在两种挤出合金中的分布是不同的，在挤出的 $Mg_{92}Gd_3Zn_1Li_4$ 铸态合金中，动态再结晶主要出现在 α-Mg/β-$(Mg,Zn)_3$Gd 界面处和原始晶界处，如图 2-14（a）和（c）所示；而在挤出的 $Mg_{92}Gd_3Zn_1Li_4$ 固溶态合金中，动态再结晶主要分布在扭折的 14H LPSO 中，而只有少量的动态再结晶出现在原始的晶界

处，如图 2-14 (b)(d) 和 (f) 所示。很明显，14H 的存在对动态再结晶的形成产生了巨大的影响。此外，在挤出的 $Mg_{92}Gd_3Zn_1Li_4$ 铸态合金 α-Mg 基体中可以看到两种不同的层片结构析出，如图 2-14 (c) 和 (e) 所示。通过 TEM 分析可知，较窄的层片组织被确定为层错，如图 2-15 (a) 所示；另一种较宽的组织被确定为 14H，如图 2-15 (b) 所示。由此可知，热挤压可以促使 α-Mg 基体内 14H 的形成。

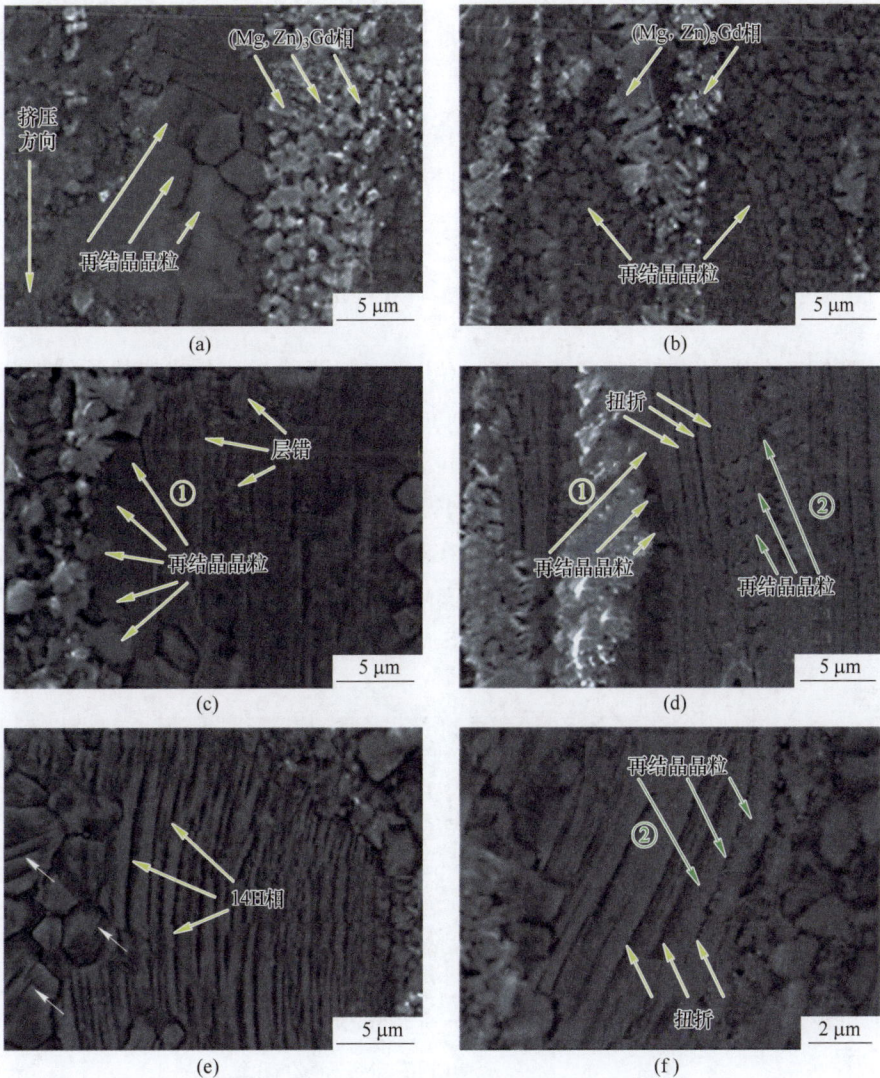

图 2-14 $Mg_{92}Gd_3Zn_1Li_4$ 挤压合金的扫描组织照片

(a)(c)(e) 挤压铸态合金；(b)(d)(f) 挤压固溶合金

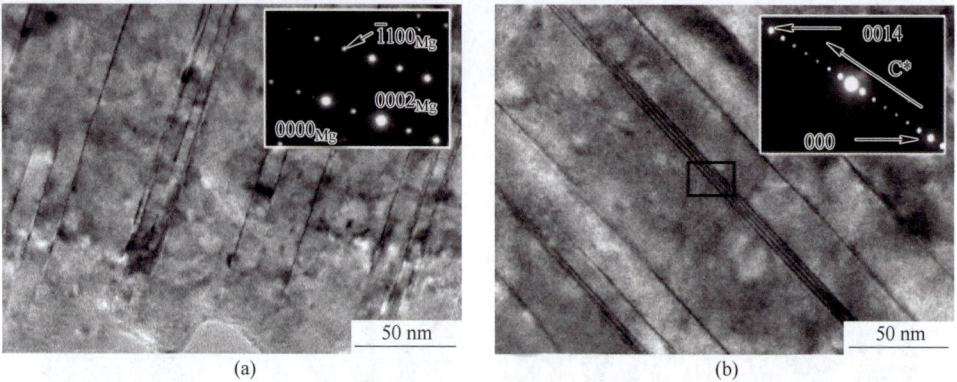

图 2-15　挤出的铸态合金透射照片

(a) 14H；(b) 位错

2.4　Mg-Gd-Zn-Li 合金力学性能

图 2-16 分别是 $Mg_{96}Gd_3Zn_1$ 和 $Mg_{92}Gd_3Zn_1Li_4$ 两种合金各状态的拉伸性能曲线图，其具体数值列于表 2-3。可以发现，铸态 $Mg_{96}Gd_3Zn_1$ 合金的抗拉强度、屈服强度和伸长率分别为 158 MPa、135 MPa 和 3.0%。而铸态 $Mg_{92}Gd_3Zn_1Li_4$ 合金的抗拉强度、屈服强度和伸长率分别为 175 MPa、150 MPa 和 3.8%。在铸态合金中，硬脆的网状 β-$(Mg,Zn)_3Gd$ 相分布在晶界，易于裂纹的扩展，因此表现出低的力学性能。此外，Li 的加入使得铸态 $Mg_{92}Gd_3Zn_1Li_4$ 合金晶粒尺寸小于铸态 $Mg_{96}Gd_3Zn_1$ 合金的晶粒尺寸，因此铸态 $Mg_{92}Gd_3Zn_1Li_4$ 合金表现出较好的力学性能。

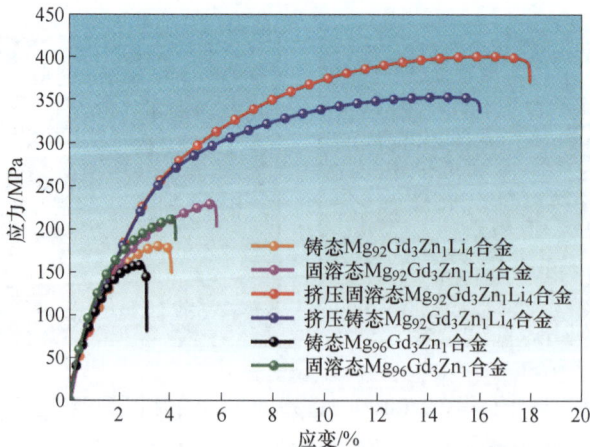

图 2-16　$Mg_{96}Gd_3Zn_1$ 和 $Mg_{92}Gd_3Zn_1Li_4$ 两组合金的拉伸性能

表 2-3 **Mg-Gd-Zn-Li 系合金的力学性能**

合 金	抗拉强度 /MPa	屈服强度 /MPa	伸长率 /%
铸态 $Mg_{96}Gd_3Zn_1$ 合金	158	135	3.0
铸态 $Mg_{92}Gd_3Zn_1Li_4$ 合金	175	150	3.8
固溶态 $Mg_{96}Gd_3Zn_1$ 合金	212	172	4.2
固溶态 $Mg_{92}Gd_3Zn_1Li_4$ 合金	230	180	5.5
挤压铸态 $Mg_{92}Gd_3Zn_1Li_4$ 合金	345	280	14.5
挤压固溶态 $Mg_{92}Gd_3Zn_1Li_4$ 合金	400	325	18.0

经 500 ℃ 固溶处理后，$Mg_{92}Gd_3Zn_1$ 和 $Mg_{92}Gd_3Zn_1Li_4$ 合金的抗拉强度、屈服强度和伸长率分别增加到 212 MPa 和 230 MPa，172 MPa 和 180 MPa 以及 4.2% 和 5.5%。两种固溶合金力学性能的提高得益于基体内 14H 的析出。14H 通常为尺寸较小的层片状相，这些层片平行排列在 α-Mg 晶粒中，与 Mg 在基面完全共格，使得其在变形时能够起到较好的协调作用。而固溶态 $Mg_{92}Gd_3Zn_1Li_4$ 合金优异的力学性能主要是由于网状的 β-(Mg,Zn)$_3$Gd 转变为颗粒状，可以有效地阻碍裂纹的扩展。在拉力作用下，基面滑移是镁及镁合金塑性变形过程中的主要滑移方式，而 LPSO 的密排面平行于 α-Mg 的密排面，因此当位错运动到 α-Mg/LPSO 界面时，虽然他们的基面平行，但位错从 α-Mg 基体滑移到 LPSO 时会产生层错，从而严重阻碍了位错的运动，所以位错只能塞积在 α-Mg/LPSO 界面处，此时基面滑移受到了限制，基体必须启动非基面滑移才能得到进一步变形，从而产生有效的强化效果[22]。

通过热挤压后，由于动态再结晶的出现使得挤出的铸态 $Mg_{92}Gd_3Zn_1Li_4$ 合金和挤出的固溶态 $Mg_{92}Gd_3Zn_1Li_4$ 合金都表现出优异的力学性能。其中，挤出的铸态合金的抗拉强度、屈服强度和伸长率分别达到了 345 MPa、280 MPa 和 14.5%，而挤出的固溶态合金的抗拉强度、屈服强度和伸长率达到了 400 MPa、325 MPa 和 18.0%。挤出的固溶态合金突出的力学性能主要是由于基体内 14H 的扭折的产生和更加细小的再结晶晶粒。主要的强化机制为：（1）由于 LPSO 与 α-Mg 基体特定的位向关系，经过挤压等塑性变形后，14H 平行于挤压方向，其强化合金的机理类似于复合材料中的短纤维增强机制[23]。（2）14H 作为一种硬质相，其硬度远高于镁基体，且与镁基体之间为共格界面。由此可知，合金经塑性变形时，在 α-Mg/LPSO 界面处容易产生应力集中，这些高应力可以促进 14H 周围晶粒的细化。

2.5　Li 合金化效应

2.5.1　Li 的添加对 α-Mg 相的影响

通常，在合金凝固过程中，溶质再分配会引起溶质原子在固-液界面处溶质原子的聚集和消耗，一般用溶质平衡分配系数 k 来表示[24,25]。如图 2-17 所示，当合金凝固到某一温度 T^* 时，固-液界面处平衡共存时固相成分为 C_S^*，同一温度时液相的成分为 C_L^*，在界面平衡条件下，T^*、C_S^* 和 C_L^* 三者之间存在严格的对应关系[26]。即溶质平衡分配系数 k 表示为：

$$k = C_S^* / C_L^* \tag{2-1}$$

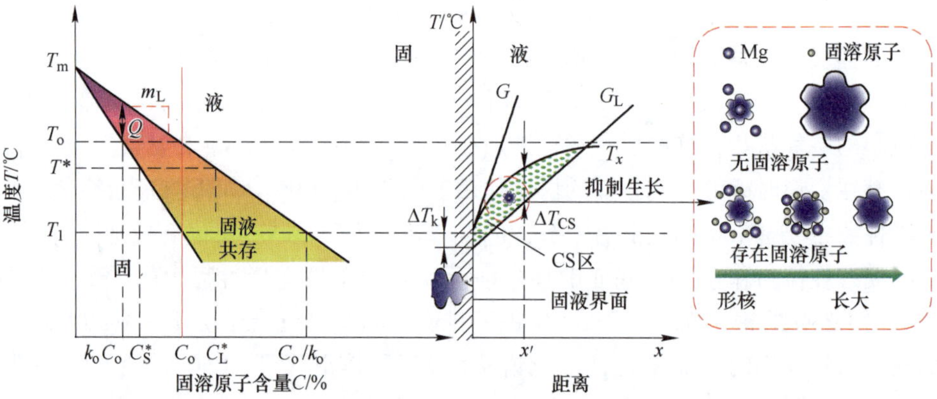

图 2-17　溶质原子 Li 引起的晶粒细化示意图

此外，溶质原子在固-液界面的溶质再分配会引起界面前方溶体成分及其凝固温度的变化，并导致成分过冷（CS）（ΔT_{CS}，图 2-17 中绿色阴影部分），而成分过冷可以促进新晶粒形核并且抑制已有晶粒的长大[26]。生长抑制因子（Q）经常被用来描述成分过冷对晶粒尺寸的影响[27]，其表达公式为：

$$Q = m_L(k - 1)C_o \tag{2-2}$$

式中　m_L，C_o——分别指液相线斜率和合金的初始成分。

特别地，当临界过冷度小于成分过冷度时，成分过冷就会抑制晶粒的长大。根据文献报道[28]，晶粒尺寸可以表示如下：

$$d = a + b/Q \tag{2-3}$$

其中，在上式中斜率 b 和截距 a 分别与晶粒形核潜能和激活能数量有关。由此可以看出，Q 值越大越容易造成成分过冷，因此将导致更小的晶粒尺寸。表 2-4 列出了一些具有细化晶粒作用溶质原子对应的 Q 值。从中可以看到，Li 的 Q 值为

2.03，可以有效地充当晶粒细化剂。

表 2-4 不同元素对应的 Q 值[26]

元素	$Q=m(K-1)$
Zr	38.29
Ca	11.94
Si	9.25
Ni	6.13
Al	4.32
Sr	3.51
Li	2.03
Au	1.98
Ce	1.73
Bi	1.55
Sn	1.47
Gd	1.03
Mn	0.15
Ti	0.56

2.5.2 Li 的添加对 β-$(Mg,Zn)_3Gd$ 共晶相的影响

如图 2-18 所示，$Mg_{96}Gd_3Zn_1$ 合金结晶开始时，液相的化学组成将沿着 AO 方向移动[12,29]。然而，在快速凝固的情况下，Gd、Zn 和 Mg 三种原子不可能得到均匀地扩散。因此，在非平衡凝固过程中，残余液相中的 Gd 和 Zn 原子浓度将高于平衡凝固过程中的浓度。所以残余液相中 Gd 和 Zn 的浓度很容易达到图中 B 点处的浓度，从而在晶界处析出 β-$(Mg,Zn)_3Gd$ 相。另外，随着 Li 含量的增加，固溶到 Mg 基体中的 Li 也随之增多，从而导致 Gd 和 Zn 原子在固-液前沿处聚集，进而使得晶界处 β-$(Mg,Zn)_3Gd$ 共晶相含量增多。

经固溶处理后，$Mg_{96}Gd_3Zn_1$ 合金的晶界处发生了 β-$(Mg,Zn)_3Gd$ 共晶相向块状 14H 的转变。而在 $Mg_{92}Gd_3Zn_1Li_4$ 合金的晶界处未发生 β 相向 14H 的转变，但是 β-$(Mg,Zn)_3Gd$ 共晶相由连续的网状转变成为分散的颗粒状。其原因可以归结如下：首先，LPSO 是沿着层错形核并长大的，低的层错能有益于 LPSO 的产生[29]。而 Li 的添加可以增大镁合金的层错能[30]，从而抑制了 LPSO 的形成。其次，溶质原子的扩散是 LPSO 形成的另外一个重要条件[31]。Li 的添加可以提高晶界处第二相的热稳定性[29]，从而阻碍了溶质原子的扩散，使得 LPSO 的转变受到了抑制。最后，在固溶处理过程中，为了使得系统中整体的能量达到最低，

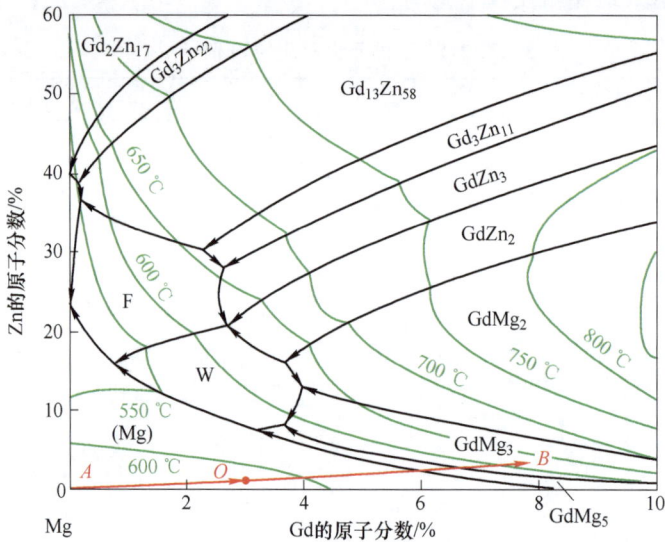

图 2-18　Mg-Gd-Zn 合金相图的液相投影图

晶界处连续网状的 β-(Mg, Zn)₃Gd 相就会逐渐向表面能最低的球状形貌转变。

2.6　动态析出行为

2.6.1　α-Mg 基体中层错和 14H 的动态析出行为

在热挤压变形过程中，HCP 结构中的各滑移系统可能被开启，从而易引起 〈a〉、〈c〉 和 〈c+a〉 三类位错的产生，同时伴有一些点缺陷（如空位）的出现[32]。其次，在 α-Mg 基体中极易产生两类层错，即 I1 型层错和 I2 型层错[33]。其中，I1 型层错是由点缺陷在基面上聚合而成，而 I2 型层错来源于位错的滑移和分解。研究表明[34]，空位、位错、层错以及晶界等晶体缺陷处，往往会成为析出相非均匀形核的优先部位。一方面，这些缺陷可以部分抵消析出相形核时所引起的点阵畸变；另一方面，溶质原子在缺陷处发生聚集，形成溶质高浓度区，易于满足析出相形成时对溶质原子浓度的要求。因此，塑性变形易促进 14H 的析出。

图 2-19 显示了挤出的铸态 Mg₉₂Gd₃Zn₁Li₄ 合金中层错和 14H 的形成示意图。首先，在挤压力的作用下，α-Mg 基体中的各个滑移系可能被启动，根据每个晶粒的具体取向和局部应力集中情况以及每个滑移系统的 CRSS 值，各个晶粒倾向于开启的非基面滑移模式不同，因此会在 α-Mg 基体中产生 〈a〉、〈c〉 和 〈c+a〉 三类位错，如图 2-19 中的第一个阶段所示。随着挤压的进行，在高温及应力应

变的作用下，一方面通过连续的形核会产生新的〈c+a〉位错；另一方面〈a〉位错会通过滑移和分解形成 I2 型层错。同时，〈c+a〉位错在高温下很容易经过攀移而形成大量的点缺陷，这些点缺陷通过基面滑移会进一步转变成为 I1 型层错，如图 2-19 中的第二个阶段所示。14H 的结构特征表明，其形成过程需同时满足堆垛层错有序和化学成分有序，因此堆垛层错的存在和充足的溶质原子是 14H 形成的必要条件。而在热挤压过程中，$Mg_{92}Gd_3Zn_1Li_4$ 合金中，只要 α-Mg 基体内局部位置满足了堆垛层错和溶质浓度的要求，14H 晶核就可以形成。14H 的形成反应式可表示为 "α-Mg′→α-Mg +14H"（式中，α-Mg′为亚稳的过饱和固溶体，α-Mg 是稳定的固溶体）。

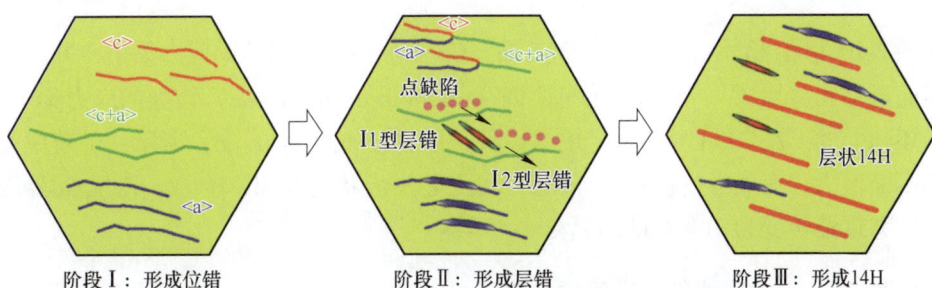

阶段 I：形成位错　　　　　阶段 II：形成层错　　　　　阶段 III：形成14H

图 2-19　挤出的铸态 $Mg_{92}Gd_3Zn_1Li_4$ 合金中层错和 14H 的形成示意图

2.6.2　β-(Mg, Zn)₃Gd 共晶相对动态再结晶行为的影响

经过热挤压变形，原始晶界处的 β-(Mg,Zn)₃Gd 共晶相在挤压力的作用下被破碎成弥散分布的细小颗粒。细小的 β-(Mg,Zn)₃Gd 共晶相颗粒会严重阻碍位错的运动，使得 β-(Mg,Zn)₃Gd 共晶相界面处产生高密度位错，进而促进动态再结晶形核[35]。如图 2-20（a）所示，首先 α-Mg/β-(Mg,Zn)₃Gd 界面在挤压力的作用下会发生波动。同时，由于 β-(Mg,Zn)₃Gd 共晶相与 α-Mg 相的弹性模量不匹配，使得其相界面处产生成了高密度位错（dislocation）。随挤压力的逐渐增加，

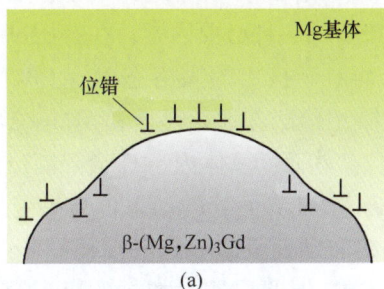

(a)

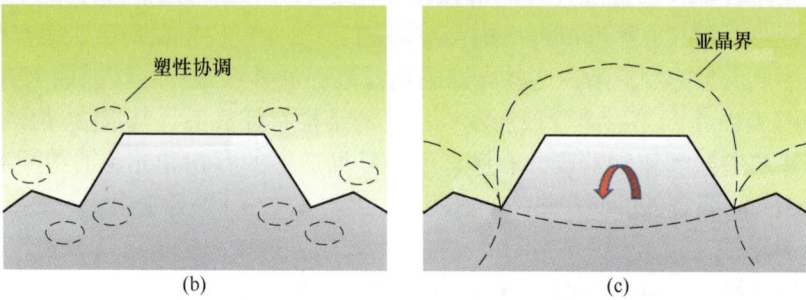

图 2-20　颗粒 β-(Mg,Zn)₃Gd 共晶相界面处连续动态再结晶形核示意图

（a）相界面处形成位错；（b）相界面处产生塑性协调；（c）相界面处产生亚晶界

如图 2-20（b）所示，α-Mg/β-(Mg,Zn)₃Gd 界面会形成局部的应力集中，并形成界面滑移和剪切[34]。所以，为了协调（plastic accommodation）该处的应力集中，α-Mg/β-(Mg,Zn)₃Gd 界面将变成锯齿状。最后，如图 2-20（c）所示，随着应力的不断增大，亚晶界（sub-boundary）将沿着锯齿状的 α-Mg/β-(Mg,Zn)₃Gd 界面产生并逐渐转变为动态再结晶晶粒。

2.6.3　14H 对动态再结晶行为的影响

图 2-21 为两种挤出合金中动态再结晶转变的示意图。对于挤出的铸态 Mg₉₂Gd₃Zn₁Li₄ 合金，如图 2-21（a）所示，在挤压的初始阶段（Ⅰ），由于变形应变的不断增加，在原始晶界和 α-Mg/β-(Mg,Zn)₃Gd 界面处会产生大量的高密度位错。因此，在原始晶界和 α-Mg/β-(Mg,Zn)₃Gd 界面处易形成应力集中。在应力集中的作用下，这些高密度位错将开始发生运动、聚集以及重组，最后形成亚晶界以及亚晶粒。随着应变的进一步增加（Ⅱ），原始晶界和 α-Mg/β-(Mg,Zn)₃Gd界面将会逐渐转变成为一些新的晶界，这些新晶界将会通过吸收位错而变成高角度晶界[36]。因此，动态再结晶在原始晶界和 α-Mg/β-(Mg,Zn)₃Gd界面处逐渐形核。最后，在完全的挤出铸态 Mg₉₂Gd₃Zn₁Li₄ 合金中（Ⅲ），除了动态再结晶晶粒和颗粒的 β-(Mg,Zn)₃Gd 相外，在基体内析出了一些层状的14H LPSO。层错是形成 LPSO 的一种必要因素。在挤压过程中，通过原子在层错上的堆积而形成了 14H。而对于挤出的固溶态 Mg₉₂Gd₃Zn₁Li₄ 合金，如图 2-21（b）所示，随着应力的增加（Ⅰ），在原始晶界和 α-Mg/β-(Mg,Zn)₃Gd 界面处会产生少量的动态再结晶晶粒。然而，基体内 14H 会限制位错的进一步运动，所以原始晶界和 α-Mg/β-(Mg,Zn)₃Gd 界面处的动态再结晶受到了限制。随着挤压的进行（Ⅱ），14H 会通过晶格转动而发生一定程度的扭折。一方面，扭折界在应力的作用下会转变为新的 α-Mg 晶界。同时扭折的出现会引起周围的引力集中，

而新的 α-Mg 晶界的产生会中和这些应力。因此，扭折激发了再结晶的形核。另一方面，如图 2-21（c）所示，扭折处的应力集中使得位错在扭折带处形核，亚晶界和新晶界将随挤压力的不断增加而逐渐形成。所以，在扭折带处，低角度晶界（low-angle grain boundary，LAGB）将逐渐转变为大角度晶界（high-angle grain boundary，HAGB），从而形成动态再结晶晶粒[37-39]。最后（Ⅲ），在挤出的固溶态合金中，除了扭折处和原始晶界处的动态再结晶以外，还形成了颗粒的 β-(Mg,Zn)₃Gd 相。

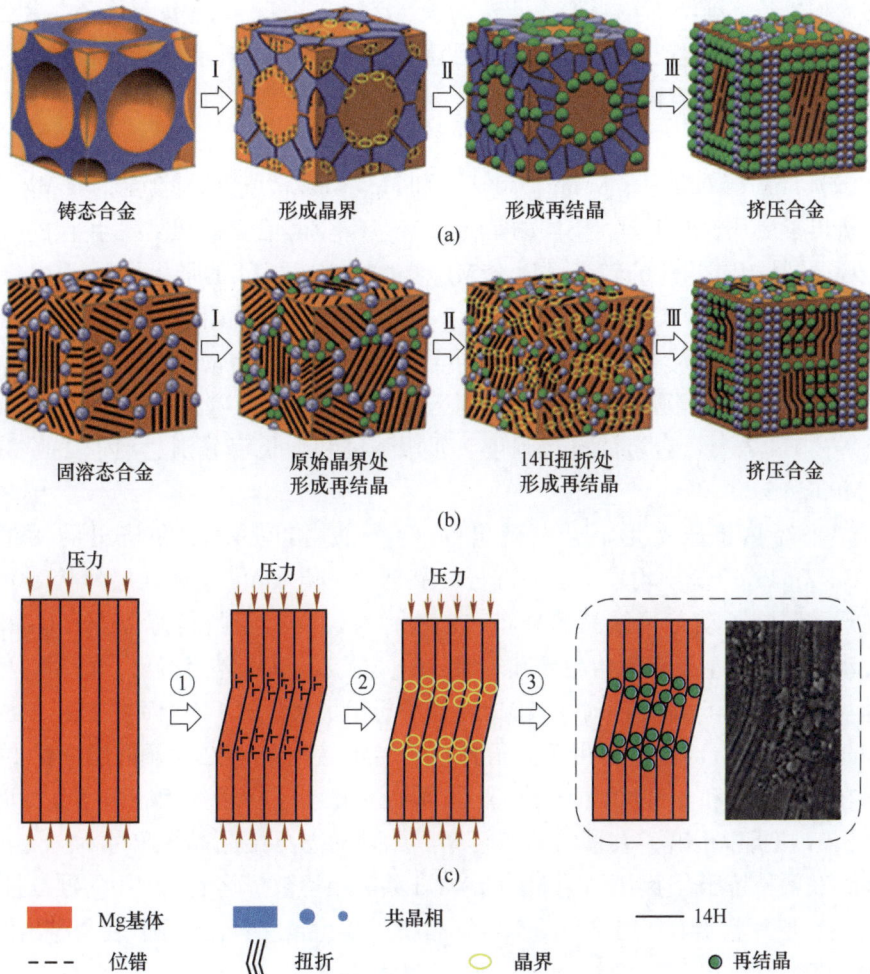

图 2-21 动态再结晶转变示意图

（a）挤出的铸态 $Mg_{92}Gd_3Zn_1Li_4$ 合金组织转变；

（b）挤出的固溶态 $Mg_{92}Gd_3Zn_1Li_4$ 合金组织转变；（c）14H 扭折引起的动态再结晶行为

2.7　本章小结

通过研究 Li 对 $Mg_{96}Gd_3Zn_1$ 合金组织与性能的影响，阐明了 Li 分别对 α-Mg 基体、β-$(Mg,Zn)_3$Gd 共晶相的影响。通过热挤压，研究了基体内 14H 对动态再结晶的影响，并讨论了合金力学性能与组织变化的关系。主要结论如下：

（1）铸态 $Mg_{96}Gd_3Zn_1$ 合金由 α-Mg 基体和晶界处的 β-$(Mg,Zn)_3$Gd 共晶相组成。随着 Li 的加入，α-Mg 相的晶粒尺寸先减小后增大，β-$(Mg,Zn)_3$Gd 共晶相的面积分数逐渐增加。当加入 4%（原子分数）的 Li 时，$Mg_{96}Gd_3Zn_1$ 合金的晶粒尺寸从 65 μm 减小到了 18 μm，且铸态 $Mg_{92}Gd_3Zn_1Li_4$ 合金的抗拉强度、屈服强度和伸长率与铸态 $Mg_{96}Gd_3Zn_1$ 合金相比分别增加了 10.8%、17.3% 和 26.7%。

（2）经固溶处理后，从 $Mg_{96}Gd_3Zn_1$ 和 $Mg_{92}Gd_3Zn_1Li_4$ 两种合金的 α-Mg 基体中均析出了层片状的 14H。不同的是，在 $Mg_{96}Gd_3Zn_1$ 合金晶界处发生了 β-$(Mg,Zn)_3$Gd 共晶相向 14H 的转变。而在 $Mg_{92}Gd_3Zn_1Li_4$ 中 Li 的加入抑制了 β-$(Mg,Zn)_3$Gd 共晶相向 14H 的转变，但使得 β-$(Mg,Zn)_3$Gd 共晶相发生了球化。此外，由于 14H 的形成以及 β-$(Mg,Zn)_3$Gd 共晶相的球化，使得固溶态 $Mg_{96}Gd_3Zn_1$ 合金的抗拉强度、屈服强度和伸长率分别达到了 212 MPa、172 MPa 和 4.2%。而固溶态 $Mg_{92}Gd_3Zn_1Li_4$ 合金的抗拉强度、屈服强度和伸长率分别达到了 230 MPa、180 MPa 和 5.5%。

（3）经热挤压变形后，在挤出的铸态 $Mg_{92}Gd_3Zn_1Li_4$ 和挤出的固溶态 $Mg_{92}Gd_3Zn_1Li_4$ 合金中均发生了动态再结晶现象，但 α-Mg 基体内层片状 14H 的存在严重影响了动态再结晶的分布和晶粒尺寸。在挤出的铸态 $Mg_{92}Gd_3Zn_1Li_4$ 中，动态再结晶主要沿原始晶界和 α-Mg/β-$(Mg,Zn)_3$Gd 界面析出，且动态再结晶晶粒尺寸为 3.4 μm，同时在 α-Mg 基体中析出了大量的 14H。而在挤出的固溶态 $Mg_{92}Gd_3Zn_1Li_4$ 合金中，由于挤压之前在 α-Mg 基体内存在大量的层片状 14H，使得在原始晶界和 α-Mg/β-$(Mg,Zn)_3$Gd 界面只产生了少量的动态再结晶，而在层状 14H 扭折中析出了大量的动态再结晶，且动态再结晶晶粒尺寸为 1.2 μm。此外，在两种挤压合金中，β-$(Mg,Zn)_3$Gd 共晶相均被挤碎成了细小的颗粒状。

（4）层片状 14H，层错，动态再结晶以及 β-$(Mg,Zn)_3$Gd 颗粒使得挤出的铸态 $Mg_{96}Gd_3Zn_1$ 合金的抗拉强度、屈服强度和伸长率分别达到了 345 MPa、280 MPa 和 14.5%。而 14H 扭折和更加细小的动态再结晶晶粒使得挤出的固溶态 $Mg_{92}Gd_3Zn_1Li_4$ 合金的抗拉强度、屈服强度和伸长率分别达到了 400 MPa、325 MPa 和 18.0%。

参 考 文 献

［1］ ZHANG J S, CHEN C J, QUE Z P, et al. 18R and 14H long-period stacking ordered structures in the $Mg_{93.96}Zn_2Y_4Sr_{0.04}$ alloy and the modification of Sn on X-phase ［J］. Materials Science and Engineering A, 2012, 552: 81-88.

［2］ ZHANG J S, ZHANG W B, RUAN X Q, et al. Effect of zirconium on the microstructure and mechanical properties of long period stacking order $Mg_{96}Gd_3Zn_1$ alloy ［J］. Materials Science and Engineering A, 2013, 560: 847-850.

［3］ ZHANG J S, XIN C, NIE K B, et al. Microstructure and mechanical properties of Mg-Zn-Dy-Zr alloy with long-period stacking ordered phases by heat treatments and ECAP process ［J］. Materials Science and Engineering A, 2014, 611: 108-113.

［4］ ZHANG J H, LIU S J, WU R Z, et al. Recent developments in high-strength Mg-RE-based alloys: Focusing on Mg-Gd and Mg-Y systems ［J］. Journal of Magnesium and Alloys, 2018, 6: 277-291.

［5］ 胡文义, 乐启炽, 张志强. Li 对 GW82K 镁合金组织与性能的影响 ［J］. 铸造, 2017, 66: 445-449.

［6］ CAO F R, XIA F, XUE G Q. Hot tensile deformation behavior and microstructural evolution of a Mg-9.3Li-1.79Al-1.61Zn alloy ［J］. Materials and Design, 2016, 92: 44-57.

［7］ XU D K, LI C Q, WANG B J, et al. Effect of icosahedral phase on the crystallographic texture and mechanical anisotropy of duplex structured Mg-Li alloys ［J］. Materials and Design, 2015, 88: 88-97.

［8］ WANG J F, XU D D, LU R P. Damping properties of as-cast Mg-xLi-1Al alloys with different phase composition ［J］. Trans. Nonferrous Metals Soc. China, 2014, 24: 334-338.

［9］ ZHANG J H, ZHANG L, LENG Z. Experimental study on strengthening of Mg-Li alloy by introducing long-period stacking ordered structure ［J］. Scripta Materialia, 2013, 68: 675-678.

［10］ ZHANG J S, ZHANG W B, BIAN L P, et al. Study of Mg-Gd-Zn-Zr alloys with long period stacking ordered structures ［J］. Materials Science and Engineering A, 2013, 585: 268-276.

［11］ WANG D D, ZHANG W B, ZONG X M, et al. Abundant long period stacking ordered structure induced by Ni addition into Mg-Gd-Zn alloy ［J］. Materials Science and Engineering A, 2014, 2014: 355-258.

［12］ WEI L Y, ZHANG J S, LIU W, et al. Effect of Li on formation of long period stacking ordered phases and mechanical properties of Mg-Gd-Zn alloy ［J］. China Foundary, 2016, 47 (10): 3223-3227.

［13］ LIU W, ZHANG J S, XU C X, et al. High-performance extruded $Mg_{89}Y_4Zn_2Li_5$ alloy with deformed LPSO structures plus fine dynamic recrystallized grains ［J］. Materials and Design, 2016, 110: 1-9.

［14］ WU Y J, ZENG X Q, LIN D L, et al. The microstructure evolution with lamellar 14H-type LPSO structure in an $Mg_{96.5}Gd_{2.5}Zn_1$ alloy during solid solution heat treatment at 773K ［J］.

Journal of Alloys and Compounds, 2009, 477 (1): 193-197.

[15] LU F M, MA A B, JIANG J H, et al. Effect of multi-pass equal channel angular pressing on microstructure and mechanical properties of $Mg_{97.1}Zn_1Gd_{1.8}Zr_{0.1}$ alloy [J]. Materials Science and Engineering A, 2014 (594): 330-333.

[16] LIU W, ZHANG J S, ZHANG Z F, et al. High strength $Mg_{95}Y_3Zn_1Ni_1$ alloy with LPSO structure processed by hot rolling [J]. Materials and Manufacturing Processes, 2017, 32: 62-68.

[17] YAMASAKI M, SASAKI M, NISHIJIMA M, et al. Formation of 14H long period stacking ordered structure and profuse stacking faults in Mg-Zn-Gd alloys during isothermal aging at high temperature [J]. Acta Materialis, 2007, 55: 6798-6805.

[18] LIU H, XUE F, BAI J, et al. Effect of substitution of 1 at% Ni for Zn on the microstructure and mechanical properties of $Mg_{94}Y_4Zn_2$ alloy [J]. Materials Science and Engineering A, 2013, 585: 387-395.

[19] DU Y X, WU Y J, PENG L M, et al. Formation of lamellar phase with 18R-type LPSO structure in an as-cast $Mg_{96}Gd_3Zn_1$ (at%) alloy [J]. Materials Letters, 2016, 169: 168-171.

[20] ZHANG J S, CHEN C J, CHENG W L. High-strength $Mg_{93.96}Zn_2Y_4Sr_{0.04}$ alloy with long-period stacking ordered structure [J]. Materials Science and Engineering A, 2013, 559: 416-420.

[21] LU F M, MA A B, JIANG J H, et al. Effect of multi-pass equal channel angular pressing on microstructure and mechanical properties of $Mg_{97.1}Zn_1Gd_{1.8}Zr_{0.1}$ alloy [J]. Materials Science and Engineering A, 2014, 594: 330-333.

[22] CHEN T, CHEN Z Y, SHAO J B, et al. The role of long-period stacking ordered phases in the deformation behavior of a strong textured Mg-Zn-Gd-Y-Zr alloy sheet processed by hot extrusion [J]. Materials Science and Engineering A, 2019, 750: 31-39.

[23] XU C, XU S W, ZHENG M Y, et al. Microstructure and mechanical properties of high-strength Mg-Gd-Y-Zn-Zr alloy sheets processed by severe hot rolling [J]. Journal of Alloys and Compounds, 2012, 524: 46-52.

[24] QUESTED T E, DINSDALE A T, GREER A L. Thermodynamic modelling of growth-restriction effects in aluminium alloys [J]. Acta Materialia, 2005, 53: 1323-1334.

[25] LIU W, ZHANG J S, XU C X, et al. Precipitation behaviors of 14H LPSO lamellae in $Mg_{96}Gd_3Zn_{0.5}Ni_{0.5}$ alloys during severe plastic deformation [J]. Journal of Materials Science, 2017, 52: 13271-13283.

[26] ALI Y, QIU D, JIANG B, et al. Current research progress in grain refinement of cast magnesium alloy: A review article [J]. Journal of Alloys and Compounds, 2015, 619: 639-651.

[27] EASTON M A, QIAN M, PRASAD A, et al. Recent advances in grain refinement of light metals and alloys [J]. CurrOpin Solid St M, 2016, 20: 13-24.

[28] MEN H, FAN Z. Effects of solute content on grain refinement in an isothermal melt [J]. Acta Materialia, 2011, 59: 2704-2712.

[29] GRÖBNER J, KOZLOV A, FANG X Y, et al. Phase equilibria and transformations in ternary Mg-Gd-Zn alloys [J]. Acta Materialia, 2015, 90: 400-416.

[30] HAN J, SU X M, JIN Z H, et al. Basal-plane stacking-fault energies of Mg: A first principles study of Li-and Al-alloying effects [J]. Scripta Materialia, 2011, 64 (8): 693-696.

[31] PAN F, LUO S, TANG A, et al. Influence of stacking fault energy on formation of long period stacking ordered structures in Mg-Zn-Y-Zr alloys [J]. Progress in Natural Science: Materials International, 2011, 21 (6): 485-490.

[32] ZHANG D L, JIANG L, SCHOENUNG J M, et al. TEM study on relationship between stacking faults and non-basal dislocations in Mg [J]. Philos Mag, 2015, 34: 3823-3844.

[33] PAN F, LUO S, TANG A, et al. Influence of stacking fault energy on formation of long period stacking ordered structures in Mg-Zn-Y-Zr alloys [J]. Progress in Natural Science: Materials International, 2011, 21 (6): 485-490.

[34] TANG Y Z, ELAWADY J A. Formation and slip of pyramidal dislocations in hexagonal close-packed magnesium single crystals [J]. Acta Materialia, 2014, 71: 319-332.

[35] LIU W, MA Y B, ZHANG Y T, et al. Two dynamic recrystallization processes in a high-performance extruded $Mg_{94.5}Y_2Gd_1Zn_2Mn_{0.5}$ alloy [J]. Materials Science and Engineering A, 2017, 690: 132-136.

[36] LIU W, ZHANG J S, WEI L Y, et al. Extensive dynamic recrystallized grains at kink boundary of 14H LPSO phase in extruded $Mg_{92}Gd_2Zn_1Li_4$ alloy [J]. Materials Science and Engineering A, 2017, 681: 97-102.

[37] ZHOU X J, LIU C M, GAO Y H, et al. Microstructure and mechanical properties of extruded Mg-Gd-Y-Zn-Zr alloys filled with intragranular LPSO phases [J]. Materials Characterization, 2018, 135: 76-83.

[38] ZHOU X J, LIU C M, GAO Y H, et al. Improved workability and ductility of the Mg-Gd-Y-Zn-Zr alloy via enhanced kinking and dynamic recrystallization [J]. Journal of Alloys and Compounds, 2018, 749: 878-886.

[39] ZHOU X J, LIU C M, GAO Y H, et al. Hot compression behavior of the Mg-Gd-Y-Zn-Zr alloy filled with intragranular long-period stacking ordered phases [J]. Journal of Alloys and Compounds, 2017, 724: 528-536.

3 Mg-Y-Zn-Li 合金

3.1 引 言

Gd 属于重稀土元素且价格昂贵，因此 Gd 的引入会明显增加镁合金的成本，并导致 Mg-Gd-Zn 合金密度的增加和塑性的降低，所以有必要用密度和成本更低的稀土元素来代替 Gd，从而研发价格相对便宜的高性能 Mg-RE 系镁合金。Y 属于轻稀土元素且价格相对便宜、密度小，可以与 Mg 形成共晶化合物，具有显著的第二相强化效果，从而使得 Mg-Y-Zn 系镁合金备受关注[1-3]。

上一章研究了 Li 的添加对 $Mg_{96}Gd_3Zn_1$ 合金组织与性能的影响，尤其是分析了 Li 对 β-$(Mg,Zn)_3$Gd 共晶相的析出及其向 14H 转变的影响。而 Mg-Y-Zn 系合金中的 LPSO 包括了 18R 和 14H 两种。18R 是 Mg-Y-Zn 系镁合金凝固过程中沿着晶界逐渐形成的，而 14H 是在随后的热处理过程中从过饱和的 α-Mg 基体中析出或者是由 18R 转变而来的。18R 和 14H 的密排面、密堆积方向、密排层的层错类型以及溶质元素在结构中的有序富集状态等均基本相同，两者最大的区别是周期数不同，即单胞中包含的原子层数不同。

目前，关于 18R 向 14H 转变的现象已被许多研究者所证实。例如，Chen 等人[4] 的研究表明，铸态 Mg-1.2Zn-3.4Y-4.7Gd-0.5Zr 合金组织由 α-Mg 基体，$Mg_5(Gd,Zn,Y)$ 相和 18R 相组成。而经 400 ℃均匀化处理后，分别发生了 $Mg_5(Gd,Zn,Y)$ 向 14H 和 18R 向 14H 的转变。此外，Liu 等人[1] 分别对比了铸态 $Mg_{97}Y_2Zn_1$ 合金和挤压态 $Mg_{97}Y_2Zn_1$ 合金在 500 ℃下热处理过程中 18R 和 14H 的转变行为。研究结果表明，晶界处的 18R 在热处理过程中几乎不发生转变，而 14H 会先从 α-Mg 基体中析出随后又逐渐分解；在挤压合金中，晶界处的 18R 在热处理过程中逐渐被分解，而 α-Mg 基体中的 14H 相随热处理时间的延长而逐渐增多。尤其是，在退火时 18R 可以直接转变为 14H 相，该转变需要 18R 相中堆垛层错的形成和 Shockley 不全位错的协调运动，并且在发生原子层错排的 18R 处更易形成 14H。由此可见，18R 向 14H 的转变是一个复杂的过程，并且与 α-Mg 基体中溶质原子的分布以及位错密度密切相关。

$Mg_{94}Y_4Zn_2$ 合金属于典型的第二类含 LPSO 的 Mg-RE-Zn 系合金，其凝固组织主要包括 α-Mg 基体和晶界处的 18R，经热处理后会在基体内析出 14H。本章主要介绍 Li 的加入对 $Mg_{94}Y_4Zn_2$ 合金的凝固组织以及力学性能的影响，分析 Li 对 18R 和 14H 的影响。另外，通过热挤压变形制备出一种新的高强韧 $Mg_{89}Y_4Zn_2Li_5$ 合金，并讨论其高强韧性的原因。

3.2　Mg-Y-Zn-Li 合金制备

本章设计了五组不同 Li 含量的合金体系，分别为 $Mg_{94}Y_4Zn_2$、$Mg_{93}Y_4Zn_2Li_1$、$Mg_{89}Y_4Zn_2Li_5$、$Mg_{85}Y_4Zn_2Li_9$ 和 $Mg_{81}Y_4Zn_2Li_{13}$，各合金的实测成分如表 3-1 所示。熔炼所用原材料包括纯度为 99.99%（质量分数）的镁锭（Mg）、99.99%（质量分数）的钇（Y）、99.99%（质量分数）的锌（Zn）、99.99%（质量分数）的锂（Li）。其他辅助的化学药品有覆盖剂（KCl，$CaCl_2$，$BaCl_2$ 和 NaCl）和精炼剂（覆盖剂+CaF_2+YCl）。为防止浇铸模具和坩埚表面上的铁以及其他杂质影响合金溶液的纯净度，在熔炼前要进行保护涂料的涂刷。所用涂料为滑石粉、水玻璃和水的混合溶液。试验用坩埚的材质为 45 号钢，尺寸为 $\phi40$ mm×120 mm。浇铸模具材质为铸铁，内径尺寸为 $\phi40$ mm×150 mm，外径尺寸为 $\phi80$ mm×150 mm。

表 3-1　Mg-Y-Zn-Li 系合金的实测成分

合　金	实测成分（原子分数）/%			
	Y	Zn	Li	Mg
$Mg_{94}Y_4Zn_2$	3.97	2.04	0.00	93.99
$Mg_{93}Y_4Zn_2Li_1$	3.98	2.02	0.91	93.09
$Mg_{89}Y_4Zn_2Li_5$	3.98	1.99	4.95	89.08
$Mg_{85}Y_4Zn_2Li_9$	3.99	2.01	8.86	85.14
$Mg_{81}Y_4Zn_2Li_{13}$	3.98	2.02	12.88	81.12

首先，熔炼开始之前，先将原材料镁（Mg）、钇（Y）、锌（Zn）进行打磨以去除其表面的氧化层。因钇的熔点为 1522 ℃。所以，为了便于钇的充分熔化，需要将其钳碎。为避免氧化，锂（Li）表面通常覆盖一层煤油，所以在加入镁熔体前需将锂表面的煤油处理干净。除锂外，其他原材料和浇铸模具需在干燥箱内进行干燥和预热。同时，扒渣、搅拌等工具要提前放在电炉上烘烤。此外，将熔炼所用的坩埚放到电阻炉内，并随炉升温到 400 ℃。具体步骤为：（1）熔化镁锭。电阻炉温度升到 400 ℃时，将预热好的纯镁锭加入坩埚中，并在其表面上均匀撒上预热好的覆盖剂，同时开始向炉膛内通入 Ar_2 进行气体保护；此外，由于 Mg 和 Li 都是非常活泼的金属元素，高温下极易与空气中 O_2、N_2 和水蒸气反应。

所以，本实验采用盐类覆盖剂+Ar_2 保护的方法进行保护。当电阻炉温度升至 720 ℃时，开始恒温下保温 30 min，确保镁锭能够完全熔化。（2）加锌。待镁锭完全熔化后，打开炉盖进行扒渣，然后加入预热好的纯锌，均匀撒上覆盖剂后合上炉盖开始升温。（3）加稀土元素钇。当温度升至 780 ℃时，开炉扒渣，按照试验需要加入预热好的钇，搅拌后撒覆盖剂并合上炉盖，等炉温升到 780 ℃后保温 15 min。（4）加锂。在 780 ℃下保温 15 min 后，断开电源让电阻炉的温度降到 680 ℃时，加入擦净的锂，然后加覆盖剂，合上电源使电阻炉温度回升到 750 ℃。（5）精炼。炉温回升到 750 ℃时，扒掉熔液表面上的熔渣，并进行精炼。最后，均匀撒上覆盖剂后合上炉盖，待炉温回升至 750 ℃后保温 20 min。（6）浇铸。750 ℃下保温 20 min 后，扒渣后将镁合金熔体浇铸到预热好的模具（200 ℃）中，待模具温度自然冷却到室温后，将试样从模具中敲出就得到了铸态镁合金试棒。

其次，在氩气保护的条件下对 $Mg_{94}Y_4Zn_2$ 和 $Mg_{89}Y_4Zn_2Li_5$ 两组合金试棒进行了固溶处理。固溶处理之前，分别对铸态 $Mg_{94}Y_4Zn_2$ 和 $Mg_{89}Y_4Zn_2Li_5$ 合金试棒进行了差热分析，其结果如图 3-1 所示。从图中可以看出，在升温过程中，在两组合金的 DTA 曲线上均出现了两个吸热峰，如图中 A 和 B 以及 C 和 D 所示。其中，第一个吸热峰 A（560 ℃）和 C（545 ℃）对应合金中第二相熔化的吸热峰，其起点温度分别为 560 ℃ 和 545 ℃。第二个吸热峰 B（610 ℃）和 D（605 ℃）为 α-Mg 相的熔化吸热峰。综合上述分析结果，为了避免合金中第二相过烧，固溶温度定为 500 ℃。两种合金试样经固溶处理 35 h 后随炉冷却到室温。

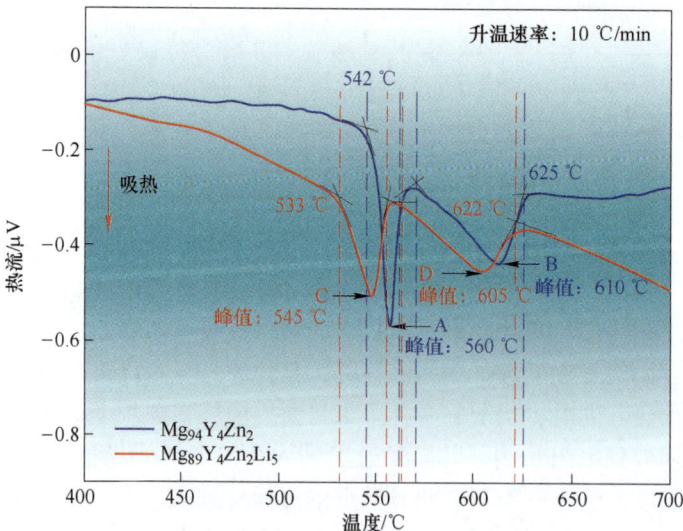

图 3-1　铸态 $Mg_{94}Y_4Zn_2$ 和 $Mg_{89}Y_4Zn_2Li_5$ 合金的 DSC 曲线

最后，对固溶 $Mg_{89}Y_4Zn_2Li_5$ 合金试棒进行了热挤压变形。在热挤压之前，试棒在 350 ℃下先保温 1 h，然后，在压力机上进行热挤压，挤压温度、挤压速度和挤压比分别为 350 ℃、1 mm/s 和 16:1。本章所选用的挤压机为国产立式挤压机，其挤压速度和挤压力均可控，最大挤压力为 300 t。挤压方式采用正挤压。挤压坯料直径为 40 mm，高度最大为 50 mm。挤压模具包括了挤压凹模、挤压垫片、挤压杆和挤压套。挤压前，将试棒放入热处理炉中进行预热，而挤压模具可在挤压机工作台上设有的保温炉中预热。试棒和挤压模具在挤压温度下保温 1 h 后，在设定好的挤压温度和挤压速度下进行挤压。自然条件下冷却到室温后就得到了挤压镁合金试棒。

3.3 Mg-Y-Zn-Li 合金组织

3.3.1 铸态合金组织

图 3-2 为五组铸态合金的 XRD 图谱。从图中可以看出，在铸态 $Mg_{94}Y_4Zn_2$ 合金中只标定出了 α-Mg 相和 LPSO 的衍射峰；在铸态 $Mg_{81}Y_4Zn_2Li_{13}$ 合金中只标定出了 α-Mg 相和 $(Mg,Zn)_{24}Y_5$ 共晶相的衍射峰；而在铸态 $Mg_{93}Y_4Zn_2Li_1$、$Mg_{89}Y_4Zn_2Li_5$ 和 $Mg_{85}Y_4Zn_2Li_9$ 合金中同时标定出了 α-Mg 相、LPSO 和 $(Mg,Zn)_{24}Y_5$ 共晶相三种相的衍射峰。与 $Mg_{96}Gd_3Zn_1$ 合金不同，$Mg_{94}Y_4Zn_2$ 合金的铸态组织组成随 Li 的添加发生了巨大的变化。此外，随着 Li 含量的不断增加，LPSO 分别在 $2\theta=33°$、$40°$、$44°$ 和 $62°$ 处的衍射峰的峰值逐渐降低，而 $(Mg,Zn)_{24}Y_5$ 共晶相分别在 $2\theta=22°$、$42°$ 和 $51°$ 处的衍射峰的峰值逐渐升高。由此可见，Li 的添加可以促进 $Mg_{94}Y_4Zn_2$ 合金中 $(Mg,Zn)_{24}Y_5$ 共晶相的形成而抑制 LPSO 的析出。

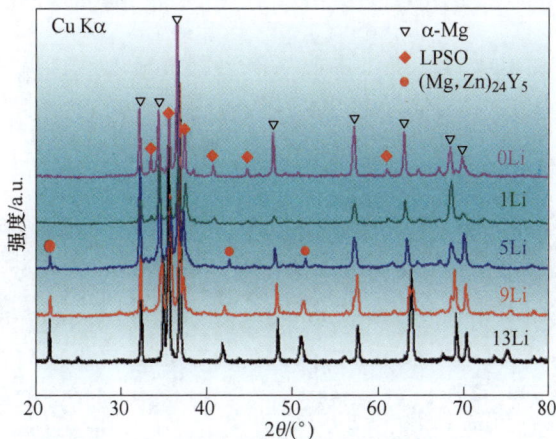

图 3-2 铸态 Mg-Y-Zn-Li 系合金的 XRD 图谱

　　图 3-3 和图 3-4 分别为五组铸态合金的光学显微组织和扫描显微组织照片。从图 3-3（a）和图 3-4（a）可以看出，铸态 $Mg_{94}Y_4Zn_2$ 合金主要由 α-Mg 基体和晶界处的块状第二相组成，并且晶界处的第二相互相连接并形成连续的网状。随着 Li 含量的不断增加，如图 3-3（b）~（d）和图 3-4（b）~（d）所示，一些长条状的第二相从晶界处析出，并与块状相相间分布。特别地，当 Li 含量达到 13%（原子分数）时，如图 3-3（e）和图 3-4（e）所示，铸态 $Mg_{81}Y_4Zn_2Li_{13}$ 合金的组织发生了巨大的变化。首先，晶界处并没有发现块状和长条状相。其次，一种新的鱼骨状相在晶界处析出。通过 XRD 图谱（见图 3-2）和对应相的扫描能谱 EDS 分析（表 3-2）可知，晶界处块状相为 LPSO，而长条状和鱼骨状相均为 $(Mg,Zn)_{24}Y_5$ 共晶相。

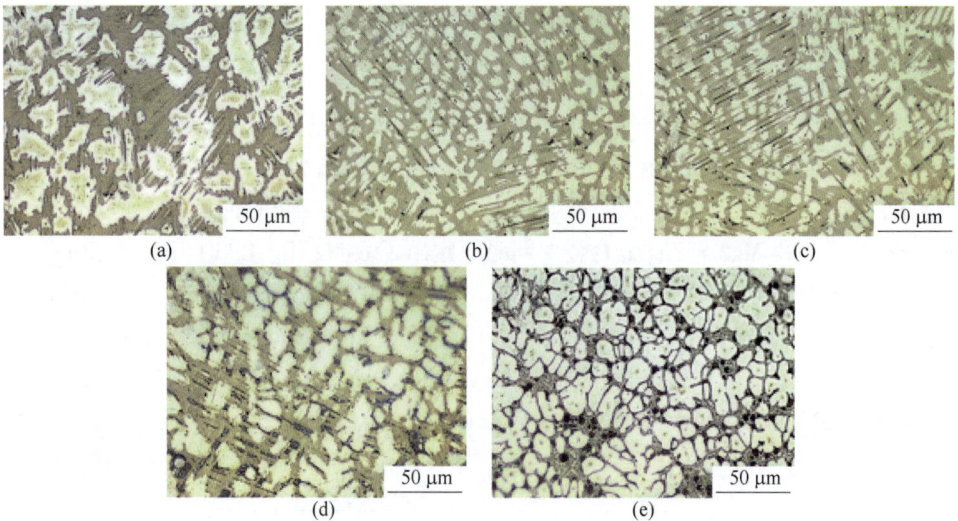

图 3-3　铸态 Mg-Y-Zn-Li 系合金的光学显微组织照片
（a）$Mg_{94}Y_4Zn_2$；（b）$Mg_{93}Y_4Zn_2Li_1$；（c）$Mg_{89}Y_4Zn_2Li_5$；
（d）$Mg_{85}Y_4Zn_2Li_9$；（e）$Mg_{81}Y_4Zn_2Li_{13}$

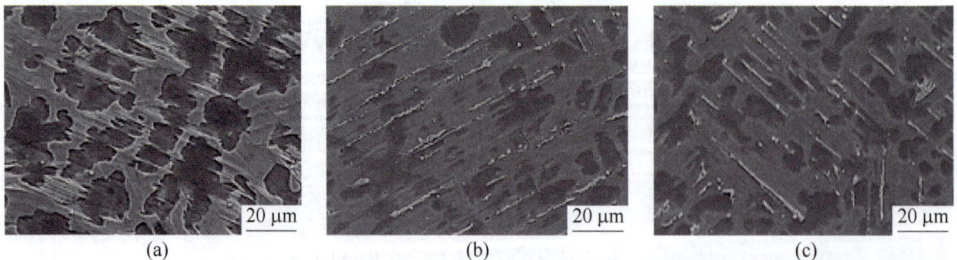

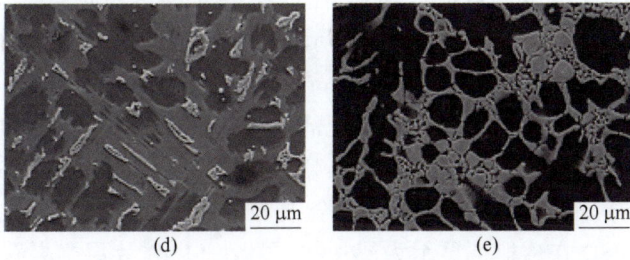

图 3-4 铸态 Mg-Y-Zn-Li 系合金的扫描显微组织照片

(a) Mg$_{94}$Y$_4$Zn$_2$; (b) Mg$_{93}$Y$_4$Zn$_2$Li$_1$; (c) Mg$_{89}$Y$_4$Zn$_2$Li$_5$; (d) Mg$_{85}$Y$_4$Zn$_2$Li$_9$; (e) Mg$_{81}$Y$_4$Zn$_2$Li$_{13}$

表 3-2 铸态 Mg-Y-Zn-Li 系合金中各相的扫描能谱分析结果

合金	相	Mg(原子分数)/%	Y(原子分数)/%	Zn(原子分数)/%
Mg$_{94}$Y$_4$Zn$_2$	α-Mg	97.9	1.3	0.8
	LPSO	86.9	6.7	6.4
Mg$_{93}$Y$_4$Zn$_2$Li$_1$	α-Mg	98.1	1.3	0.6
	LPSO	87.1	6.8	6.1
	(Mg,Zn)$_{24}$Y$_5$	73.8	12.8	13.4
Mg$_{89}$Y$_4$Zn$_2$Li$_5$	α-Mg	98.4	1.0	0.6
	LPSO	86.6	7.1	6.3
	(Mg,Zn)$_{24}$Y$_5$	74.8	13.7	11.5
Mg$_{85}$Y$_4$Zn$_2$Li$_9$	α-Mg	98.8	0.7	0.5
	LPSO	85.7	7.3	7.0
	(Mg,Zn)$_{24}$Y$_5$	72.9	13.4	13.7
Mg$_{81}$Y$_4$Zn$_2$Li$_{13}$	α-Mg	99.1	0.5	0.4
	(Mg,Zn)$_{24}$Y$_5$	72.0	14.8	13.2

(Mg,Zn)$_{24}$Y$_5$ 共晶相常出现在 Mg-Y-Zn 系合金中，其晶体结构为体心立方结构，晶格常数为 $a = 1.126$ nm。当 Mg-Y-Zn 三元合金中 Y 含量相对较高时，(Mg,Zn)$_{24}$Y$_5$ 相就会通过共晶反应形成并保留在合金的平衡凝固组织中。与 β-(Mg,Zn)$_3$Gd 共晶相相似，在 α-Mg 基体和 (Mg,Zn)$_{24}$Y$_5$ 共晶相的界面处也易造成微裂纹形核，从而降低了合金强度。所以，通常需要通过一定温度下的热处理将其转变为 LPSO 或者通过热挤压变形将其碎化成细小的颗粒状。Xu 等人[5]的研究显示，经过 510 ℃ 的均匀化处理，晶界处的共晶相发生了溶解，且 α-Mg 基体和 (Mg,Zn)$_{24}$Y$_5$ 共晶相之间形成了 LPSO 相，这是因为 α-Mg 基体与共晶相

的界面附近存在着较高密度的位错和 RE、Zn 原子的富集，从而有利于 LPSO 相的形成。此外，Jiang 等人[6] 的研究显示，铸态 Mg-10Zn-6.4Y-0.4Zr-0.5Ca 合金组织的共晶相均呈连续的网状分布于晶界处，其抗拉强度仅为 224 MPa。而经挤压变形后，晶界处网状的共晶相被碎化成极小的颗粒状，不仅有效避免了裂纹的扩展还极大地促进了动态再结晶形核，使其抗拉强度达到了 466 MPa。

图 3-5 （a）是铸态 $Mg_{94}Y_4Zn_2$ 合金中 LPSO 的透射明场像。从图中可以看到，块状的 LPSO 在透射下显示为层片状，且在 LPSO 片层中夹有纳米级厚度的 α-Mg 片层。图 3-5 （b）是其对应的电子衍射花样，入射电子束方向平行于 $\langle 11\bar{2}0 \rangle_{Mg}$。从图中可以看到，在 $(0001)_{\alpha\text{-Mg}}$ 和 $(0002)_{\alpha\text{-Mg}}$ 衍射斑点之间有五个明显的衍射斑点，且等距离地分布在 $\pm 1/6(0002)_{Mg}$，$\pm 2/6(0002)_{Mg}$，$\pm 3/6(0002)_{Mg}$，$\pm 4/6(0002)_{Mg}$ 和 $\pm 5/6(0002)_{Mg}$ 处。所以，通过 TEM 分析可以确定铸态 Mg-Y-Zn-Li 合金中的 LPSO 为 18R 结构。

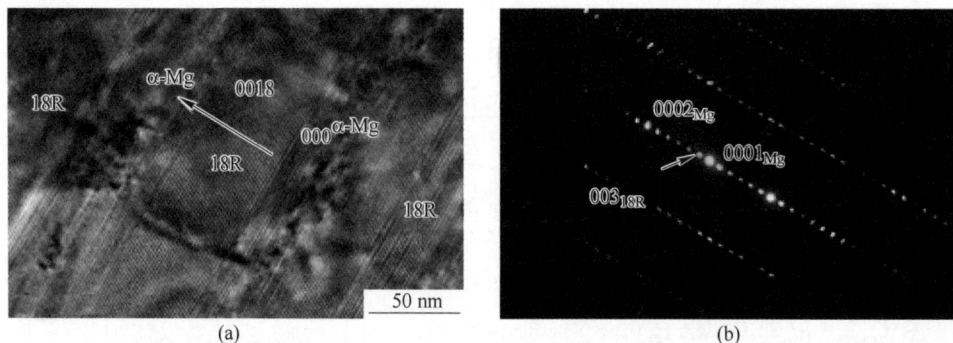

图 3-5   18R LPSO 的透射照片和对应的衍射花样
(a) 明场；(b) 选区衍射

图 3-6 为不同 Li 含量对 $Mg_{94}Y_4Zn_2$ 合金中 α-Mg 晶粒尺寸的影响。从图中可以看出，铸态 $Mg_{94}Y_4Zn_2$ 合金的 α-Mg 晶粒尺寸随 Li 含量的不断增加而呈先减小后增加的趋势。铸态 $Mg_{94}Y_4Zn_2$ 合金的 α-Mg 晶粒尺寸达到了 32 μm。当加入 1%（原子分数）Li 时，合金的 α-Mg 晶粒尺寸减小到 17 μm。当 Li 含量为 5%（原子分数）时，合金的 α-Mg 晶粒尺寸减小到了最小值 15 μm。而当继续增加 Li 含量时，合金的晶粒尺寸开始有所增加。当 Li 含量为 9%（原子分数）和 13%（原子分数）时，合金的晶粒尺寸分别增加到了 20 μm 和 22 μm。由此可知，适量 Li 的添加可以有效地细化 $Mg_{94}Y_4Zn_2$ 合金的 α-Mg 晶粒尺寸。从上一章的研究可知，Li 的生长抑制因子 Q 值为 2.03，容易造成固-液界面前沿处的成分过冷，而大的成分过冷不仅可以有效地促进新晶粒的形核还可以极大地抑制已有晶粒的长大，所以 Li 可以作为一种有效的 α-Mg 晶粒细化剂。

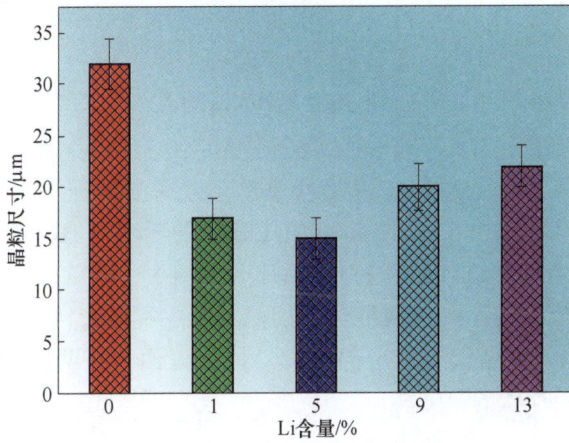

图 3-6　Mg-Y-Zn-Li 系合金的晶粒尺寸

　　图 3-7 是不同 Li 含量分别对 $Mg_{94}Y_4Zn_2$ 合金中 α-Mg 相、$(Mg,Zn)_{24}Y_5$ 共晶相以及 18R 面积分数的影响。值得注意的是，随着 Li 含量的不断增加，$(Mg,Zn)_{24}Y_5$ 共晶相的面积分数也不断增加。特别地，在铸态 $Mg_{94}Y_4Zn_2$ 合金中几乎不存在 $(Mg,Zn)_{24}Y_5$ 共晶相，而当加入 13%（原子分数）Li 时，铸态 $Mg_{81}Y_4Zn_2Li_{13}$ 合金中的 $(Mg,Zn)_{24}Y_5$ 共晶相面积分数达到了 42%。此外，随着 Li 含量的不断增加，18R 的面积分数呈先增加后减少的变化，且当 Li = 1%（原子分数）时达到最大值。因此可知，将 Li 加入 $Mg_{94}Y_4Zn_2$ 合金中，可以有效地促进 $(Mg,Zn)_{24}Y_5$ 共晶相的形成。相反地，添加少量的 Li 时可以促进 18R 的析出，而添加过量的 Li 时却严重抑制了 18R 的形成，该结果与 XRD 分析结果一致。

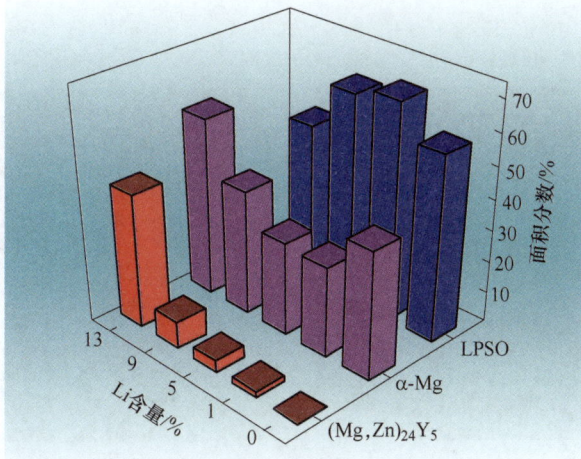

图 3-7　Mg-Y-Zn-Li 系合金中各相的面积分数

3.3.2　固溶态合金组织

图 3-8 为固溶态 $Mg_{94}Y_4Zn_2$ 和 $Mg_{89}Y_4Zn_2Li_5$ 合金的 XRD 图谱。从图中可以发现，经固溶处理后在 $Mg_{89}Y_4Zn_2Li_5$ 合金中标定出了 LPSO 的衍射峰，但未发现 $(Mg,Zn)_{24}Y_5$ 共晶相的衍射峰。由此可知，经过固溶处理后，在 $Mg_{89}Y_4Zn_2Li_5$ 合金中发生了 $(Mg,Zn)_{24}Y_5$ 共晶相向 LPSO 的转变。图 3-9 分别是固溶态 $Mg_{94}Y_4Zn_2$ 和 $Mg_{89}Y_4Zn_2Li_5$ 合金的扫描照片。由图 3-9 可知，一方面，经固溶处理后，块状的 18R 仍然存在于两种合金的晶界处，而 $Mg_{89}Y_4Zn_2Li_5$ 合金中的长条状 $(Mg,Zn)_{24}Y_5$ 共晶相几乎全部消失。另一方面，在两组固溶合金的 α-Mg 基体中均析出了层片状的第二相。

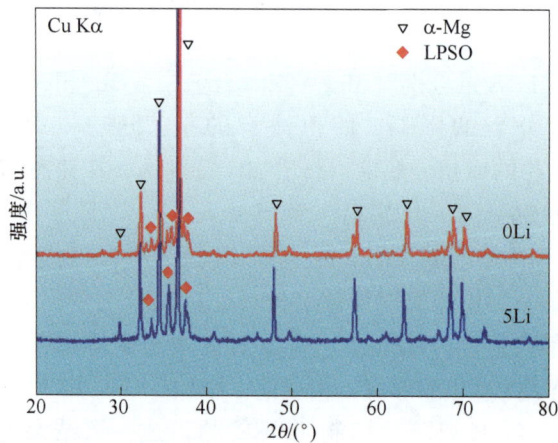

图 3-8　固溶态 $Mg_{94}Y_4Zn_2$ 和 $Mg_{89}Y_4Zn_2Li_5$ 合金的 XRD 图谱

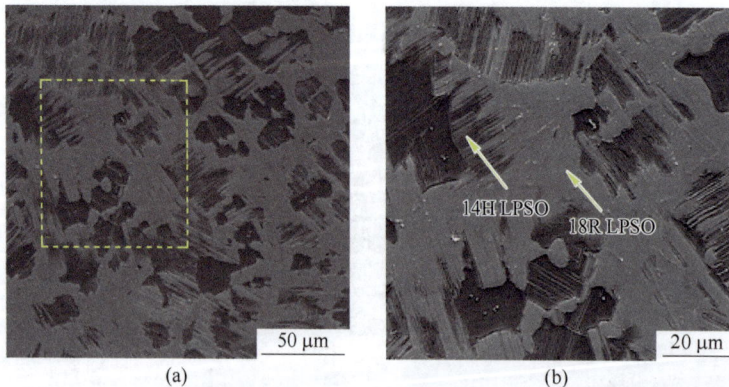

图 3-9

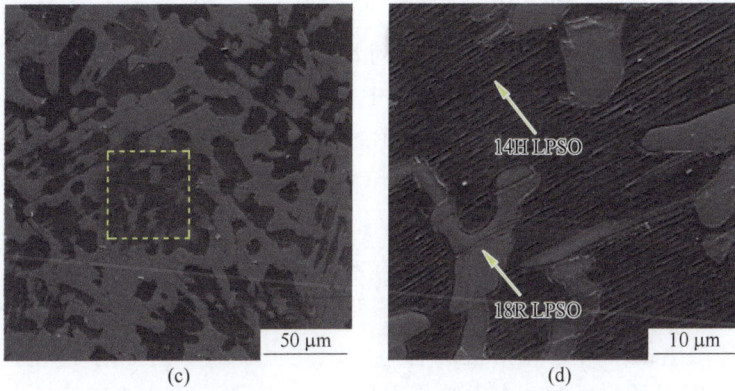

图 3-9 固溶态 $Mg_{94}Y_4Zn_2$ 和 $Mg_{89}Y_4Zn_2Li_5$ 合金的扫描照片

(a)(b)$Mg_{94}Y_4Zn_2$;(c)(d)$Mg_{89}Y_4Zn_2Li_5$

图 3-10(a)和(b)分别为两组固溶合金中层状相的透射照片以及对应的电子衍射花样,入射电子束方向平行于 $\langle 11\bar{2}0\rangle_{Mg}$。从图 3-10(b)和(d)中可以清楚地看到,在 $(0000)_{\alpha\text{-Mg}}$ 和 $(0002)_{\alpha\text{-Mg}}$ 衍射斑点中间有十三个明显的衍射斑点。因此可以确定,经固溶处理后,在两组固溶合金的 α-Mg 基体内析出的层

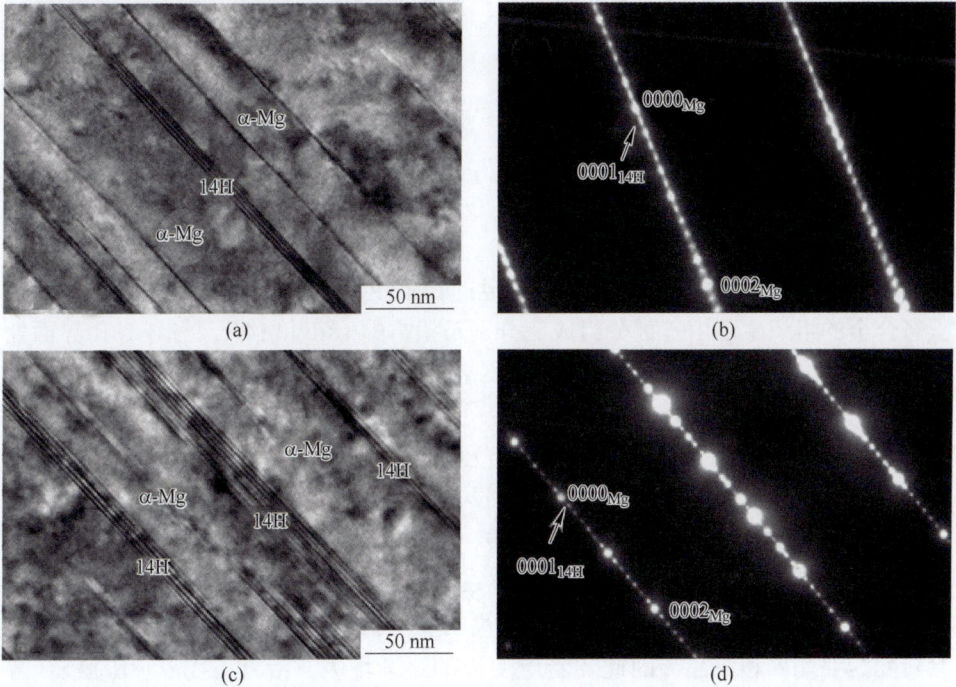

图 3-10 14H 相的透射照片和对应的电子衍射花样

(a)(b)固溶 $Mg_{94}Y_4Zn_2$ 合金;(c)(d)固溶 $Mg_{89}Y_4Zn_2Li_5$ 合金

片状第二相均为 14H。值得注意的是，在固溶态 $Mg_{94}Y_4Zn_2$ 合金中，层片状的 14H 的析出方式是沿着 18R LPSO 边界向 α-Mg 基体内部延伸生长，如图 3-9（b）所示。而在固溶态 $Mg_{89}Y_4Zn_2Li_5$ 合金中，基体内层片状的 14H 则是均匀地从 α-Mg 基体内部析出，如图 3-9（d）所示。由此可知，Li 的添加改变了基体内层片状 14H 的析出方式。

3.3.3　挤压态合金组织

图 3-11 分别为挤压态 $Mg_{89}Y_4Zn_2Li_5$ 合金垂直于挤压方向和平行于挤压方向上的光学显微组织照片。经挤压后合金组织发生了两个明显的变化，一方面在 α-Mg 基体内出现了明显的动态再结晶现象。另一方面，在垂直于挤压方向上 18R 发生了严重的扭折变形，而在平行于挤压方向上均呈拉长特征。

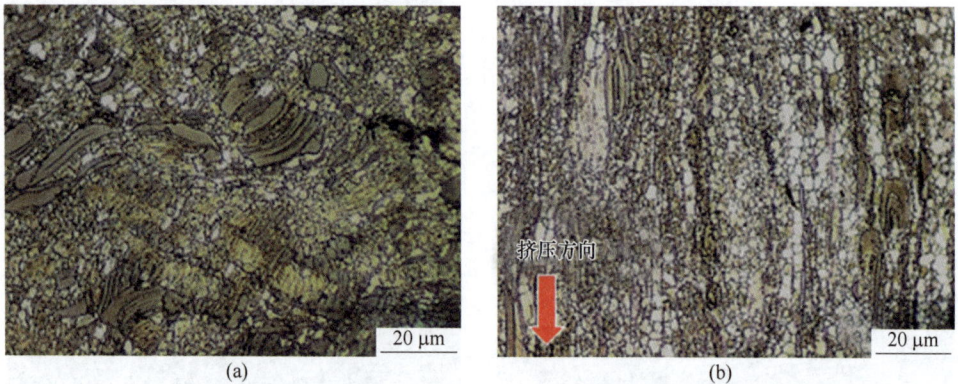

图 3-11　$Mg_{89}Y_4Zn_2Li_5$ 挤压合金的光学显微组织照片
（a）垂直于挤压方向；（b）平行于挤压方向

图 3-12 为挤压态 $Mg_{89}Y_4Zn_2Li_5$ 合金的扫描组织照片。从图中可以看出，挤压态合金的组织主要由三部分组成，分别是扭折的 18R 和 14H，沿着 18R 界面处的动态再结晶以及 14H 扭折中的动态再结晶。LPSO 扭折的产生可以吸收应变过程中产生的应力，从而提高合金的塑性[7]；而晶粒的细化可以有效地增加合金的强度和韧性[8]。另外，无论在垂直挤压方向上还是平行挤压方向上，18R 和 14H 均产生了严重的扭折变形。同时在 α-Mg/18R 界面处和 14H 扭折中均可以看到动态再结晶的产生。在热挤压过程中，随着挤压力的增大，位错运动逐渐启动，当位错运动遇到 18R 时，很容易在 α-Mg/18R 界面上产生局部的应力集中，进而导致位错的钉扎和重排，从而形成高密度位错，高密度位错具有很高的储能会转变为亚晶界和亚晶，因此随着应变力的逐渐增大，沿着 α-Mg/18R LPSO 界面将产生大量的亚晶界，这些亚晶界通过不断吸收位错而转变成大角度晶界，从而形成动态再结晶晶粒。

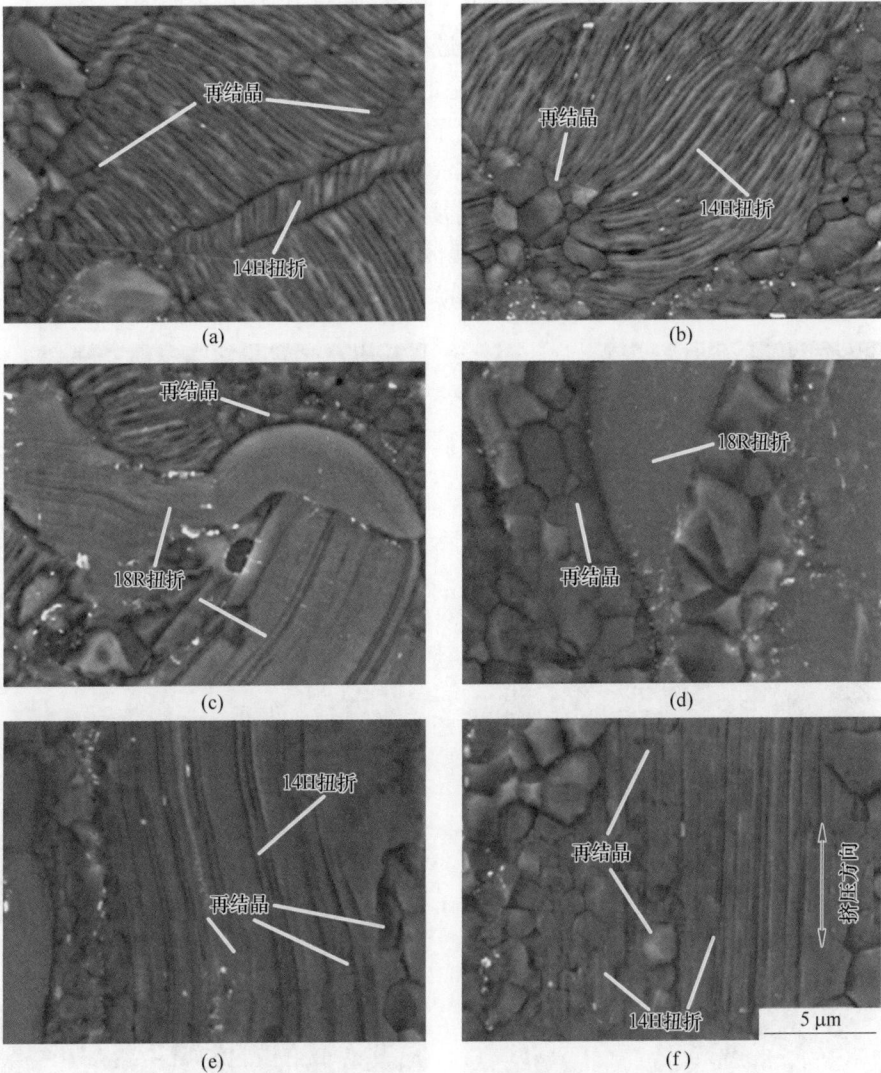

图 3-12 $Mg_{89}Y_4Zn_2Li_5$ 挤压合金扫描组织

(a)~(c) 垂直于挤压方向；(d)~(f) 平行于挤压方向

实际上，根据研究报道[9,10]，块状的 18R 在形成动态再结晶过程中有两个重要作用。一方面，由于在挤压过程中，18R 界面处容易产生应力集中，所以在该处很容易促成动态再结晶的形核。另一方面，随着挤压的进行，18R 会发生不同程度的断裂，而破裂的小块 18R 又可以有效地阻碍动态再结晶晶粒的长大，从而细化了动态再结晶晶粒。此外，基体内层状的 14H 能够抑制动态再结晶的长大，并且这种抑制作用要远大于 18R。而本试验的结果表明，发生扭折的层片状

14H 促进了动态再结晶的形成。根据上一章的研究，14H 扭折处的应力集中会使得位错在其扭折角处形核，并随挤压的进行而导致亚晶界和新晶界的形成。

图 3-13 为挤压态 $Mg_{89}Y_4Zn_2Li_5$ 合金的透射照片。从图 3-13（a）和（b）中可以看到，在 14H 发生扭折的同时产生了大量的位错塞积。镁合金变形是通过基面滑移实现的，在塑性变形过程中，当位错运动至 α-Mg/LPSO 界面处时，尽管 α-Mg 与 LPSO 的基面是平行的，但位错从基体穿越共格界面进入 LPSO 时会受到很大的阻力，从而塞积在界面处，使基体滑移受到抑制，如果基体要进一步变形，则只能通过开动非基面滑移系来实现，所以扭折引起的位错塞积会提高合金

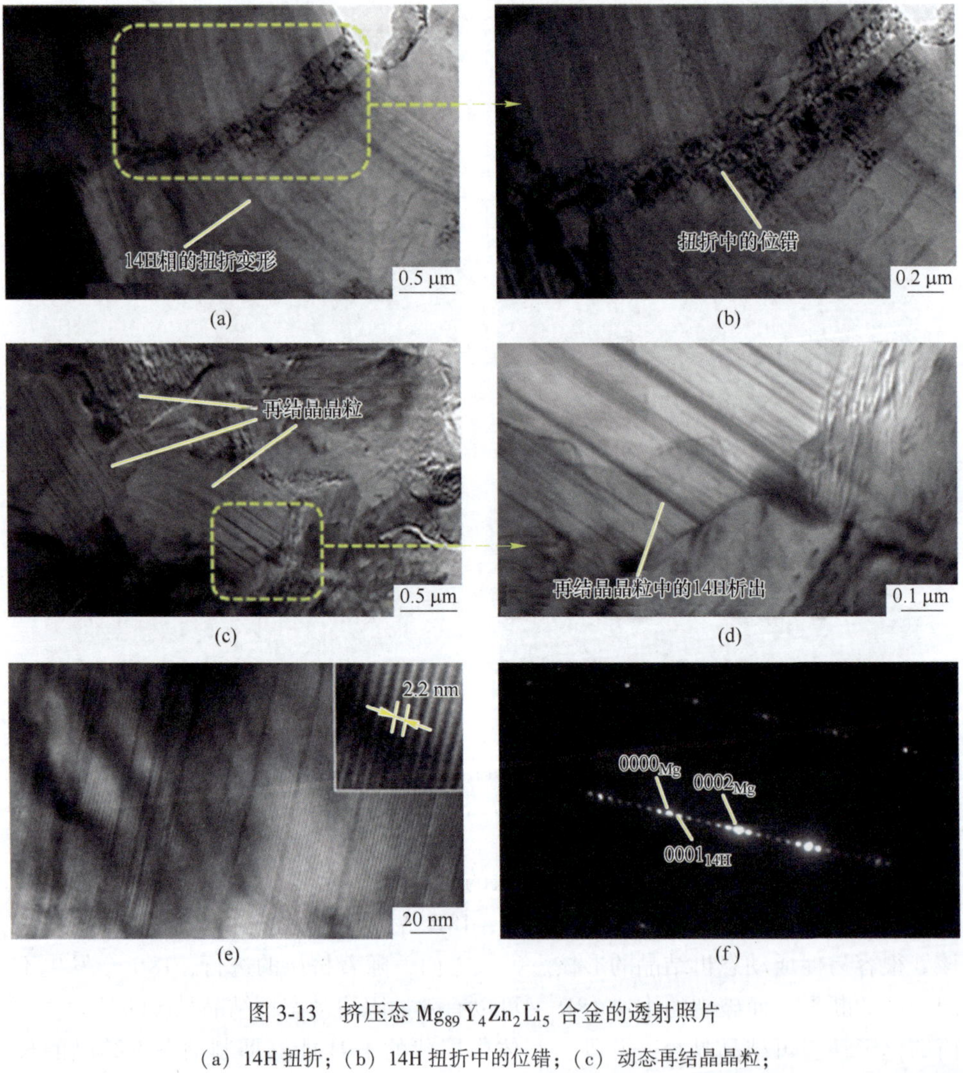

图 3-13　挤压态 $Mg_{89}Y_4Zn_2Li_5$ 合金的透射照片

（a）14H 扭折；（b）14H 扭折中的位错；（c）动态再结晶晶粒；

（d）再结晶晶粒中的 14H 析出；（e）14H 高分辨；（f）14H 选区衍射

强度[23]。图 3-13 (c) 显示了一个明显的动态再结晶区域，而在动态再结晶晶粒中发现了许多层片状析出相，通过进一步分析可知这些层片相为 14H，如图 3-13 (d)~(f) 所示。研究者们在 Mg-RE-Zn 挤压合金的动态再结晶晶粒中还发现了一系列的层状的动态析出相，这种动态析出行为被认为是变形镁合金中一种新的强化机制。例如，Leng 等人[11]发现在挤压态 Mg-(6,9)RY(复合稀土)-4Zn 合金的动态再结晶晶粒中析出了层状的 14H LPSO。Li 等人[12]指出在挤压态 $Mg_{96}Zn_1Y_3$ 合金的动态再结晶晶粒中的层状析出物是 18R 和 14H 的混合相。而根据 Zhang 等人[7]对挤压态 Mg-7Y-4Gd-1Zn 合金中动态再结晶晶粒的研究可知，宽度为 50~100 nm 的层状物为 14H 而宽度小于 10 nm 的层状物为层错。

3.4 Mg-Y-Zn-Li 合金力学性能

图 3-14 为 $Mg_{94-x}Y_4Zn_2Li_x$ (x = 0，1，5，9，13) 系列合金在室温下的拉伸测试曲线，其对应的抗拉强度和伸长率分别列于表 3-3。铸态 $Mg_{94}Y_4Zn_2$ 合金的抗拉强度、屈服强度和伸长率仅为 168 MPa、130 MPa 和 2%。虽然 LPSO 是一种有效的强化相，但铸态 $Mg_{94}Y_4Zn_2$ 合金中的 α-Mg 晶粒尺寸偏大并伴有较大的树枝晶出现，所以降低了合金的力学性能。随着 Li 含量的不断增加，铸态 $Mg_{93}Y_4Zn_2Li_1$ 合金和 $Mg_{89}Y_4Zn_2Li_5$ 合金的抗拉强度、屈服强度和伸长率也不断增加。特别是当 Li 含量为 5%（原子分数）时，铸态 $Mg_{89}Y_4Zn_2Li_5$ 合金的抗拉强度达到了 187 MPa，屈服强度达到了 155 MPa，伸长率为 3.1%。这是因为随着 Li 的加入，α-Mg 晶粒尺寸不断减小，并且 LPSO 的含量均比铸态 $Mg_{94}Y_4Zn_2$ 合金的要多。LPSO 和 α-Mg基体为共格界面关系，可以有效地阻碍微裂纹的形核与扩展，从而提高合金的强韧性。当继续增加 Li 含量时，铸态 $Mg_{85}Y_4Zn_2Li_9$ 合金和 $Mg_{81}Y_4Zn_2Li_{13}$ 合金的伸长率开始不断地降低。但是，铸态 $Mg_{85}Y_4Zn_2Li_9$ 合金的抗拉强度达到了最低的 152 MPa，铸态 $Mg_{81}Y_4Zn_2Li_{13}$ 的抗拉强度反而达到了最大的 200 MPa。这是因为 $(Mg,Zn)_{24}Y_5$ 共晶相是一种硬脆相，在铸态 $Mg_{85}Y_4Zn_2Li_9$ 合金中，$(Mg,Zn)_{24}Y_5$ 共晶相主要以条状形式分布于晶界处，在拉伸过程中微裂纹很容易在 $(Mg,Zn)_{24}Y_5$/α-Mg 界面处形核并扩展，从而导致该合金强度和塑性的降低。在 $Mg_{81}Y_4Zn_2Li_{13}$ 合金中，晶界处仅存在高硬的 $(Mg,Zn)_{24}Y_5$ 共晶相，并呈连续的网状分布，因此有利于合金强度的提高。经过 500 ℃ 固溶处理后，$Mg_{94}Y_4Zn_2$ 和 $Mg_{89}Y_4Zn_2Li_5$ 合金的抗拉强度和伸长率都得到了极大的提高。这主要是由于基体内 14H 的析出。

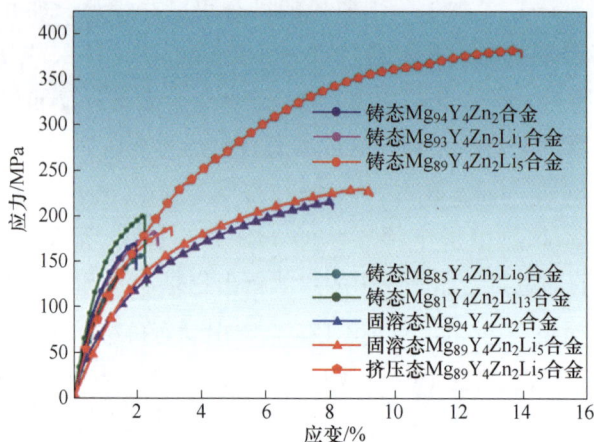

图 3-14　Mg-Y-Zn-Li 系合金的应力-应变曲线

表 3-3　Mg-Y-Zn-Li 系合金力学性能列表

合　　金	抗拉强度/MPa	屈服强度/MPa	伸长率/%
铸态 $Mg_{94}Y_4Zn_2$	168	130	2.0
铸态 $Mg_{93}Y_4Zn_2Li_1$	180	145	2.6
铸态 $Mg_{89}Y_4Zn_2Li_5$	187	155	3.1
铸态 $Mg_{85}Y_4Zn_2Li_9$	152	126	2.4
铸态 $Mg_{81}Y_4Zn_2Li_{13}$	200	160	2.2
固溶态 $Mg_{94}Y_4Zn_2$	210	162	8.2
固溶态 $Mg_{89}Y_4Zn_2Li_5$	225	175	9.5
挤压态 $Mg_{89}Y_4Zn_2Li_5$	382	310	14.0

　　经过热挤压变形后，$Mg_{89}Y_4Zn_2Li_5$ 合金的抗拉强度、屈服强度和伸长率分别增加到了 382 MPa、310 MPa 和 14%。其力学性能的提高主要归功于 18R 和 14H 扭折以及与之相关的两种动态再结晶和动态析出相。LPSO 相在塑性变形中发生的扭折变形不仅具有较高的热稳定性，还可以使合金在变形过程中避免发生过早的断裂，从而提高合金强度。图 3-15 为挤压合金的断口形貌。从图 3-15（a）中可以看到大量的动态再结晶晶粒，表明了挤压合金的断裂形式属于典型的沿晶断裂。细小的动态再结晶晶粒可以有效地促进合金的强韧性[13]。同时，断口处有大量的韧窝出现，表明合金韧性的提高。此外，如图 3-15（b）所示，裂纹的出现会阻碍合金韧性的进一步提高。如图 3-15（c）所示，块状的 18R（由图 3-15（d）EDS 分析结果可知）在拉升试验过程中会缓解与 α-Mg 之间产生的塑性变形，从而在一定程度上提高了合金的韧性。

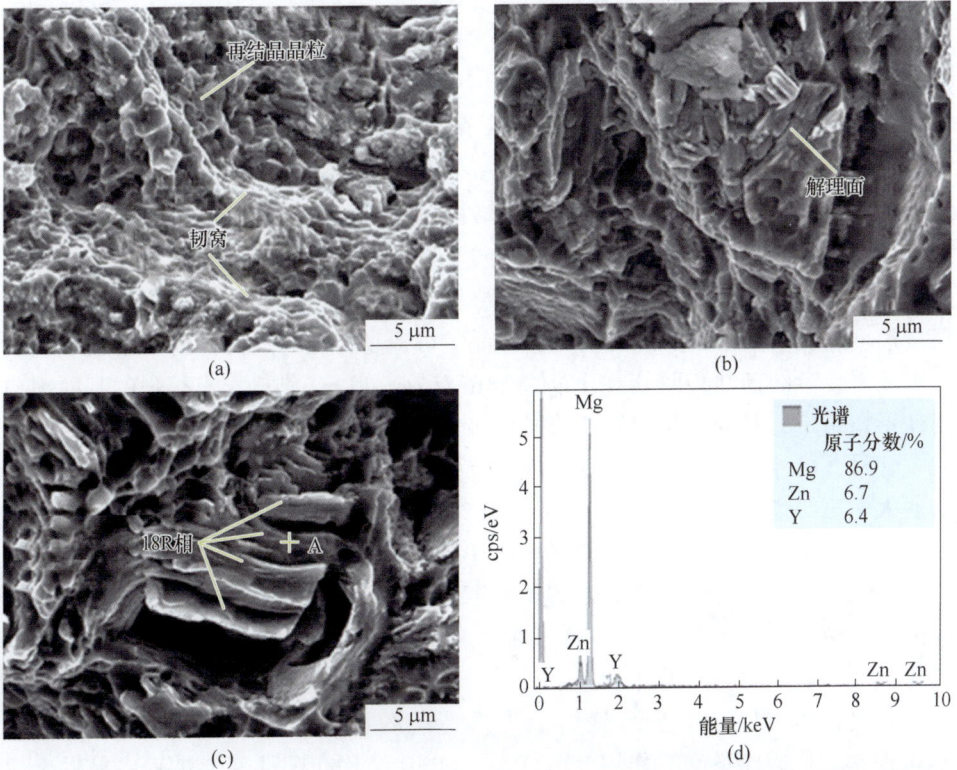

图 3-15　挤压 $Mg_{89}Y_4Zn_2Li_5$ 合金的断口分析结构

（a）~（c）不同区域的断口形貌；（d）EDS 结果

目前，除了热挤压变形，轧制、锻造、等通道转角挤压、高压扭转、多向锻造等塑性变形技术被广泛应用于 LPSO 结构增强 Mg-RE-Zn 系镁合金。如中国科学院长春应用化学研究所孟健教授[49]，上海交通大学王渠东、曾小勤、袁广银、吴玉娟等教授[50-52]，哈尔滨工业大学郑明毅、徐超等教授，日本长冈技术科学大学镰土重晴教授等人[53-55]通过传统铸造、固溶处理、时效处理、挤压与轧制变形等开发出高强韧耐热 Mg-Gd-Y-Zn-Zr 系列镁合金，其室温抗拉强度、屈服强度、伸长率高达 500 MPa、450 MPa 与 8%，300 ℃下的抗拉强度、屈服强度、断裂伸长率为 360 MPa、320 MPa 与 20%。他们指出，提高 Mg-Gd-Y-Zn-Zr 镁合金的强韧性，一方面需要通过塑性变形控制合金的再结晶比例、晶粒尺寸、织构和 LPSO 结构、γ' 相、β' 相等的动态析出；另一方面需要通过塑性变形和热处理控制 LPSO 结构、γ' 相、β' 相等动态析出相的形貌、含量、尺寸及分布。其次，等通道转角挤压、高压扭转、多向锻造等属于大塑性变形技术。如河海大学马爱斌、刘欢、孙甲鹏等教授[1,8,57]通过等通道转角挤压制备出新型超高强韧

Mg-Gd-Y-Zn-Zr系列镁合金，其抗压强度与压缩率分别达 500 MPa 和 15% 以上。他们发现，$Mg_{24}Y_5$ 颗粒强化、18R-LPSO 扭折强化、14H-LPSO 析出强化以及纳米细晶强化共同提高了该合金的强韧性。

近年来，在含 LPSO 结构 Mg-RE-Zn 合金中构建混晶结构来同时提高镁合金的强韧性备受关注。如日本熊本大学 Yamasaki、大阪大学 Hagihara 等教授[35]通过调节挤压工艺制备出了高强韧 $Mg_{97}Y_2Zn_1$（原子分数,%）合金，发现粗大的形变晶粒和细小的再结晶晶粒相间分布，拉长的纤维状 18R-LPSO 结构沿挤压方向排布，层片状 14H-LPSO 结构镶嵌在再结晶区域，共同构成了 MgY_2Zn_1 合金的多模多尺度组织。其中，强织构粗大变形晶粒可提高合金的强度，弱织构细小再结晶可改善合金的韧性，而分散分布的 18R 与 14H-LPSO 结构含有很强的基面织构与变形扭结带，对合金起到显著的强化作用。他们的研究表明，对 LPSO 结构形貌、含量、尺寸及分布的多尺度有效调控可以实现强度和韧性的协同提高。上海交通大学王峰华教授等[61]通过挤压、预变形制备出由 30~80 μm 粗晶与 1.8 μm 细晶构成的混晶结构 Mg-8Gd-3Y-0.5Zr（质量分数,%）镁合金，其屈服强度为 371 MPa，抗拉强度为 419 MPa，断裂伸长率为 15.9%。可见，通过 LPSO 结构诱导的混晶结构可以实现 α-Mg 基体形貌、含量、尺寸及分布的多尺度调控，从而获得强度和韧性的协同提升。

总之，Mg-RE-Zn 系变形镁合金力学性能的提升主要得益于 LPSO 结构与 α-Mg基体之间复杂的交互作用。一方面，LPSO 结构在塑性变形过程中易发生扭折、拉长、破碎、溶解、再析出等变形行为；另一方面，LPSO 结构的这些变形行为会引起 α-Mg/LPSO 界面处位错的产生、聚集、重组及消失，严重影响动态再结晶的形核、生长、分布及体积分数。对 LPSO 结构塑性演变和相关动态再结晶的有效调控，并能够充分利用 α-Mg/LPSO 界面结合性能，可为 LPSO 结构增强 Mg-RE-Zn 系镁合金的强韧性的同时带来新的契机。

3.5　Li 合金化效应

如上所述，Li 的添加可以促进 $(Mg,Zn)_{24}Y_5$ 共晶相的形成。而当加入少量 Li 时有益于 18R 的析出，但是过量的 Li 会抑制 18R 的形成。具体分析如下：

（1）Li 原子在 α-Mg 中的最大固溶度为 17%（原子分数），而 Y 和 Zn 原子在 α-Mg 中的最大固溶度分别为 3.4%（原子分数）和 3%（原子分数），并且其固溶度会随温度的降低而迅速降低。因此，当加入少量的 Li（<1%（原子分数））原子时，大量的 Y 和 Zn 原子会从 α-Mg 基体中析出，从而在位错上直接形核并形成 18R LPSO，而剩余的 Y 和 Zn 原子则以共晶相的形式沿着晶界析出。

（2）成分有序和层错是形成 18R 的两个必要条件。据研究表明[14]，Y 和 Zn

原子的加入可以有效地促成成分有序并降低层错能，进而有益于位错在 $(0001)_{\alpha\text{-Mg}}$ 面上形成；而 Li 的加入不利于位错的形成。其次，层错的形貌依赖于稳定的层错能。层错能与位错宽度呈相反的关系。根据 Han 等人的研究[15]，Mg-Li 的层错能为 46 MJ/m²，而 Mg 的层错能为 33 J/m²，由此可知，Li 的加入可以抑制层错的扩展。因此，当加入 Li 小于 1%（原子分数）时，Li 对层错的阻碍作用不明显。所以，大量的 Y 和 Zn 在 $(0001)_{\alpha\text{-Mg}}$ 面上聚集并促成 18R 的形成。当加入 Li 大于 1%（原子分数）时，层错的数量会明显减少，从而导致 18R 的形成受阻。使得大量的 Y 和 Zn 只能在晶界处聚集而形成 $(Mg,Zn)_{24}Y_5$ 共晶相。

（3）溶质原子的相互作用可以改变各自在 α-Mg 中的固溶度，过量的 Li 含量可以导致 Mg 晶格的转变，从而降低 Y 和 Zn 原子在 Mg 中的固溶度，从而导致 18R 的减少，进而促进 $(Mg,Zn)_{24}Y_5$ 共晶相的形成。

14H-LPSO 相是镁合金中的一种有效强化相。但是热加工往往会对 14H-LPSO 相的热力学稳定性产生严重影响，尤其是在热挤压过程中 14H-LPSO 相会发生动态溶解和再析出现象。动态再结晶可显著细化晶粒并能同时提高合金的强度和韧性，是一种有效的强化机制。因此，14H-LPSO 相对镁合金动态再结晶行为的影响得到了研究者们的广泛关注。目前，关于 14H-LPSO 相的凝固转变机制、固态相变机制、扩散转变机制得到了众多研究者的广泛认可，但热变形转变机制的研究还不完善。特别是 14H-LPSO 相的热挤压溶解与再析出规律等尚不明确。根据本章研究结果表明，在铸态 $Mg_{94}Y_4Zn_2$ 合金中，α-Mg 基体中的 14H 是通过 18R 直接转变而来，并沿着 18R 的界面相基体内部生长。然而，在铸态 $Mg_{93}Y_4Zn_2Li_1$ 中，14H 则是从过饱和的 α-Mg 基体中均匀析出的。为了更好地解释 Li 的添加对 α-Mg 基体中 14H 析出的影响，绘制了图 3-16 示意图。具体地，如图 3-16（a）所示，在 $Mg_{94}Y_4Zn_2$ 合金中，晶界处块状的 18R 可以充当领先相，从而促进了 14H 的结构有序。因为在 LPSO 的析出过程中，不仅需要化学有序还需要结构有序。同时，由于 LPSO（67 GPa）的杨氏模量大于 α-Mg 相（40 GPa）的杨氏模量，因此两相弹性模量的不匹配使得在 α-Mg/18R LPSO 界面处产生高密度的位错，进而形成层错[16]。引入层错是形成 LPSO 的又一重要条件。随着固溶处理时间的延长，如图 3-16（b）所示，溶质原子 Y 和 Zn 将从晶界处向 α-Mg 基体内扩散，如图中箭头所指方向。只要溶质原子扩散到层错上，并满足 LPSO 的成分有序，便会在 α-Mg/18R 界面处析出 14H，如图 3-16（c）所示，进而发生 18R 向 14H 的转变。18R 向 14H 的转变有两种解释。其一，18R 固相线温度（483 ℃）时发生 $18R(Mg_{10}YZn) \rightarrow 14H(Mg_{12}YZn) + W(Mg_3Y_2Zn_3) + Y(Mg,Zn)$ 的转变。另一种转变方式就是包析反应 $(Mg) + 18R \rightarrow 14H$。在 $Mg_{93}Y_4Zn_2Li_1$ 合金中，如图 3-16（d）所示，晶界处分布有块状的 18R 和条状的 $(Mg,Zn)_{24}Y_5$ 共晶相。由于 Li 在晶界处的偏聚，使得层错在 α-Mg/18R 界面处的形成严重受阻。而在

α-Mg基体中由于 Li 的阻碍作用使得某些区域内形成层错，而在某些区域内层错缺失。随着固溶处理的继续，如图 3-16（e）和（f）所示，尽管经高温固溶处理时会在 α-Mg 基体中存在溶质扩散，但是 14H 仅在 α-Mg 基体内层错的富集区析出，而在 α-Mg/18R 界面处的析出受阻。

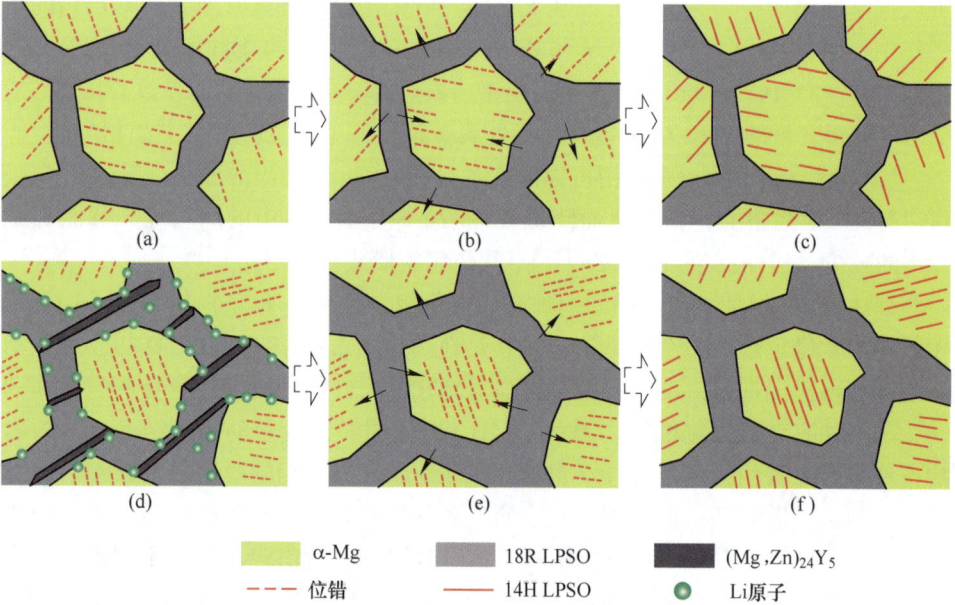

🟩 α-Mg	⬜ 18R LPSO	⬛ $(Mg,Zn)_{24}Y_5$
- - - 位错	—— 14H LPSO	◉ Li原子

图 3-16　固溶 $Mg_{94}Y_4Zn_2$ 和 $Mg_{93}Y_4Zn_2Li_1$ 合金中 14H 的析出示意图

（a）~（c）$Mg_{94}Y_4Zn_2$ 合金；（d）~（f）$Mg_{93}Y_4Zn_2Li_1$ 合金

能源高效利用和环境保护是当今世界的主题。随着汽车、轨道交通、航空航天、军工等领域对轻量化和高燃料效率需求的不断提高，制备与开发新型高强高韧耐热镁合金正在引起国内外材料界的高度重视。随着金属材料消耗量的急剧上升和科学技术的快速发展、大规模生产工艺的出现和广泛使用，地球表壳的资源日趋贫化，而镁是地球上储量最丰富的轻金属元素之一，可谓取之不尽，在很多传统金属矿产趋于匮竭的今天，加快开发镁及镁合金对保持社会可持续发展具有重要的战略意义。目前，国内外对 14H-LPSO 相的形成机制、14H-LPSO 相对动态再结晶的影响及其主导的再结晶机制、14H-LPSO 相热挤压演变规律及其主导的强韧化机制等有了一定的认识，取得了一定的成果[17-39]。

3.5.1　14H-LPSO 相的形成机制

朱玉满等人[25,26]率先利用高角环形暗场扫描透射技术（HAADF-STEM）对 Mg-Y-Zn 合金中的 14H-LPSO 相进行了全面的解析，认为 14H-LPSO 相是通过台阶生长增值机制形成的。随后，国内外研究者对 14H-LPSO 相的形成机制开展了广泛的研究。主要包括：

（1）凝固转变机制。曾小勤教授等人[27]发现在 Mg-Gd-Zn-Zr 合金凝固过程中可直接得到 14H-LPSO 相，并认为这是由于 Gd 和 Zn 元素在凝固过程中发生调制分解、产生晶格错排从而形成堆垛层错，同时晶面间距周期性交替及 RE 和 Zn 元素的有序排列促使成分和堆垛有序化，最终形成 14H-LPSO 相。

（2）固态相变机制。刘欢教授等人[28]认为 14H-LPSO 相是在热处理过程中通过剪切应变能的降低由合金（如 Mg-Y-Zn 系合金）中的 18R-LPSO 相转变而来。丁文江院士等人[29]认为 14H-LPSO 相是由合金中（Mg-Gd-Zn 系合金）的共晶相转变生成，如 $(Mg,Zn)_3Gd$ 共晶相在热处理时会逐渐转变为 14H-LPSO 相，其析出序列为：$SSSS(hcp) \rightarrow \beta''(D019) \rightarrow \beta'(bco) \rightarrow \beta1(fcc) \rightarrow 14H\text{-}LPSO$。

（3）扩散转变机制。张金山教授等人[30]认为 14H-LPSO 相是在热处理过程中通过溶质原子向堆垛层错中扩散并在过饱和的 α-Mg 固溶体中均匀析出。

（4）热变形转变机制。Abe 等人[31]在热加工时发现外加应力会促使 α-Mg 基体中产生大量基面层错以及位错、晶界、相界等缺陷，可以为 14H-LPSO 相的析出提供有利的形核位点。

3.5.2 14H-LPSO 相对动态再结晶行为的影响及其主导的再结晶机制

Shao[4]、刘欢[1]、徐超[5]、Zhou[21]等教授发现 14H-LPSO 相在挤压力的作用下发生扭折或被挤碎时会有效地激发动态再结晶的形成。吴玉娟教授[29]发现 14H-LPSO 相在热挤压过程中发生溶解时会极大地促进动态再结晶的产生。同时，在再结晶内部会重新析出大量精细 LPSO 相[14]。这种再结晶晶粒中的精细 LPSO 析出相可以显著阻碍位错扩展与晶界迁移，被认为是一种新的强化机制[15]。吕滨江教授[17]在对 Mg-2Zn-0.3Zr-5.8Y 合金进行低温低应变速率压缩时发现 14H-LPSO 相会严重阻碍动态再结晶的形核，并提出了修正的动态再结晶动力学模型，认为该合金的动态再结晶机制主要是以基体内连续的动态再结晶为主，并伴随有原始晶界处少量的不连续动态再结晶。刘欢教授等人[19]在对 $Mg_{97}Y_2Zn_1$ 合金进行等通道转角挤压时发现，14H-LPSO 相在挤压力的作用下会发生严重扭折并且逐渐被挤碎，而挤碎的细小 14H-LPSO 相会通过粒子激发成核机制（particle stimulated nucleation，PSN）激发动态再结晶的形核。而研究者在对 $Mg_{94.5}Y_2Gd_1Zn_2Mn_{0.5}$ 合金[32]和 $Mg_{89}Y_4Zn_2Li_5$ 合金[23]进行热挤压时发现 14H-LPSO 相扭折带边界对再结晶形核起关键作用，并提出扭折带边界激发的连续动态再结晶机制。此外，14H-LPSO 相在大挤压力作用下会发生部分甚至全部溶解，且 14H-LPSO 相的溶解会激发大量的动态再结晶晶粒[22,23]。同时，在再结晶晶粒内部析出的精细 LPSO 相会阻碍新晶界的迁移。

3.5.3　14H-LPSO 相热挤压演变规律及其主导的强韧化机制

首先，14H-LPSO 相与 α-Mg 基体之间存在密排面平行的位向关系，镁合金变形主要通过基面滑移来实现，当位错运动到两者界面时，虽然他们的基面是平行的，但位错从基体进入到 14H-LPSO 相时会产生层错，并受到很大的阻力，所以位错只能塞积在界面处，基面滑移受到抑制，基体要想进一步变形，必须开动非基面滑移，从而产生强化效果[33]。另外，14H-LPSO 相在热挤压过程中的演变模式主要包括扭折、碎化、溶解以及再析出。其中，扭折（deformation kink）是 LPSO 相最常见的一种变形机制，它是由晶格的转动而引起的[34]。Yamasaki 等人[35]将 LPSO 相扭折分为三类，即基面 $\langle a \rangle$ 滑移沿密排方向移动形成的 $\langle 1\bar{1}00 \rangle$ 和 $\langle 0\bar{1}10 \rangle$ 旋转型扭折，柱面 $\langle a \rangle$ 滑移模式转动形成的 $\langle 0001 \rangle$ 旋转型扭折，联合基面 $\langle a \rangle$ 滑移形成的 $\langle 1\bar{2}10 \rangle$ 旋转型扭折。Hagihara 等人[36]首次提出"扭折强化"机制，认为扭折带边界可有效阻碍位错的运动。在一些大挤压比或大塑性变形过程中，严重扭折的 14H-LPSO 相会被挤碎成细小的短杆状，从而起到很好的"纤维强化"和"体积强化"效果[37]。最近发现，14H-LPSO 相在热挤压过程中发生的动态溶解和再析出行为可以起到很好的"细晶强化""析出强化""合金元素强化"等作用[38,39]。

LPSO 结构增强 Mg-RE-Zn 系镁合金的力学性能由 α-Mg 基体和 LPSO 结构自身属性及其结构参数决定，LPSO 结构参数包括形貌、含量、尺寸及分布[40]。基于多尺度构型理念，对典型 LPSO 结构增强 Mg-Y-Zn 合金进行 Li 合金化处理以期达到优化初始 α-Mg 基体和调控初生 18R、14H-LPSO 结构形貌、含量、尺寸及分布，并提高合金可塑性的目的。在此基础上，通过塑性变形调控获得"微米级晶界 18R-LPSO 结构+纳米级晶内 14H-LPSO 结构+粗大变形晶粒/细小再结晶混晶结构"多模多尺度非均质组织，利用各组元本征性能的基础上，开启组元间的协同响应机制，通过组元之间性能"取长补短"，能够实现 Mg-Y-Zn-Li 合金强度和韧性的协同提升。

Li 对 Mg-RE-Zn 系镁合金实现轻量化、超塑性与组织优化意义重大[41]。首先，Li 是最轻的金属元素，密度仅为 0.53 g/cm^3，是生产超轻镁合金的必备元素[42]。其次，Li 可使镁合金发生密排六方晶体向体心立方晶体的转变，使镁合金更容易发生晶面滑移，塑性得到提高[43]。如上海交通大学丁文江院士等[44]制备的 Mg-8Li-3Al-2Zn-0.5Y（质量分数，%）镁合金断裂伸长率高达 41%。另外，Li 是有效的晶粒细化剂，能够引起固-液界面前沿成分过冷，促进新晶粒形核并抑制已有晶粒长大，可实现粗大树枝晶向细小等轴晶的转变[45]。最后，Li 含量对 LPSO 结构的形成有很大的影响。如，中国科学院长春应用化学研究所王立民研究员等人[46]首次将 LPSO 结构引入到 Mg-Li 合金中。他们发现，当 Li 含量小于 5.7%（质量分数）时，合金由密排六方 α-Mg 单相组成，此时可通过添加适量的 RE 和 Zn，在合金凝固组织中可直接形成 18R-LPSO 结构；当 Li 含量在 5.7%～10.3%（质量分数）之间时，合金由密排六方 α-Mg 和体心立方 β-Mg 双相组成，这种晶体结构上的改变会阻碍 LPSO 结构产生。随后，哈尔滨工程大学张景怀教授等人[47,48]发现，Mg-8Li-6Y-2Zn（质量分数,%）镁合金在 500 ℃ 热处理 6 h 后可在晶界处析出板条状 18R-LPSO 结构，从而在双相 Mg-Li 合金中引入了 LPSO 结构。对 $Mg_{94}Y_4Zn_2$（原子分数,%）镁合金进行 Li 合金化研究时发现，当 Li 含量小于 1%（原子分数）时有益于块状 18R-LPSO 结构的析出，而当 Li 含量大于 1%（原子分数）时会严重阻碍 18R-LPSO 结构的产生。此外，对 $Mg_{89}Y_4Zn_2Li_5$（原子分数,%）镁合金进行固溶处理后首次在 α-Mg 基体内发现层片状 14H-LPSO 结构，且 Li 在晶界处的偏聚会改变 14H-LPSO 结构的析出方式，使其由 18R-LPSO 结构转变而来变成从过饱和的 α-Mg 基体中均匀析出。可见，通过微量 Li 的加入就能实现对初生 18R、14H-LPSO 结构形貌、含量、尺寸及分布的有效调控。

开发屈服强度大于 450 MPa，伸长率大于 10% 的高强韧镁合金，对推动镁合金在航天航空、军工等领域的应用具有重要意义。近年来，挤压、轧制、锻造、等通道转角挤压、高压扭转、多向锻造等塑性变形技术被广泛应用于 LPSO 结构增强 Mg-RE-Zn 系镁合金，成功制备出一系列高强韧耐热镁合金（见表 3-4）[49-60]。首先，挤压、轧制和锻造属于常规塑性变形技术。如，日本东北大学 Kawamura 等教授[31]通过快速凝固/粉末冶金与热挤压首次制备出具有 LPSO 结构的 $Mg_{97}Y_2Zn_1$（原子分数,%）镁合金，其室温屈服强度和断裂伸长率达到了 610 MPa 和 5%，这是目前已报道的强度最高的镁合金。该合金如此高的强度主要原因为：一是快速凝固和挤压导致合金的晶粒尺寸达到纳米级，产生了显著的细晶强化效果；二是在挤压力作用下 LPSO 结构呈细小弥散分布析出，产生了极大的弥散强化效果。然而，采用快速凝固/粉末冶金成本太高不能开发出商用镁合金。如，中国科学院长春应用化学研究所孟健教授[49]，上海交通大学王渠东、曾小勤、袁广银、吴玉娟等教授[50-52]，哈尔滨工业大学郑明毅、徐超等教授，日本长冈技术科学大学镰土重晴教授等人[53-55]通过传统铸造、固溶处理、时效处理、挤压与轧制变形等开发出高强韧耐热 Mg-Gd-Y-Zn-Zr 系列镁合金，其室温抗拉强度、屈服强度、伸长率高达 500 MPa、450 MPa 与 8%，300 ℃ 的抗拉强度、屈服强度、断裂伸长率为 360 MPa、320 MPa 与 20%。他们指出，提高 Mg-Gd-Y-Zn-Zr 镁合金的强韧性，一方面需要通过塑性变形控制合金的再结晶比例、晶粒尺寸、织构和 LPSO 结构、γ′、β′相等的动态析出；另一方面需要通过塑性变形和热处理控制 LPSO 结构、γ′、β′等动态析出相的形貌、含量、尺寸及分布。其次，等通道转角挤压、高压扭转、多向锻造等属于大塑性变形技术。

如，河海大学马爱斌、刘欢、孙甲鹏等教授[56-58]通过等通道转角挤压制备出新型超高强韧 Mg-Gd-Y-Zn-Zr 系列镁合金，其抗压强度与压缩率分别达 500 MPa 和 15% 以上。他们发现，$Mg_{24}Y_5$ 颗粒强化、18R-LPSO 扭折强化、14H-LPSO 析出强化以及纳米细晶强化共同提高了该合金的强韧性。然而，大塑性变形技术虽然可通过引入亚微米、纳米超细晶获得超高强度镁合金，但其工艺相较常规塑性变形更复杂，成本更高，且制备的样品尺寸往往较小，从而限制了其工业应用。本章采用常规铸造和低速、大挤压比塑性变形制备出了新型高强韧 Mg-Y-Zn-Li 系列挤压镁合金，达到了大塑性变形的效果[59,60]。经热挤压后，Mg-Y-Zn-Li 镁合金中 18R-LPSO 结构的细化和 14H-LPSO 结构的动态溶解-再析出会不同程度地激发 α-Mg 基体内动态再结晶的析出，易形成由"晶界微米 18R-LPSO 颗粒+晶内纳米 14H-LPSO 片层+粗大变形晶粒/细小再结晶混晶结构"构成的多模多尺度非均质组织。其中，18R-LPSO 微米颗粒可以起到显著的纤维强化效果，14H-LPSO 纳米层片可以起到有效的析出强化效果，强基面织构粗大变形晶粒区"硬"层与弱织构细小再结晶晶粒区"软"层组成的"硬-软"复合层片混晶结构可以起到明显的非均质结构变形诱导力强韧化效果，从而使 Mg-Y-Zn-Li 系列镁合金表现出较高的综合力学性能。

表 3-4　高强韧 Mg-RE-Zn 系镁合金的室温力学性能[49-61]

镁 合 金	塑性变形技术	抗拉/抗压强度/MPa	拉伸/压缩屈服强度/MPa	伸长率/压缩率/%
$Mg_{97}Y_2Zn_1$（质量分数,%）	挤压	628	610	5.0
Mg-9.7Gd-5.8Y-1.6Zn-0.3Zr（质量分数,%）	挤压	483	405	11.2
Mg-8.2Gd-3.8Y-1Zn-0.4Zr（质量分数,%）	挤压	520	462	10.6
Mg-2Y-8Zn（质量分数,%）	挤压	418	404	12.0
Mg-1.5Y-8.3Zn（质量分数,%）	挤压	425	410	12.0
$Mg_{89}Y_4Zn_2Li_5$（原子分数,%）	挤压	632（抗压）	430	20.2
Mg-7Y-4Gd-1.5Zn-0.4Zr（质量分数,%）	挤压+轧制	505	416	12.8
Mg-8.2Gd-3.8Y-1Zn-0.4Zr（质量分数,%）	挤压+锻造	434	417	12.9
$Mg_{97}Y_2Zn_1$（原子分数,%）	等通道转角挤压	570	550	12.0
$Mg_{94}Y_4Zn_2$（原子分数,%）	等通道转角挤压	611（抗压）	—	20.1

镁 合 金	塑性变形技术	抗拉/抗压强度/MPa	拉伸/压缩屈服强度/MPa	伸长率/压缩率/%
Mg-10Gd-2Y-1.5Zn-0.5Zr（质量分数,%）	等通道转角挤压	518（抗压）	263	21.6
Mg-10Gd-4Y-1.5Zn-0.5Zr（质量分数,%）	等通道转角挤压	548.2（抗压）	300	19.1
Mg-10Gd-6Y-1.5Zn-0.5Zr（质量分数,%）	等通道转角挤压	537（抗压）	361	17.0

3.6 本 章 小 结

通过研究 Li 对 $Mg_{94}Y_4Zn_2$ 合金组织与性能的影响，阐明了 Li 对 $(Mg,Zn)_{24}Y_5$ 共晶相、18R 和 14H 的影响。同时，研究了挤压合金组织与性能的变化，并探讨了挤压合金的强化机制。主要结论如下：

（1）铸态 $Mg_{94}Y_4Zn_2$ 合金由 α-Mg 基体和晶界处的 18R 组成。随着 Li 的加入，α-Mg 相的晶粒尺寸先减小后增大，且铸态 $Mg_{89}Y_4Zn_2Li_5$ 合金的晶粒尺寸达到了最小的 15 μm。此外，随着 Li 的加入，晶界处产生了 $(Mg,Zn)_{24}Y_5$ 共晶相，且共晶相的含量随 Li 含量的增加而不断增加。当添加 1%（原子分数）的 Li 时促进了 18R LPSO 的析出，而当 Li 含量大于 1%（原子分数）时将严重阻碍 18R 的形成。铸态 $Mg_{89}Y_4Zn_2Li_5$ 合金的抗拉强度、屈服强度和伸长率与铸态 $Mg_{94}Y_4Zn_2$ 合金相比分别增加了 7.1%、11.5%和 30.0%。

（2）经固溶处理后，从 $Mg_{94}Y_4Zn_2$ 和 $Mg_{89}Y_4Zn_2Li_5$ 两种合金的 α-Mg 基体中均析出了层片状的 14H。但是 Li 的添加改变了 14H 的析出方式，$Mg_{94}Y_4Zn_2$ 合金中的 14H 是直接由晶界处的 18R 转变而来，而 $Mg_{89}Y_4Zn_2Li_5$ 合金中的 14H 是从过饱和的 α-Mg 基体中析出。此外，在固溶态 $Mg_{89}Y_4Zn_2Li_5$ 合金中发生了 $(Mg,Zn)_{24}Y_5$ 共晶相向 18R 的转变。由于 14H 和 18R 的形成，使得固溶态 $Mg_{94}Y_4Zn_2$ 合金的抗拉强度、屈服强度和伸长率分别达到了 210 MPa、162 MPa 和 8.2%，而固溶态 $Mg_{89}Y_4Zn_2Li_5$ 合金的抗拉强度、屈服强度和伸长率分别达到了 225 MPa、175 MPa 和 9.5%。

（3）经热挤压变形后，$Mg_{89}Y_4Zn_2Li_5$ 合金中的 18R 和 14H 均发生了一定程度的扭折，同时在 α-Mg/18R 界面处和 14H 扭折中产生了明显的动态再结晶现象。挤压态 $Mg_{89}Y_4Zn_2Li_5$ 合金的抗拉强度、屈服强度和伸长率达分别到了 382 MPa、310 MPa 和 14%，其优异的强度和韧性归咎于 18R 和 14H 的扭折以及相关的动态再结晶的析出。

参 考 文 献

[1] LIU H, BAI J, YAN K, et al. Comparative studies on evolution behaviors of 14H LPSO precipitates in as-cast and as-extruded Mg-Y-Zn alloys during annealing at 773 K [J]. Materials and Design, 2016, 93: 9-18.

[2] KISHDA K, NAGAI K, MATSUMOTO A, et al. Crystal structures of highly ordered long-period stacking-ordered phases with 18R, 14H and 10H-type stacking sequences in the Mg-Zn-Y system [J]. Acta Materialia, 2015, 99: 228-239.

[3] WANG J, ZHANG J S, ZONG X M, et al. Effects of Ca on the formation of LPSO phase and mechanical properties of Mg-Zn-Y-Mn alloy [J]. Materials Science and Engineering A, 2015, 648: 37-40.

[4] CHEN T, CHEN Z Y, SHAO J B, et al. Evolution of LPSO phases in a Mg-Zn-Y-Gd-Zr alloy during semicontinuous casting, homogenization and hot extrusion [J]. Materials and Design, 2018, 152: 1-9.

[5] XU C, ZHENG M Y, WU K, et al. Effect of final rolling reduction on the microstructure and mechanical properties of Mg-Gd-Y-Zn-Zr alloy sheets [J]. Materials Science and Engineering A, 2013, 559: 232-240.

[6] JIANG H S, QIAO X G, XU C, et al. Ultrahigh strength as-extruded Mg-10. 3Zn-6. 4Y-0. 4Zr-0. 5Ca alloy containing W phase [J]. Materials and Design, 2016, 108: 391-399.

[7] ZHANG L, ZHANG J H, XU C, et al. Investigation of high-strength and superplastic Mg-Y-Gd Zn alloy [J]. Materials and Design, 2014, 61: 168-176.

[8] LU F M, MA A B, JIANG J H, et al. Enhanced mechanical properties and rolling formability of fine-grained Mg-Gd-Zn-Zr alloy produced by equal-channel angular pressing [J]. Journal of Alloys and Compounds, 2015, 643: 28-33.

[9] GARCES G, MORIS D G, MUNOZMORRIS M A, et al. Plasticity analysis by synchrotron radiation in a $Mg_{97}Y_2Zn_1$ alloy with bimodal grain structure and containing LPSO phase [J]. Acta Materialia, 2015, 94: 78-86.

[10] TAN X H, WINSTON C K H, JIMMY C K W, et al. Development of high-performance quaternary LPSO Mg-Y-Zn-Al alloys by disintegrated melt deposition technique [J]. Materials and Design, 2015, 83: 443-450.

[11] LENG Z, ZHANG J H, ZHU T L, et al. Microstructure and mechanical properties of Mg-(6,9) RY-4Zn alloys by extrusion and aging [J]. Materials and Design, 2013, 52: 713-719.

[12] LI R G, ZHANG H J, FU G Y, et al. Microstructure and mechanical properties of extruded $Mg_{96}Zn_1Y_3$ alloy [J]. Materials Characterization, 2014, 98: 107-112.

[13] LI B, TENG B G, CHENG G X. Microstructure evolution and mechanical properties of Mg-Gd-Y-Zn-Zr alloy during equal channel angular pressing [J]. Materials Science and Engineering A, 2019, 744: 398-405.

[14] PAN F S, LUO S Q, TANG A T, et al. Influence of stacking fault energy on formation of long

period stacking ordered structures in Mg-Zn-Y-Zr alloys [J]. Prog. Nat. Sci. , 2011, 21: 485-490.

[15] HAN J, SU X M, JIN Z H, et al. Basal-plane stacking-fault energies of Mg: A firs-principles study of Li- and Al-alloying effects [J]. Scripta Materialia, 2011, 64: 693-696.

[16] XU C, NAKATA T, QIAO X G, et al. Effect of LPSO and SFs on microstructure evolution and mechanical properties of Mg-Gd-Y-Zn-Zr alloy [J]. Sci Rep UK, 2017, 7: 40846.

[17] LV B J, PENG J, ZHU L L, et al. The effect of 14H LPSO phase on dynamic recrystallization evolution and hot workability of Mg-2. 0Zn-0. 3Zr-5. 8Y alloy [J]. Materials Science and Engineering: A, 2014, 599: 150-159.

[18] SHAO X H, PENG Z Z, JIN Q Q, et al. Atomic-scale segregations at the deformation-induced symmetrical boundary in an Mg-Zn-Y alloy [J]. Acta Materialia, 2016, 118: 177-186.

[19] LIU H, JU J, YANG X W, et al. A two-step dynamic recrystallization induced by LPSO phases and its impact on mechanical property of severe plastic deformation processed $Mg_{97}Y_2Zn_1$ alloy [J]. Journal of Alloys and Compounds, 2017, 704: 509-517.

[20] XU C, NAKATA T, QIAO X G, et al. Effect of LPSO and SFs on microstructure evolution and mechanical properties of Mg-Gd-Y-Zn-Zr alloy [J]. Scientific Repots, 2017, 7: 43391.

[21] ZHOU X J, LIU C M, GAO Y H, et al. Improved workability and ductility of the Mg-Gd-Y-Zn-Zr alloy via enhanced kinking and dynamic recrystallization [J]. Journal of Alloys and Compounds, 2018, 749: 878-886.

[22] SU N, DENG Q C, WU Y J, et al. Deformation-induced dissolution of long-period stacking ordered structures and its re-precipitation in a Mg-Gd-Zn-Mn alloy [J]. Materials Characterization, 2021, 171: 110756.

[23] LIU W, ZENG Z R, HOU H, et al. Dynamic precipitation behavior and mechanical properties of hot-extruded $Mg_{89}Y_4Zn_2Li_5$ alloys with different ratio and speed [J]. Materials Science & Engineering A, 2020, 798: 140121.

[24] SHAHSA H, ZAREIHANZAKU A, BARABI A, et al. Dynamic dissolution and transformation of LPSO phase during thermomehanical processing of a GWZ magnesium alloy [J]. Materials Science and Engineering A, 2019 (754): 85-98.

[25] ZHU Y M, MORTON A J, NIE J F. Growth and transformation mechanisms of 18R and 14H in Mg-Y-Zn alloys [J]. Acta Materialia, 2012, 60: 6562-6572.

[26] ZHU Y M, MORTON A J, NIE J F. The 18R and 14H long-period stacking ordered structures in Mg-Y-Zn alloys [J]. Acta Materialia, 2010, 60: 2936-2947.

[27] WU Y J, LIN D L, ZENG X Q, et al. Formation of a lamellar 14H-type long period stacking ordered structure in an as-cast Mg-Gd-Zn-Zr alloy [J]. Journal of Material Science, 2009, 44 (6): 1607-1612.

[28] LIU H, BAI J, YAN K, et al. Comparative studies on evolution behaviors of 14H LPSO precipitates in as-cast and as-extruded Mg-Y-Zn alloys during annealing at 773 K [J]. Materials and Design, 2016, 93: 9-18.

［29］ DING W J, WU Y J, PENG L M, et al. Formation of 14H-type long period stacking ordered structure in the as-cast and solid solution treated Mg-Gd-Zn-Zr alloys ［J］. Journal of Materials Research, 2009, 24（5）: 1842-1854.

［30］ ZHANG J S, CHEN C J, QUE Z P, et al. 18R and 14H long-period stacking ordered structures in the $Mg_{93.96}Zn_2Y_4Sr_{0.04}$ alloy and the modification of Sn on X-phase ［J］. Materials Science and Engineering A, 2012, 552: 81-88.

［31］ ABE E, KAWAMURA Y, HAYASHI K, et al. Long-period ordered structure in a high strength nanocrystalline Mg-1at% Zn-2at% Y alloy studied by atomic-resolution Z-contrast STEM ［J］. Acta Materialia, 2002, 50: 3845-3857.

［32］ LIU W, MA Y B, ZHANG Y T, et al. Two dynamic recrystallization processes in a high-performance extruded $Mg_{94.5}Y_2Gd_1Zn_2Mn_{0.5}$ alloy ［J］. Materials Science and Engineering A, 2017, 690: 132-136.

［33］ 陈长玖. 长周期堆垛有序结构增强高强度 Mg-Y-Zn 合金的研究 ［D］. 太原: 太原理工大学, 2012.

［34］ XU D K, HAN E H, XU Y B. Effect of long-period stacking ordered phase on microstructure, mechanical property and corrosion resistance of Mg alloys: A review ［J］. Progress in Natural Science: Materials International, 2016, 26: 117-128.

［35］ YAMASAKI M, HAGIHARA K, INOUE S, et al. Crystallographic classification of kink bands in an extruded Mg-Zn-Y alloy using intragranular misorientation axis analysis ［J］. Acta Materialia, 2013, 61: 2065-2076.

［36］ HAGIHARA K, LI Z X, YAMASAKI M, et al. Strengthening mechanisms acting in extruded Mg-based long-period stacking ordered（LPSO）-phase alloys ［J］. Acta Materialia, 2019, 163: 226-239.

［37］ XU C, XU S W, ZENG M Y, et al. Microstructure and mechanical properties of high-strength Mg-Gd-Y-Zn-Zr alloy sheets processed by severe hot rolling ［J］. Journal of Alloys and Compounds, 2012, 524: 46-52.

［38］ YAMASAKI S, TOKUZUMI T, Li W S, et al. Kink formation process in long-period stacking ordered Mg-Zn-Y alloy ［J］. Acta Materialia, 2020, 195: 25-34.

［39］ HAGIHARA K, UEYAMA R, YAMASAKI M, et al. Surprising increase in yield stress of Mg single crystal using long-period stacking ordered nanoplates ［J］. Acta Materialia, 2021, 116: 797.

［40］ ZHU Y M, MORTOR A J, NIE J F. Growth and transformation mechanisms of 18R and 14H in Mg-Y-Zn alloys ［J］. Acta Materialia, 2012, 60: 6562-6572.

［41］ PENG X, LIU W C, WU G H. Plastic deformation and heat treatment of Mg-Li alloys: A review ［J］. Journal of Materials Science & Technology, 2022, 99: 193-206.

［42］ ZHANG S, SUN B, WU R Z, et al. Nanocrystalline strengthened Mg-Li alloy with a bcc structure prepared via heat treatment and rolling ［J］. Materials Letters, 2022, 312: 131680.

［43］ XIN T Z, ZHAO Y H, MAHJOUB R, et al. Ultrahigh specific strength in a magnesium alloy strengthened by spinodal decomposition [J]. Science Advances, 2021, 7: 3039.

[44] FENG S, LIU W C, ZHAO J, et al. Effect of extrusion ratio on microstructure and mechanical properties of Mg-8Li-3Al-2Zn-0. 5Y alloy with duplex structure [J]. Materials Science & Engineering A, 2017, 692: 6-16.

[45] ALI Y, QIU D, JIANG B, et al. Current research progress in grain refinement of cast magnesiumalloy: A review article [J]. Journal of Alloys and Compounds, 2015, 619: 639-651.

[46] DONG H W, WANG L D, WU Y M, et al. Effect of Y on microstructure and mechanical properties of duplex Mg-7Li alloys [J]. Journal of Alloys and Compounds, 2010, 506: 468-474.

[47] ZHANG J H, ZHANG L, LENG Z, et al, Experimental study on strengthening of Mg-Li alloy by intruding long-period stacking ordered structure [J]. Scripta Materialia, 2013, 68: 675-678.

[48] LIU W, ZHANG J S, XU C X, et al. High-performance extruded $Mg_{89}Y_4Zn_2Li_5$ alloy with deformed LPSO structures plus fine dynamical recrystallized grains [J]. Materials and Design, 2016, 110: 1-9.

[49] LIU K, ZHANG J H, LU H Y, et al. Effect of the long periodic stacking structure and W-phase on the microstructures and mechanical properties of the Mg-8Gd-xZn-0. 4Zr alloys [J]. Materials and Design, 2010, 31: 210-219.

[50] 曾小勤, 吴玉娟, 彭立明, 等. Mg-Gd-Zn-Zr 合金中的 LPSO 结构和时效相 [J]. 金属学报, 2010, 46 (9): 1041-1046.

[51] WU Y J, ZENG X Q, LINA D L, et al. The microstructure evolution with lamellar 14H-type LPSO structure in an $Mg_{96.5}Gd_{2.5}Zn_1$ alloy during solid solution heat treatment at 773 K [J]. Journal of Alloys and Compounds, 2009, 477: 193-197.

[52] YIN D D, WANG Q D, GAO Y, et al. Effects of heat treatments on microstru-cture and mechanical properties of Mg-11Y-5Gd-2Zn-0. 5Zr(wt%) alloy [J]. Journal and Compounds of Alloys, 2010, 509: 1696-1704.

[53] XU C, NAKATA T, QIAO X G, et al. Effect of LPSO and SFs on microstructure evolution and mechanical properties of Mg-Gd-Y-Zn-Zr alloy [J]. Scientific Reports, 2017, 7: 40846.

[54] XU C, NAKATA T, OHISHI K, et al. Improving creep property of Mg-Gd-Zn alloy via trace Ca addition [J]. Scripta Materialia, 2017, 139: 34-38.

[55] XU C, ZHENG M Y, WU K, et al. Effects of final rolling reduction on the microstructure and mechanical properties of Mg-Gd-Y-Zn-Zr alloys sheets [J]. Materials Science and Engineering A, 2013, 559: 232-240.

[56] LIU H, JU J, LU F M, et al. Dynamic precipitation behavior and mechanical property of an $Mg_{94}Y_4Zn_2$ alloy prepared by multi-pass successive equal channel angular pressing [J]. Materials Science and Engineering A, 2017, 628: 255-259.

[57] YAN K, SUN J P, LIU H, et al. Exceptional mechanical properties of an $Mg_{97}Y_2Zn_1$ alloy

wire strengthened by dispersive LPSO particle clusters [J]. Materials Letters, 2019, 242: 87-90.

[58] LIU H, JU J, YANG X W, et al. A two-step dynamic recrystallization induced by LPSO phases and its impact on mechanical property of severe plastic deformation processed $Mg_{97}Y_2Zn_1$ alloy [J]. Journal of Alloys and Compounds, 2017, 704: 509-517.

[59] LIU W, ZENG Z R, HOU H, et al. Dynamic precipitation behavior and mechanical properties of hot-extruded $Mg_{89}Y_4Zn_2Li_5$ alloy with different extrusion ratio and speed [J]. Materials Science and Engineering A, 2020, 798: 140121.

[60] LIU W, MA Y B, ZHANG Y G, et al. Two dynamic recrystallization processes in a high-performance extruded $Mg_{94.5}Y_2Gd_1Zn_2Mn_{0.5}$ alloy [J]. Materials Science and Engineering A, 2017, 690: 132-136.

[61] Li J, Jin L, Dong J, et al. Effects of microstructure on fracture toughness of wrought Mg-8Gd-3Y-0.5Zr alloy [J]. Materials Characterization, 2019, 157: 109899.

4 LPSO 结构相的塑性演变及相关动态析出行为

4.1 引　言

　　LPSO 扭折（deformation kink）和动态再结晶（DRX）是 Mg-RE-Zn 系变形合金中两种重要的塑性变形机制。此外，LPSO 扭折和动态再结晶的形成还会引起基体内位错、层错以及相关动态析出相的产生。这些强化机制使得变形 Mg-Gd-Zn 系和 Mg-Y-Zn 系镁合金表现出优异的力学性能。实际上，含 LPSO 的变形 Mg-RE-Zn 系合金以其突出的力学性能已经得到研究者们的广泛关注。例如，Liu 等人[1]通过多道次的等通道转角挤压，制备出了高强韧的 $Mg_{94}Y_4Z_2$ 合金，其压缩强度和断裂伸长率分别达到了 611 MPa 和 20.1%。Xu 等人[2]通过挤压变形制备出了高强度的 Mg-8.2Gd-3.8Y-1.0Zn-0.4Zr 合金，其抗拉强度、屈服强度和断裂伸长率分别达到了 442 MPa、379 MPa 和 14.7%。Rong 等人[3]通过挤压变形制备出了高强度的 Mg-15Gd-1Zn 合金，其抗拉强度、屈服强度和断裂伸长率分别达到了 461 MPa、379 MPa 和 2.7%。然而，目前对 LPSO 塑性变形过程中的演变规律、LPSO 对动态再结晶的影响以及动态析出相的形成机理还不明确。

　　本章介绍含 LPSO 的 Mg-RE-Zn 系合金在塑性变形过程中组织的演变规律以及动态再结晶机制，对 $Mg_{89}Y_4Zn_2Li_5$ 合金进行热挤压变形，并对挤压试样过渡段的塑性变形区进行扫描观测以及 EBSD 分析，揭示相关的动态再结晶机制。此外，利用 HAADF-STEM 技术对动态再结晶晶粒进行深入的分析，从而标定动态析出相并探明其析出机理。

4.2 合　金　制　备

　　本章以 $Mg_{89}Y_4Zn_2Li_5$ 镁合金为研究对象，挤压温度、挤压速度和挤压比分别为 350 ℃、60 mm/min 和 16∶1。图 4-1（a）为挤压过程的示意图，其挤压装置包括了挤压凹模、挤压垫片和挤压杆。图 4-1（b）为截取的挤压试棒过渡段，从图中可以看到，挤压试棒的过渡段可分为弹性变形区、塑性变形区和定径区三个区域。其中，在弹性变形区，挤压棒的初始下压速度为 v_0。此时，挤压试棒仅在挤压力与摩擦力的共同作用下被逐渐填充满挤压通道[4]。同时，由于一些铸造缺陷（如缩松）的减少，挤压试棒的内部组织将变得非常紧密。塑性变形区则是一个锥角为 2α 的锥面控制形变区。最后，挤压试棒通过定径区并以速度 v_f 被完全挤出。这三个区域的存在使得挤压试棒过渡段中形成两个特殊的曲面，分别为弹性变形区与塑性变形区的界面 I 和塑性变形区与定径区的界面 II。挤压试棒在界面 I 上的瞬时下压速度可以分解为沿着角度方向的 $v_1 = v_0\sin\theta$ 和沿着径向方向的 $v_2 = v_0\cos\theta$，其中 $0° < \theta < \alpha$。这样将会在整个界面 I 上产生一个从挤压试棒的中心部位到两侧的速度梯度。

因此，在这个曲面上的不同位置上均会产生相应的应力应变。同样在界面 II 上也会产生相应的速度梯度和应力应变。这就意味着，在整个塑性变形区内将会产生一个较大的速度梯度，从而产生不同的应力应变，进而决定挤出合金的组织。本试验分别选取了塑性变形区内三个不同的位置进行了组织观测与分析，从而探究 18R 和 14H 塑性变形以及相关的动态析出行为，具体的观测位置如图 4-1（c）所示。

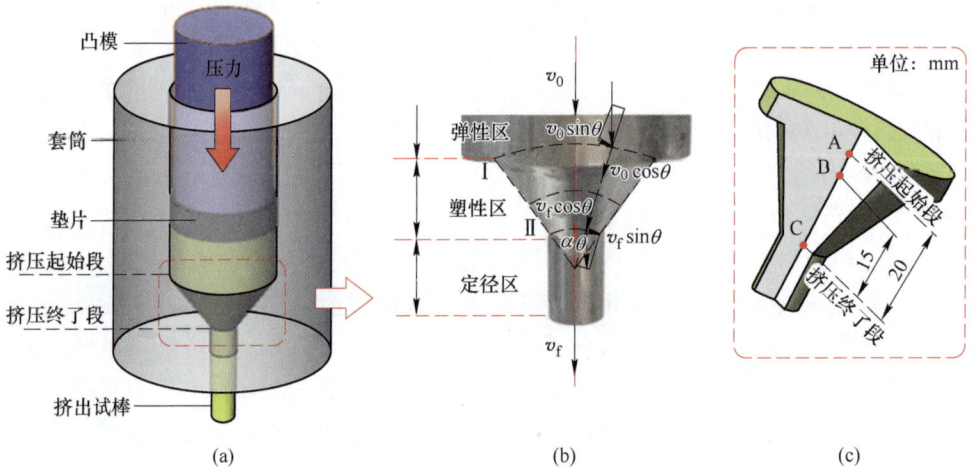

图 4-1 挤压过程、挤压试棒过渡段和组织观测位置示意图
（a）挤压过程；（b）挤压试棒过渡段；（c）组织观测位置

4.3 挤压合金组织转变

图 4-2 是挤压 $Mg_{89}Y_4Zn_2Li_5$ 合金在 A 位置处的扫描显微组织照片。首先，从图 4-2（a）中可以看到，块状的 18R 在挤压力的作用下发生了一定的弯曲变形。特别地，从图 4-2（c）的高倍扫描显微组织照片中可以看到，在挤压的初期，在

某些块状的 18R 的界面处会产生一定程度的"凸起"现象，从而形成锯齿状的变形界面。这是由于在高温塑性变形条件下，α-Mg 基体与 18R 的弹性模量存在差异，这种弹性应变的不匹配就会引起 α-Mg/18R 界面处的应力不平衡，进而导致 18R 界面处发生局部迁移，从而形成了这种"凸起"状结构。而在这种"凸起"状结构周围极易形成高密度的位错，进而可以促使动态再结晶晶粒在这里形核和生长[5]。

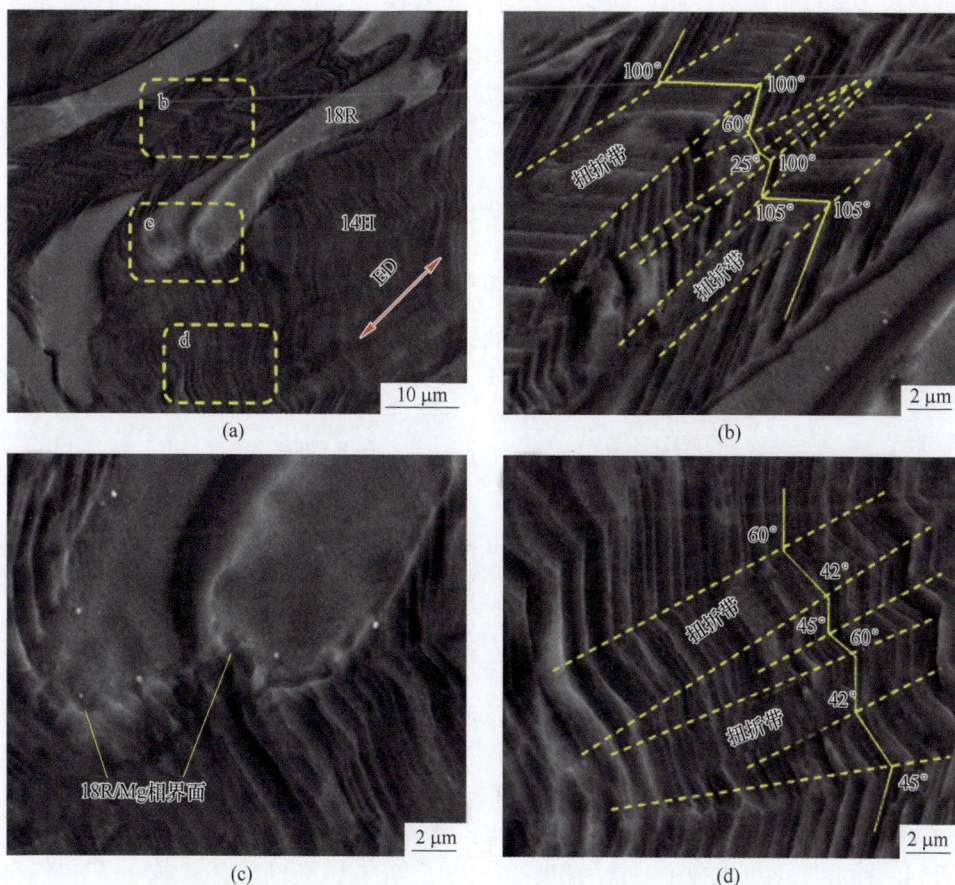

图 4-2 挤压 $Mg_{89}Y_4Zn_2Li_5$ 合金在 A 位置处的扫描显微组织照片

(a)(c) 18R/Mg 相界面；(b)(d) 14H 扭折

在 α-Mg 基体中的层状 14H 均发生了不同程度的扭折变形。根据 Egusa 和 Yamasaki 等人[6]的研究，LPSO 扭折的形式有两种，分别是旋转式扭折和阶梯式扭折。并指出，在扭折形成的初期，位错的一个重要作用就是形成偶极作用，即一对扭折晶界是由方向相反的两组刃型位错所组成，如图 4-3 所示。另外，从图 4-2 (b) 和 (d) 的高倍扫描显微组织照片中可以看出，层状 14H LPSO 的扭折角度在 25°~105°。同时，14H 扭折的产生构成了许多的扭折带（kink bands），图中用黄色的虚线标出了这些扭折带的边界。图 4-4 显示了扭折带（kink band）中旋转轴（rotation axis）、旋转角（rotation angle）以及扭折带边界（kink band boundary）的定义。实际上，在每个扭折带中，LPSO 扭折的晶格旋转轴和旋转角度都不一样。值得注意的是，一方面，扭折带的形成将伴随有高密度的位错产生，从而为挤压过程中动态再结晶的析出提供了有利条件。另一方面，扭折的产生可以有效地阻碍位错的运动，从而强化了合金。此外，扭折带的形成将 LPSO 分成了许多小尺度的结构，根据 Hall-Petch 关系，这将会对合金产生进一步的强化效果。同时，LPSO 扭折的产生还可以中和局部应变，从而导致相对均匀的塑性变形。

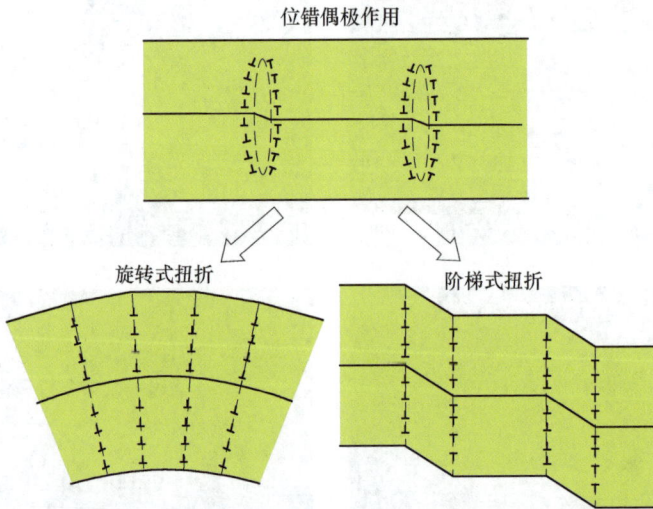

图 4-3 LPSO 中两类扭折示意图

图 4-5 为挤压 $Mg_{89}Y_4Zn_2Li_5$ 合金在 B 位置处的扫描显微组织照片。从图中可以看到，在 18R 上也出现了一定的扭折现象。同时，α-Mg 基体中层状 14H 的扭折变形变得更加剧烈，从而产生了更多的扭折带。特别地，从高倍扫描图 4-5（c）中可以看到，首先在 α-Mg/18R 界面处出现了一些动态再结晶晶粒，并形成了由等轴晶组成的"项链"结构。一般，不连续动态再结晶通常会沿着原始的晶界或者第二相界面形核并长大，当初始晶粒尺寸或者第二相

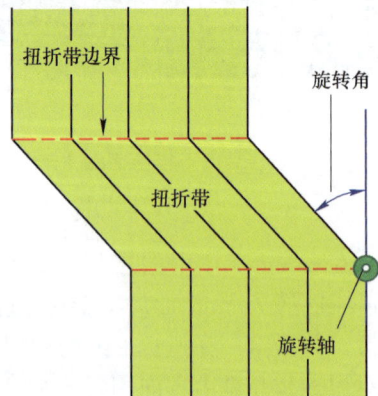

图 4-4 阶梯式扭折示意图

尺寸和动态再结晶晶粒尺寸相差较大时便会形成这种特殊的"项链"结构[7]。结合图 4-2（c）可知，α-Mg/18R 界面处的动态再结晶过程包含明显的形核和长大，符合典型的不连续动态再结晶特征。此外，从图 4-5（b）中可以看到，14H 扭折的扭折角度最大达到了约 138°。同时，在某些 14H 的扭折带中可以看到许多新的晶界或者亚晶界（sub-boundary）产生，如图 4-5（c）和（d）所示。

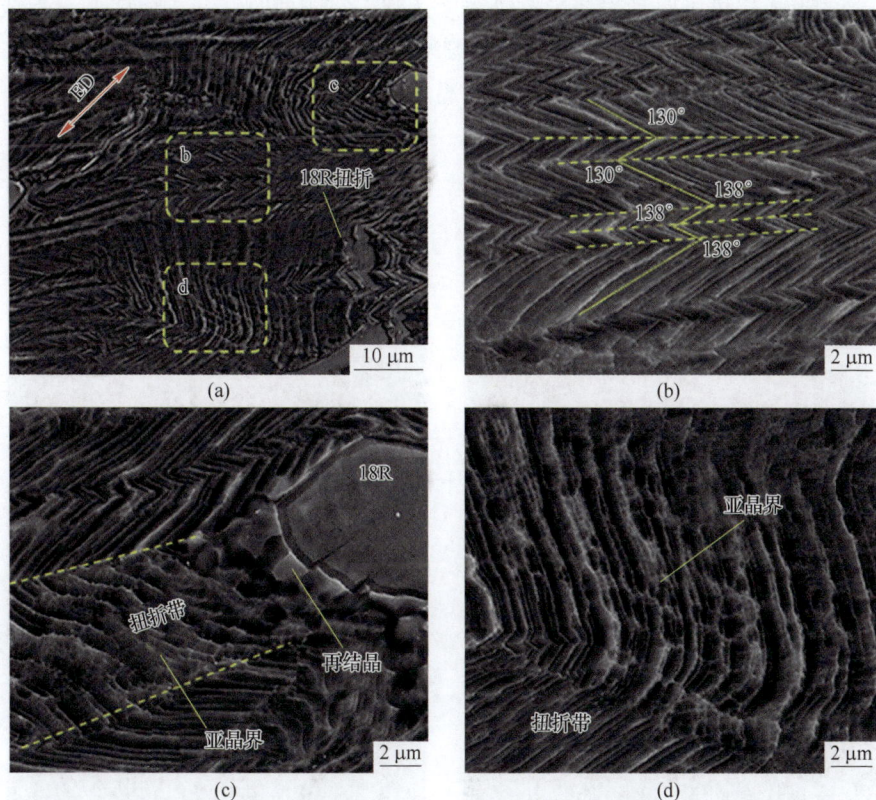

图 4-5 挤压 $Mg_{89}Y_4Zn_2Li_5$ 合金在 B 位置处的扫描显微组织照片
（a）低倍；（b）~（d）高倍

图 4-6 为挤压 $Mg_{89}Y_4Zn_2Li_5$ 合金在 C 位置处的扫描显微组织照片。由图 4-6（a）中可以看到，除了在 α-Mg/18R 界面处的动态再结晶外，在 α-Mg 基体内也产生了大量的动态再结晶晶粒，同时层片状的 14H 则随着挤压的进行而发生了局部溶解。Nes 等人[8]的研究表明，LPSO 的溶解是一种吸热相变过程，并且沿相界面的应力为 LPSO 的分解提供了足够的驱动力。因此，随着挤压的进行，相界面处所积累的应变也随之增多，进而促进了 LPSO 的分解和动态再结晶的产生。从图 4-6（b）~（f）可以清楚地看到，在层状的 14H 间分布着大量的动态再结晶晶粒。显然，14H 之间的动态再结晶行为和 α-Mg/18R 界面处的动态再结晶行为

是两种完全不同的机制。结合图 4-6 （c）和（d）可知，14H 之间的动态再结晶并没有一个明显的形核再长大的过程，是由亚晶界逐渐转变而来，符合连续动态再结晶的特征。根据报道[9]，动态再结晶行为方式的选择是由临界应变决定的，而且临界应变对于界面"凸起"和亚晶界的进一步转变都是必须的。在热挤压过程中，变形应变为原始晶界或者第二相界面的"凸起"以及局部微区的高密度位错的形成提供了驱动力。当位错浓度达到一定阈值时，一方面应变会促成动态再结晶的形核以及长大。另一方面，随着挤压力的增加，亚晶界会吸收更多的位错并不断增加晶界的取向差值，从而逐渐形成高角度晶界。

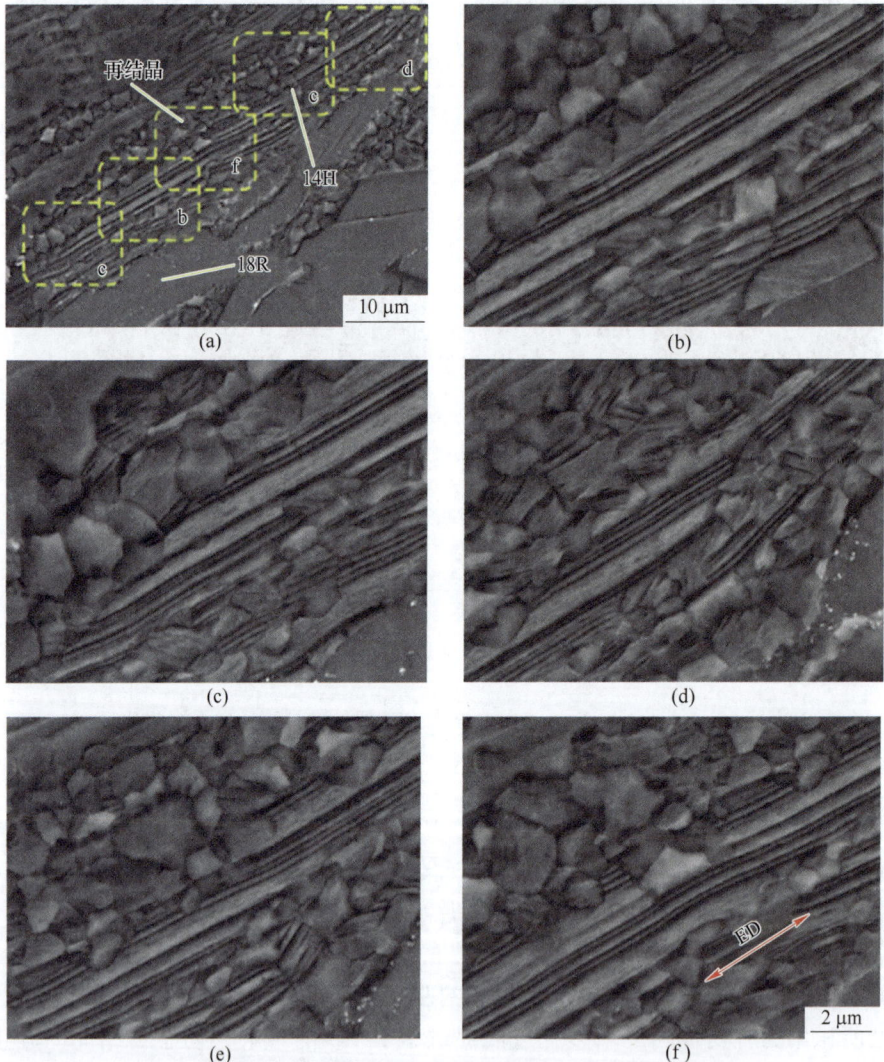

图 4-6　挤压 $Mg_{89}Y_4Zn_2Li_5$ 合金在 C 位置处的扫描显微组织照片
（a）低倍；（b）~（f）高倍

为了进一步确定挤压过程中 α-Mg/18R 界面处和 14H 之间的动态再结晶的形成机制，分别对 A、B 及 C 三个位置进行了 EBSD 分析。图 4-7 是 A 位置处的 EBSD 分析结果。从图 4-7 (a) IQ（image quality）图中可以看到，在 α-Mg/18R 界面处产生了大量的新晶界。图 4-7 (b) 是对应的 IPF（inverse pole figure）图，其中黑色线代表大角度晶界，白色线代表小角度晶界。图 4-8 (a) 是从图 4-7 (a) 中 A 点到 B 点的取向差角分布。其中，红线代表点到点的取向差，蓝色代表点到初始点（A 点）的取向差。不难看出，从 A 点到 B 点的各等轴晶晶粒有明显的晶格转动且各晶界均属于大角度晶界，这是由于亚晶界或新晶界的形成会不断吸收晶格位错从而提高其取向差，最后发展成为大角度晶界。此外，对应图 4-7 (b) 可知，在 14H 发生弯曲扭折的同时在其内部也产生了大量的新晶界。根据图 4-8 (b) 是图 4-7 中 C 点到 D 点的取向差角分布可知，14H 扭折中产生的新晶界大部分呈小角度晶界。

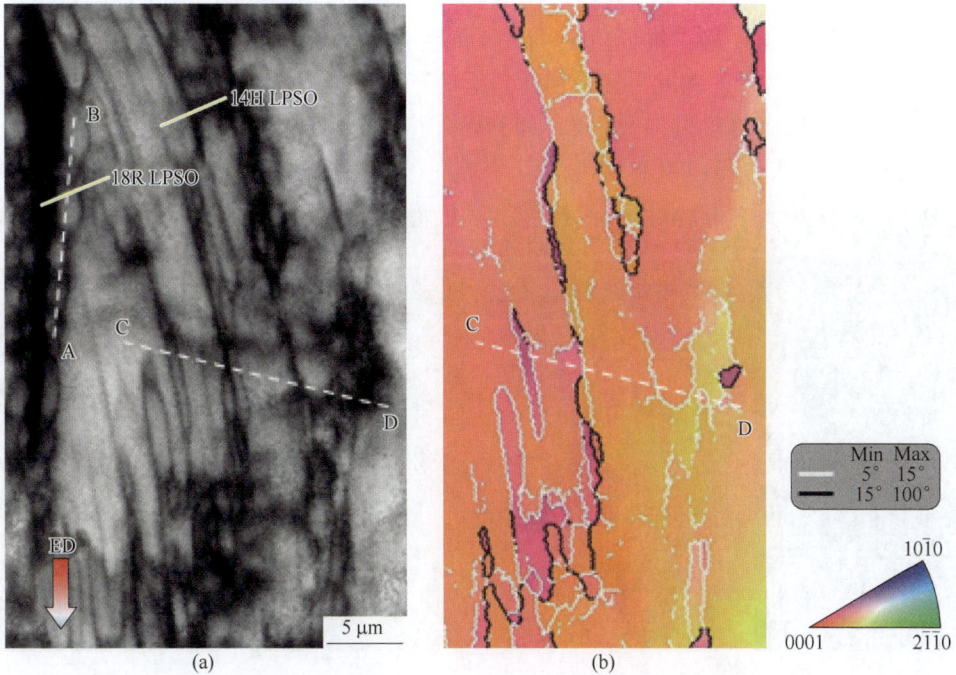

图 4-7 A 位置处的 EBSD 分析结果
(a) IQ 图；(b) IPF 图

图 4-9 和图 4-10 中分别为 A 位置处 14H 扭折区域中各滑移系的施密特因子（schmid factor，SF）图和对应的分布直方图。SF 是表征金属塑性变形的重要参数，可以定量表示外载荷下微观滑移系统开启的趋势。在金属塑性变形过程中，通常 SF 大的滑移系统先启动。可以发现，在 A 位置中基面〈a〉滑移的 SF 仅为

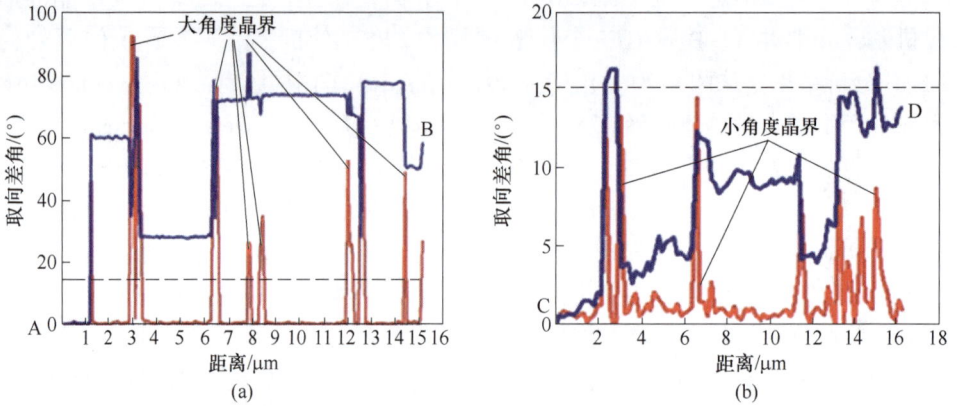

图 4-8　取向差角分布图

(a) 沿 AB 方向；(b) 沿 CD 方向

0.09，而柱面 $\langle a\rangle$ 移，锥面 $\langle a\rangle$ 滑移和锥面 $\langle c+a\rangle$ 滑移的 SF 分别达到了 0.45、0.44 和 0.39。由此可知，14H 扭折的产生更趋向于激发非基面滑移。Wu 等人[10] 的研究表明，当 LPSO 镁合金中基面滑移受阻时，LPSO 扭折是该类合金的主要变形模式。

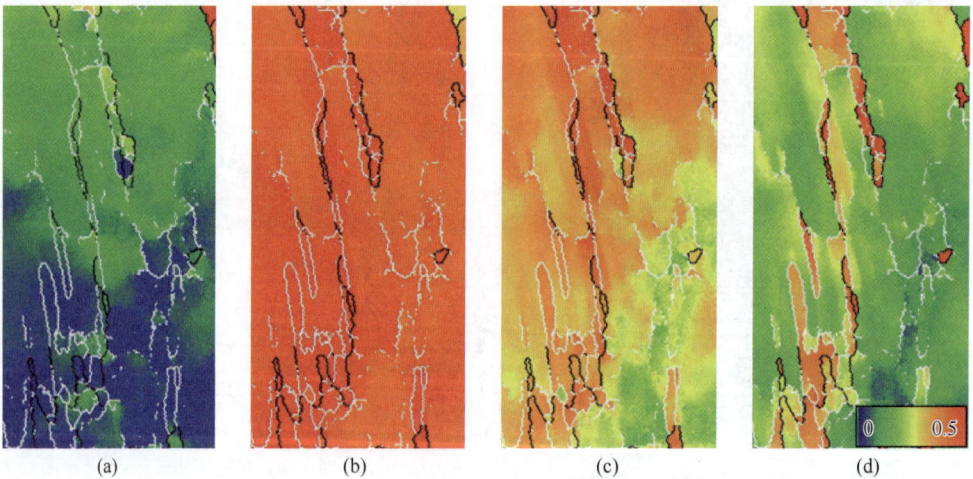

图 4-9　A 位置处不同滑移系对应的施密特因子图

(a) 基面 $\langle a\rangle/\{0001\}\ \langle 11\bar{2}0\rangle$；(b) 柱面 $\langle a\rangle/\{10\bar{1}0\}\ \langle 11\bar{2}0\rangle$；

(c) 锥面 $\langle a\rangle/\{10\bar{1}1\}\ \langle 11\bar{2}0\rangle$；(d) 锥面 $\langle c+a\rangle/\{11\bar{2}2\}\ \langle 11\bar{2}3\rangle$

图 4-11 是 B 位置处的 EBSD 分析结果。从图 4-11 (a) 的 IQ 图中可以看到，随着挤压的进行，基体内产生了 5 个明显的扭折带（KB_1-KB_5），图中用黄色箭

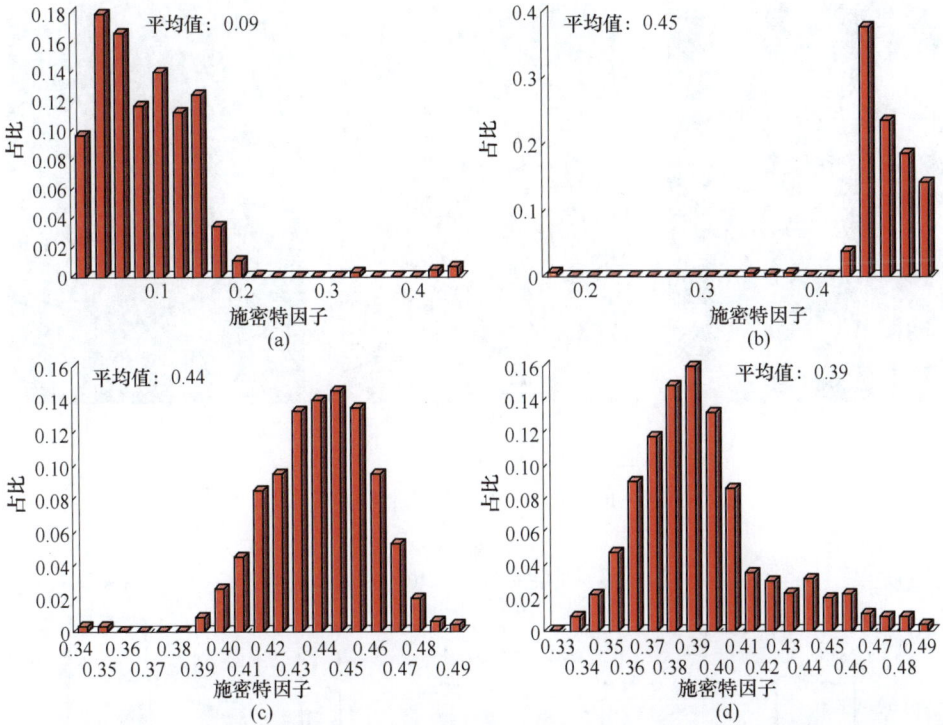

图 4-10 A 位置处不同滑移系对应的施密特因子分布直方图

(a) 基面 $\langle a \rangle / \{0001\}$ $\langle 11\bar{2}0 \rangle$; (b) 柱面 $\langle a \rangle / \{10\bar{1}0\}$ $\langle 11\bar{2}0 \rangle$;

(c) 锥面 $\langle a \rangle / \{10\bar{1}1\}$ $\langle 11\bar{2}0 \rangle$; (d) 锥面 $\langle c+a \rangle / \{11\bar{2}2\}$ $\langle 11\bar{2}3 \rangle$

头指出了扭折带的边界。对比图 4-11 (a) 和 (b) 不难发现，沿着扭折带边界产生了明显的亚晶粒（见图 4-11 (b) 中 S1~S8）和新的晶粒（见图 4-11 (b) 中 1~14）。此外，在扭折带边界处产生了大量的小角度晶界，如图 4-11 (b) 中红色箭头所指。通常，小角度晶界来源于位错的聚集和变形组织中亚晶界或者亚晶粒的出现[7]。同时，结合图 4-11 (b) 中直线 AB 和 CD 的取向差角分布，如图 4-12 (a) 和 (b) 所示，不难发现，一方面，14H 扭折带的产生引起了该处晶格的转动且各扭折界呈大角度晶界。另一方面，扭折带 KB₂ 中直线 CD 穿过的各等轴晶晶粒的位错晶界均属于大角度晶界。这是因为随着应力的不断提高，扭折带中的小角度晶界可以吸收更多的位错，进而转变为大角度晶界，属于连续动态再结晶机制。所以，在应力应变的驱使下，扭折带边界处的亚晶粒会通过连续的动态再结晶机制转变成为新的动态再结晶晶粒。

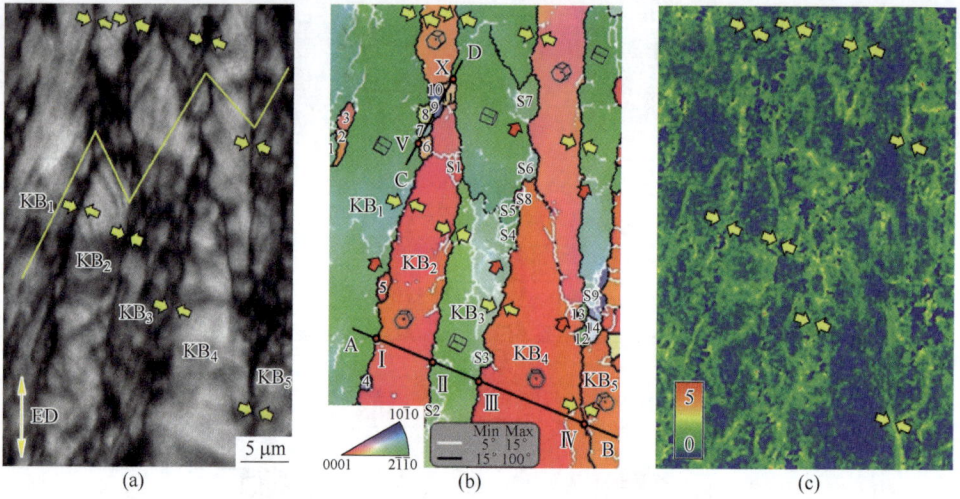

图 4-11　B 位置处的 EBSD 分析结果

(a) IQ 图；(b) IPF 图；(c) KAM 图

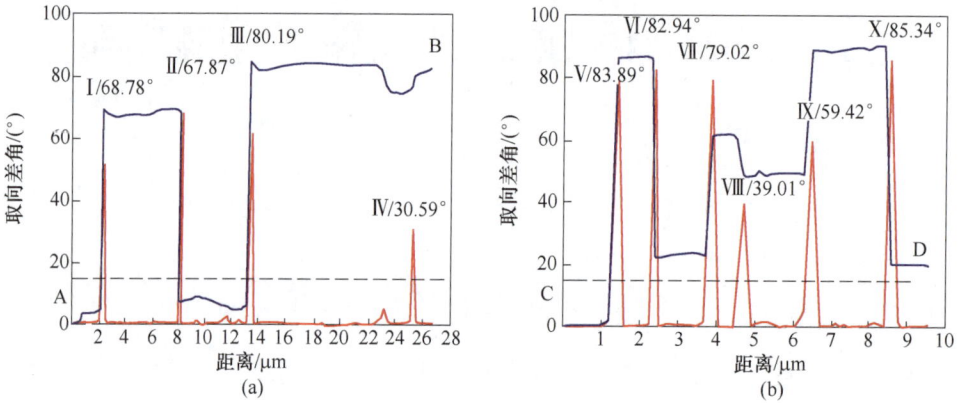

图 4-12　取向差角分布图

(a) 沿 AB 方向；(b) 沿 CD 方向

　　图 4-11（c）是对应区域的平均取向差图（kernel averge misorientation，KAM），可表征该区域的储存能分布，颜色从蓝色到绿色再到红色的变化代表着该区域残余应力的密度，即位错密度的变化。从图中可以看到，沿扭折带边界处的颜色呈绿色，表示该处位错密度较高，可以为动态再结晶的形核创造有利条件。由此可以确定，发生在 14H 扭折带中的动态再结晶属于连续动态再结晶行为，且 14H 扭折带边界为连续动态再结晶提供了有效的形核位点。

　　图 4-13 和图 4-14 分别为 B 位置各滑移系的施密特因子图和对应的分布直方

图。与 A 位置相比较，B 位置处中基面〈a〉滑移的施密特因子上升到了 0.28，柱面〈a〉滑移，锥面〈a〉滑移和锥面〈c+a〉滑移的施密特因子依然大于基面〈a〉滑移，其值分别为 0.41、0.47 和 0.40。研究表明，连续的动态再结晶过程是通过交叉滑移来实现的。此外，根据 Friedel-Escaig 机理，在交叉滑移过程中，〈a〉类螺旋位错可以转变为刃型位错。这类刃型位错通过攀移可以进一步转变成为小角度晶界。随着挤压的进行，更多的非基面位错被激活，并在扭折带中聚集。扭折带中的小角度晶界通过吸收这些非基面位错进而转变为大角度晶界，从而形成连续的动态再结晶晶粒。

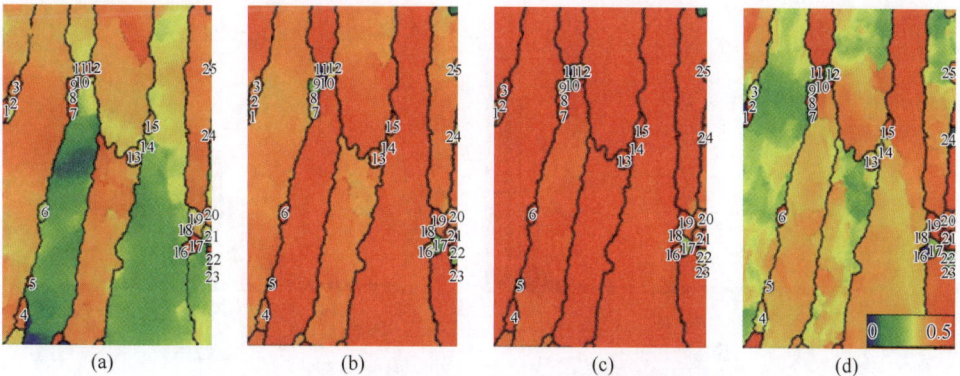

图 4-13　B 位置处不同滑移系对应的施密特因子图

(a) 基面〈a〉/{0001}〈11$\bar{2}$0〉；(b) 柱面〈a〉/{10$\bar{1}$0}〈11$\bar{2}$0〉；

(c) 锥面〈a〉/{10$\bar{1}$1}〈11$\bar{2}$0〉；(d) 锥面〈c+a〉/{11$\bar{2}$2}〈11$\bar{2}$3〉

图 4-15 是 C 位置处的 EBSD 分析结果。由图 4-15（a）可知，挤压进行到塑性变形区末端时，基体内形成了大量的动态再结晶晶粒，其面积分数达到了约 75%。从图 4-15（b）中不难发现，该区域中动态再结晶区域主要呈现蓝色，而未发生动态再结晶区域呈现绿色，未发生动态再结晶区域中的位错密度高于动态再结晶区域。这主要是因为在连续的动态再结晶过程中小角度晶界是通过吸收更多的位错而逐渐转变为大角度晶界。

对动态再结晶晶粒进行了 HAADF-STEM 分析，如图 4-16 所示。结果发现，在再结晶晶粒中析出了大量的层状相。通过高倍的 HAADF-STEM 进一步分析可知，如图 4-16（b）和（c）所示，这些层状的析出相主要为 LPSO，并包括了 24R、18R 和 14H 三种结构。其中，24R 和 18R 的晶胞由三个 ABCA 型结构单元组成，如图 4-16（d）和（e）中蓝色和绿色矩形方块所示，且每两个相邻结构单元之间隔着四层和两层密排的 Mg 原子。而 14H 的晶胞是由具有孪生对称堆垛的 ABCA 和 ACBA 结构单元组成，如图 4-16（f）中红色矩形方块所示，而两相邻结构单元间隔三层密排 Mg 原子。此外，在再结晶晶粒中还发现了一些 γ′析出

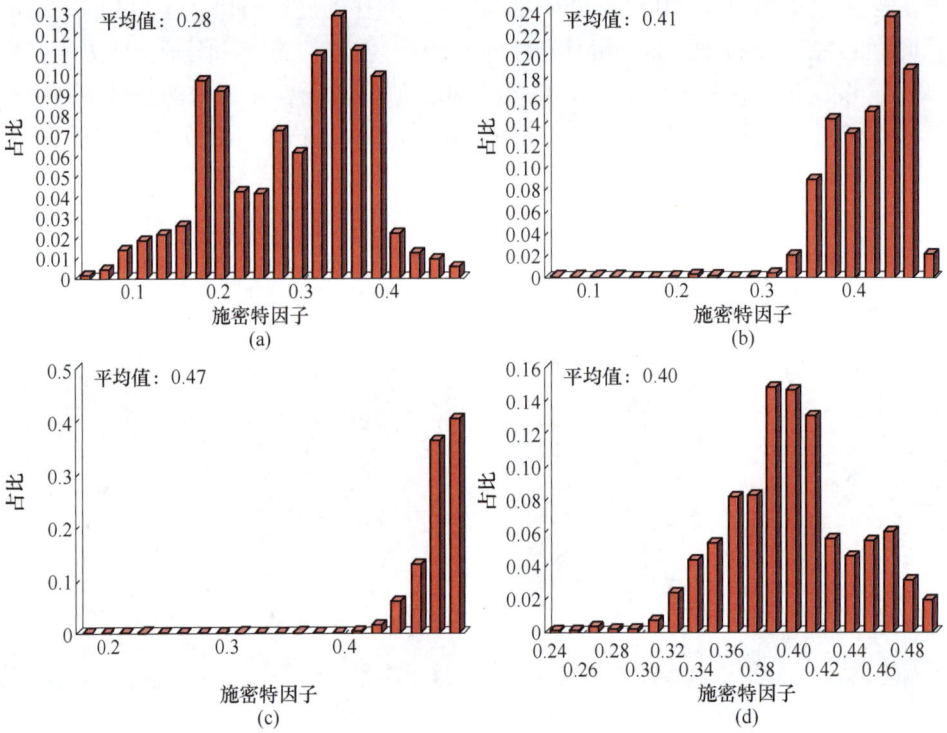

图 4-14　R 位置处不同滑移系对应的施密特因子分布直方图

（a）基面 $\langle a \rangle / \{0001\}$ $\langle 11\bar{2}0 \rangle$；（b）柱面 $\langle a \rangle / \{10\bar{1}0\}$ $\langle 11\bar{2}0 \rangle$；

（c）锥面 $\langle a \rangle / \{10\bar{1}1\}$ $\langle 11\bar{2}0 \rangle$；（d）锥面 $\langle c+a \rangle / \{11\bar{2}2\}$ $\langle 11\bar{2}3 \rangle$

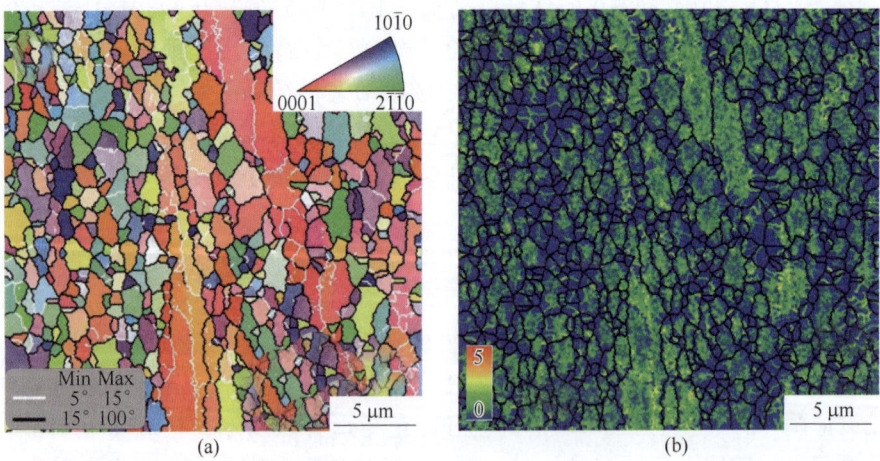

图 4-15　C 位置处的 EBSD 分析结果

（a）IPF 图；（b）KAM 图

相。γ′相的晶胞是由四个原子层的原子堆垛 ABCA 组成的，如图 4-16（g）所示。γ′被认为是一种有效的析出强化相。γ′析出相与 α-Mg 基体的方向关系为：$(0001)_{\gamma'}//(0001)_{\alpha}$ 和 $[2\bar{1}\bar{1}0]_{\gamma'}//[2\bar{1}\bar{1}0]_{\alpha}$，晶格参数为 $a=0.321$ nm 和 $b=0.780$ nm。而本试验是在热挤压过程中动态析出了 γ′相，可见高温的塑性变形是促使 γ′相析出的另外一种有效手段。

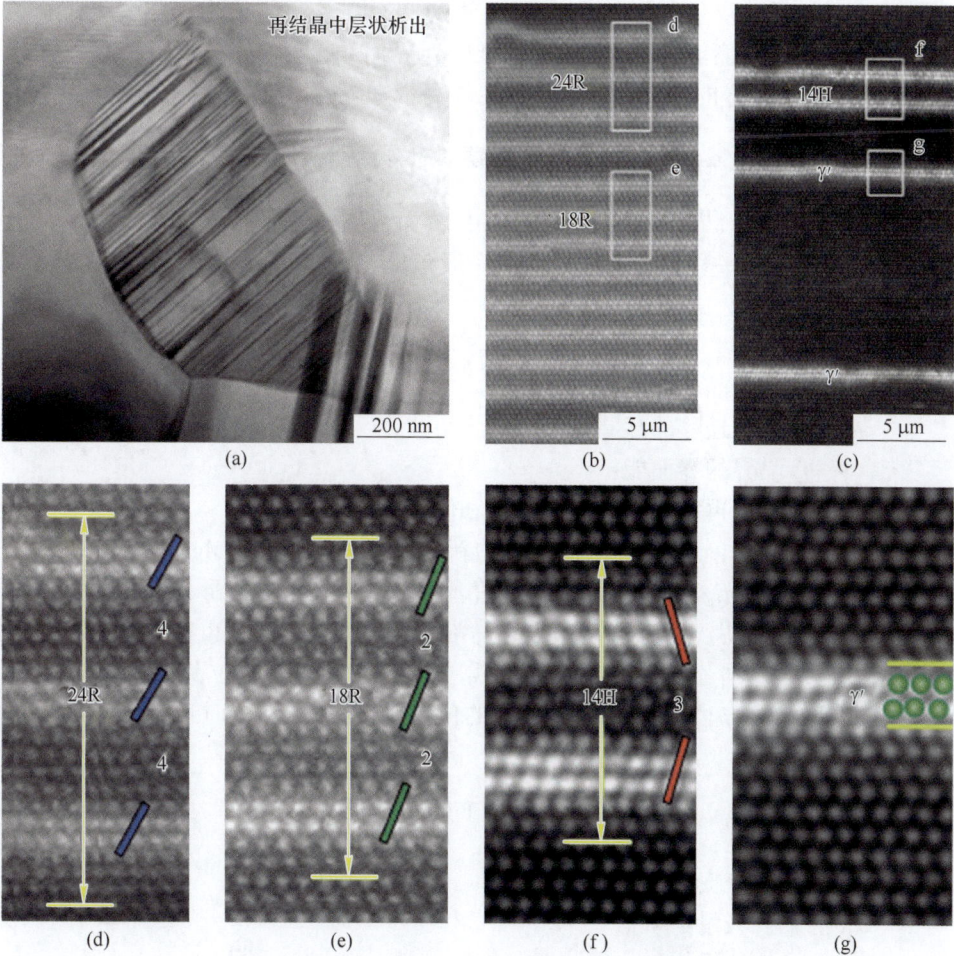

图 4-16　动态再结晶晶粒中析出相的 HAADF-STEM 分析结果
（a）低倍；（b）（c）高倍；（d）~（g）24R，18R，14H，γ′析出相

4.4　动态再结晶机制

Mg-RE-Zn 系变形合金力学性能的提升主要得益于 LPSO 结构与 α-Mg 基体之间复杂的交互作用。一方面，LPSO 结构在塑性变形过程中易发生扭折、拉长、

破碎、溶解、再析出等变形行为；另一方面，LPSO 结构的这些变形行为会引起 α-Mg/LPSO 界面处位错的产生、聚集、重组及消失，严重影响动态再结晶的形核、生长、分布及体积分数。LPSO 结构的塑性演变会引起 α-Mg/LPSO 界面处位错的产生、聚集、重组及消失，严重影响 α-Mg 基体内动态再结晶形核、生长、分布及体积分数，易形成大小晶粒混合分布的混晶结构，从而实现对 α-Mg 基体形貌、含量、尺寸及分布的多尺度调控。对 LPSO 结构塑性演变和相关动态再结晶的有效调控，并能够充分利用 α-Mg/LPSO 界面结合性能，可为 LPSO 结构增强 Mg-RE-Zn 系合金的强韧性和耐热性的提高带来新的契机。

4.4.1　18R LPSO/α-Mg 界面处的不连续动态再结晶机制

根据 Chen 等人[11]的研究，α-Mg/18R 界面可以分为两种。一种为基底界面，通常是光滑的；另一种为非基底界面，一般包含有许多小的"突起"。动态再结晶的形核需要满足公式[11]：

$$\Delta G = -E_s + \gamma \mathrm{d}A/\mathrm{d}V < 0 \tag{4-1}$$

式中　ΔG——再结晶增加的自由能；

$\quad E_s$——界面迁移的存储能；

$\quad \gamma$——晶界的界面能；

A，V——动态再结晶晶粒的表面积和体积。

如图 4-17 所示，当一个直径为 $2L$ 的新晶粒沿着非基底 α-Mg/18R LPSO 界面形核时，所需要的 $E_s > 2\gamma/L\sin\alpha$；而沿着基底 α-Mg/18R 界面形核时，所需要的 $E_s > 2\gamma/L$。由此表明，动态再结晶更容易沿着非基底 α-Mg/18R LPSO 界面形核。此外，不连续的动态再结晶的形核需要达到一个临界位错密度（critical dislocation density，ρ_{cr}）。只有当材料中的位错密度 ρ 大于 ρ_{cr} 时再结晶才开始形核，即满足[11]：

$$\rho \geqslant \rho_{cr} = \left\{ (20\gamma\varepsilon_{\mathrm{eff}^p})/(3bLm\tau^2) \right\}^{1/3} \tag{4-2}$$

式中　γ——晶界能；

$\quad \varepsilon_{\mathrm{eff}^p}$——塑性应变速率；

$\quad b$——伯氏矢量；

$\quad L$——位错的平均自由程；

$\quad m$——晶界迁移率；

$\quad \tau$——位错的线密度，$\tau = \mu b^2/2$，μ 为剪切模量。

因此，由于在两种 α-Mg/18R 界面处位错积累能力有差异，所以基底界面和非基底界面对动态再结晶的影响也不同。根据上面的讨论，非基底界面处的位错密度比基底界面处位错密度要高，所以更易达到临界位错密度，从而引起不连续动态再结晶形核。

图 4-18 是 α-Mg/18R 界面处不连续动态再结晶形核示意图。在挤压初期，高

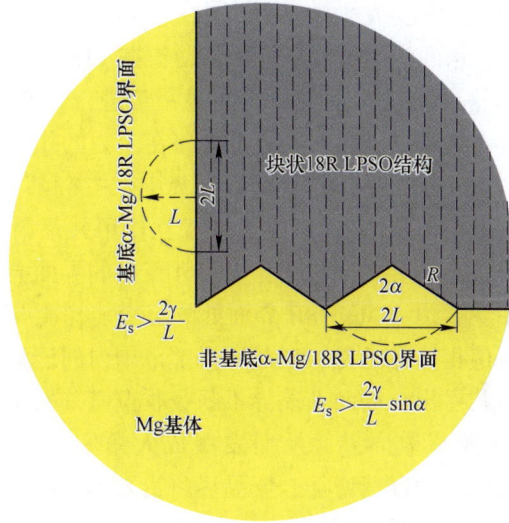

图 4-17 沿 LPSO/α-Mg 界面的动态再结晶形核示意图

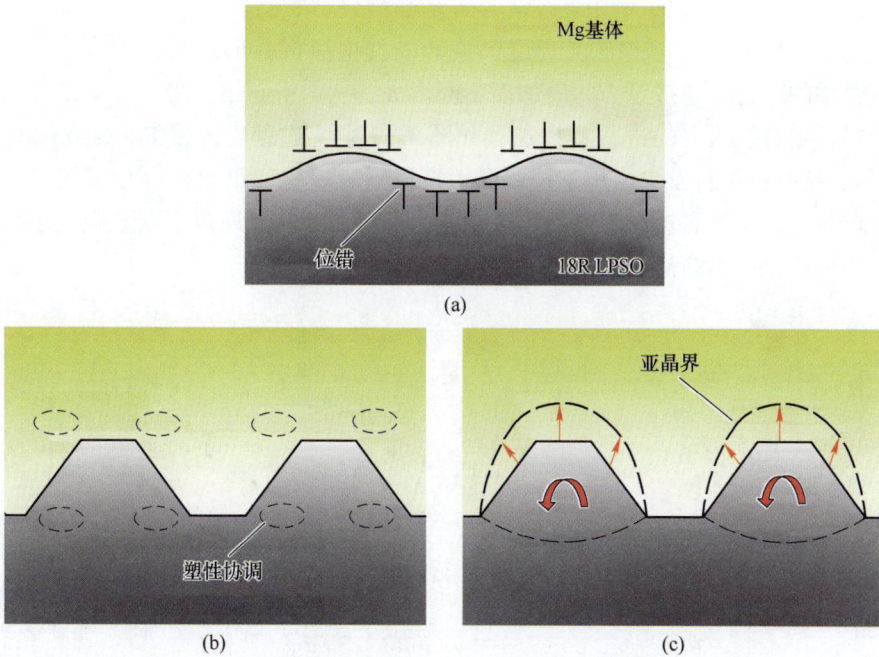

图 4-18 α-Mg/18R LPSO 界面处不连续动态再结晶形核示意图
(a) 形成位错；(b) 局部的应力集中；(c) 形成亚晶界

温下位错的滑移变得更加容易，位错滑移的局部化使 α-Mg/18R 界面局部迁移。18R 界面在挤压力的作用下会发生波动并产生"突起"结构，如图 4-18（a）所示。由于 18R 与 α-Mg 相的弹性模量不匹配，使得在 18R 界面周围形成了大量的高密度位错并伴有晶格的转动。随着挤压的进一步进行，如图 4-18（b）所示，"突起"的 18R 界面处将形成局部的应力集中，在应力的作用下该处界面将产生界面滑移和剪切。所以，为了协调该处的应力集中，"突起"的 18R 界面将变成锯齿状[12]。同时，位错在 α-Mg/18R 界面处相互作用并逐渐转变成大小不同的亚晶粒。此外，由于较高的界面迁移率，大尺寸亚晶的界面会向小尺寸亚晶一侧迁移，其迁移的速率主要由 α-Mg/18R 界面处的应变能梯度与界面曲率半径之间的平衡状态所决定。值得注意的是，亚晶界局部范围内的迁移会导致原始大角度晶界发生局部的弯曲和弓出，同时亚晶界不断吸收位错并发生亚晶转动，亚晶界不断吸收晶格位错并提高取向差，从而发展成大角度晶界[7,13]。最后，如图4-18（c）所示，随着应力的逐渐增加，亚晶界将沿着锯齿状的 18R LPSO 界面处形成并不断转变为动态再结晶晶粒。

4.4.2 14H LPSO 扭折中的连续动态再结晶机制

图 4-19 是 14H 扭折带中连续动态再结晶形核示意图。如图 4-19 所示，在变形压力的作用下，首先 14H 会通过晶格转动发生扭折并形成扭折带[14]。同时，扭折带中的应力随着挤压力的增加而不断增大，从而引起扭折带中大量的高密度的位错。随着挤压力的进一步增加，如图 4-19 中 I 过程，根据 Friedel-Escaig 机制[12]，扭折带中将发生由螺型位错向刃型位错的转变。如图 4-19 中 II 过程，刃型位错将通过攀移而逐渐形成低角度晶界。最后，亚晶界通过不断地吸收小角度晶界中的位错而逐渐形成高角度晶界。

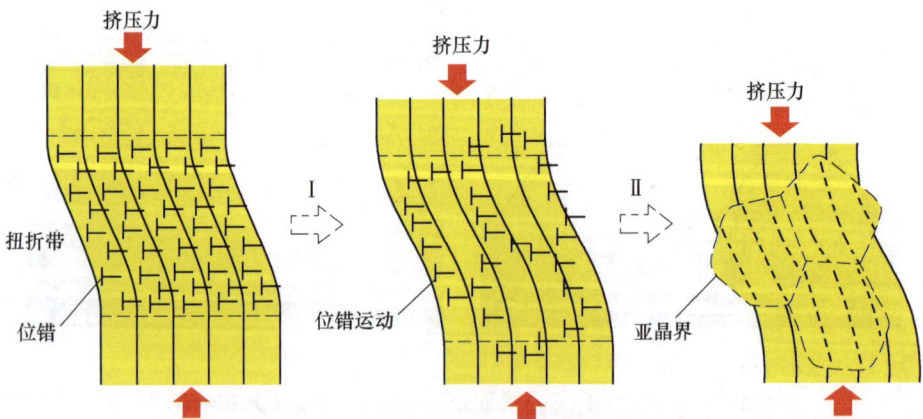

图 4-19　14H LPSO 扭折相关的连续动态再结晶形核示意图

4.5 LPSO 结构相的动态析出行为

在挤压过程中，随着基体内 14H 的溶解和动态再结晶晶粒的形成，大量的 Y 和 Zn 原子将会溶入 α-Mg 基体中，从而促使 Y 和 Zn 原子在再结晶区域内的浓度增加。这种高浓度为再结晶晶粒中形成新的析出 LPSO 提供了化学有序条件。图 4-20 显示了再结晶晶粒中的动态析出相。从高倍的 HAADF 照片中可知，新析出的层片状相呈现 14H LPSO，如图 4-21 所示。实际上，溶质原子扩散和位错扩展是析出 LPSO 的两个必要条件。并且 LPSO 的形成需要满足成分有序和结构有序。在热挤压过程中，随着 LPSO 扭折的产生，溶质原子会随机分布或者以纳米簇的形式沿扭折晶界周期排列。特别是由于 Zn 原子在 Mg 中的扩散系数要大于 Y 在

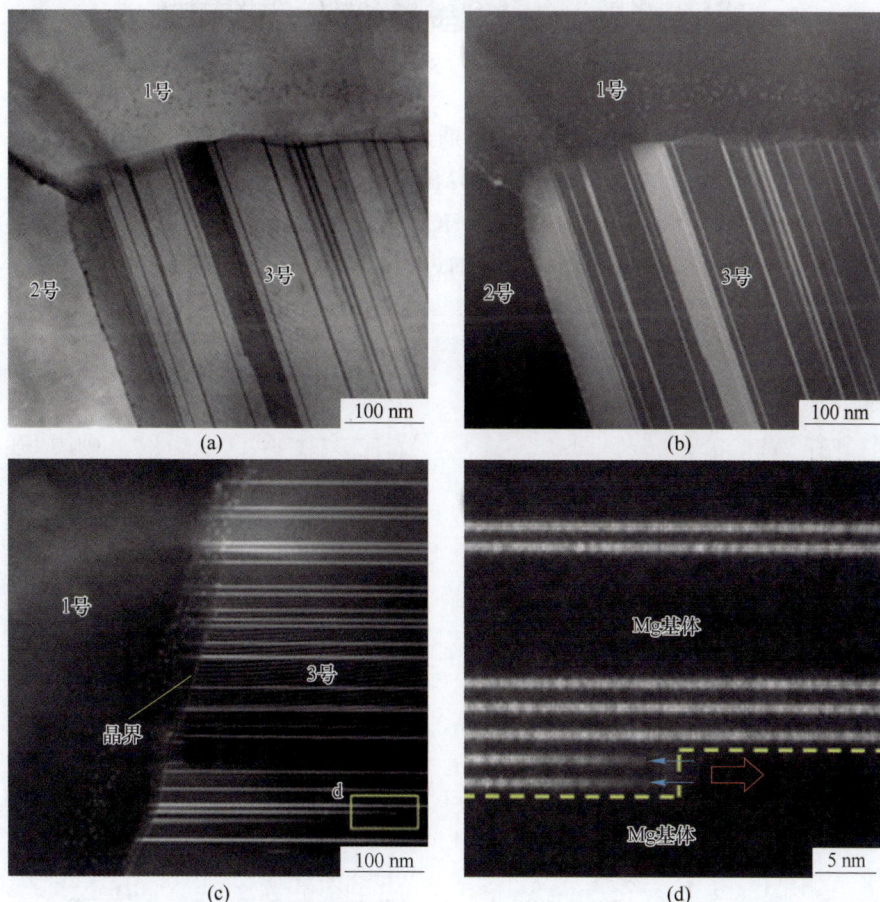

图 4-20 沿再结晶晶界析出的 LPSO 结构 HAADF-STEM 结果

(a)(b) 低倍；(c) 高倍；(d) LPSO 结构生长台阶

Mg 中的扩散系数和 Mg 的自扩散系数，所以会在 LPSO 扭折的界面处偏聚大量的 Zn 原子。另外，随着大量的 14H 逐渐溶解，从而导致 α-Mg 基体内 Y 和 Zn 元素含量不断上升，这就为 LPSO 的析出提供了成分有序。

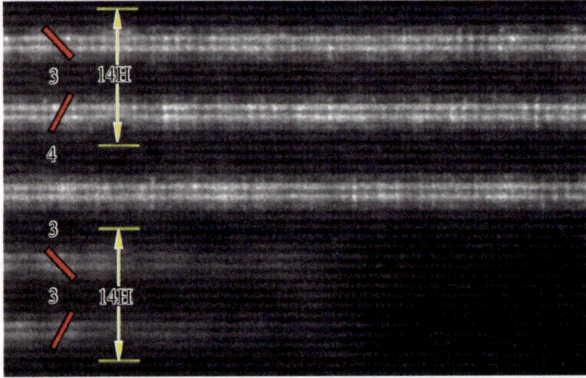

图 4-21   14H LPSO 的生长台阶

其次，18R 和 14H 相的形成均需要通过生长台阶的形核和扩展。当生长台阶沿着 Mg 的密排面滑移时，需要完成 ABAB 型有序堆垛向 ABCA 型有序堆垛的转变，而 ABAB 型有序堆垛为密排六方（HCP）晶体结构，所以 LPSO 的形成实际上是一种由 HCP 结构向 FCC 结构转变的过程。HCP 结构向 FCC 结构的转变是通过 HCP 结构中的肖克利不全位错运动来实现的。图 4-22 给出了 18R 和 14H 的原

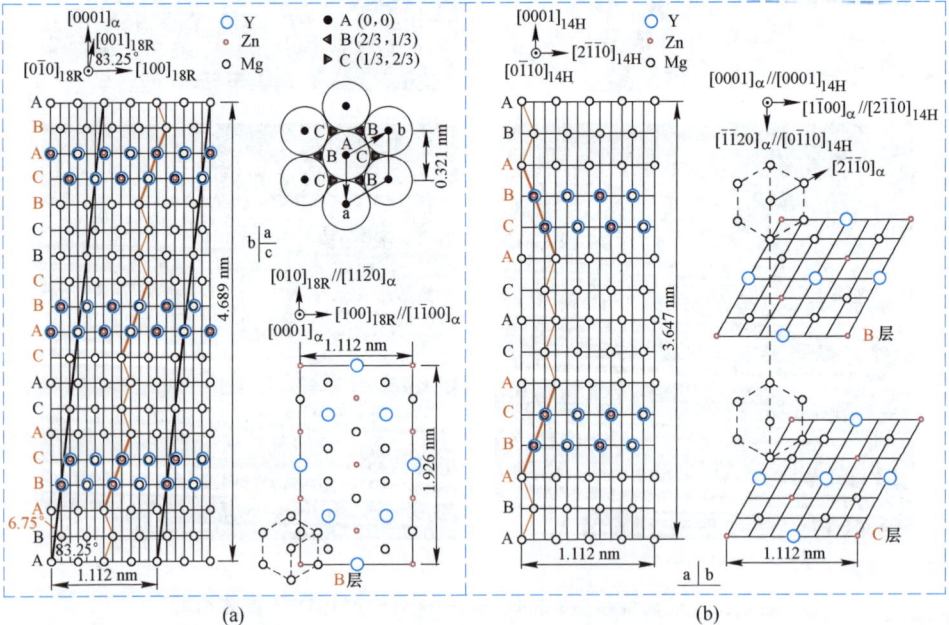

图 4-22   18R-LPSO 和 14H-LPSO 原子模型[15-17]

(a) 18R-LPSO；(b) 14H-LPSO

子模型。而根据上一章的研究可知，热挤压的高温变形会激活镁合金中的三类滑移系统。这三类滑移系统包括 $\langle a \rangle$ （$b = 1/3\langle 11\bar{2}0 \rangle$）位错，$\langle c \rangle$（$b = \langle 0001 \rangle$）位错和 $\langle c+a \rangle$（$b = 1/3\langle 11\bar{2}3 \rangle$）位错。另外，在热挤压的过程中会产生一些热挤压缺陷（如空位）。随着挤压的进行，α-Mg 基体中除了会形成新的 $\langle c+a \rangle$ 位错外，还会形成 I 1 型和 II 2 型这两种层错。其中，I 1 型层错是通过点缺陷的聚集形成的而 I 2 型层错是基位错的运动和分解形成。所以，随着变形应变的增加，α-Mg 基体中存在大量的位错运动并伴有溶质原子的扩散，因此，Y 和 Zn 原子一旦扩散到层错上，并符合 LPSO 有序，就会在再结晶晶粒中析出大量的 LPSO[15-17]。

4.6　本章小结

本章利用 EBSD 和 HAADF-STEM 分析技术，研究了 $Mg_{89}Y_4Zn_2Li_5$ 挤压试棒过渡段塑性变形区组织演变，探明了 LPSO 塑性变形规律和相关动态析出机制。主要结论如下：

（1）随挤压的进行，晶界处块状的 18R 发生了从弯曲到扭折的变化。同时，在挤压力的作用下，18R 界面会发生局部迁移，从而形成了"凸起"状结构。随应变力的增加，沿"凸起"状结构易产生高密度的位错，从而促使不连续动态再结晶在 α-Mg/18R 界面处的形核和长大。

（2）随挤压的进行，基体内层片状的 14H 也发生了扭折现象，并形成扭折带。随着挤压应力的不断提高，层片状 14H 扭折角度逐渐增加，从而促使连续的动态再结晶晶粒在扭折带中形核。同时，14H 扭折的产生激活了 α-Mg 基体内柱面 $\langle a \rangle$ 滑移，锥面 $\langle a \rangle$ 滑移和锥面 $\langle c+a \rangle$ 滑移。

（3）在再结晶晶粒中动态析出了 14H、18R、24R 以及 γ' 相。挤压力的作用下，随连续动态再结晶晶粒的产生扭折带中层片状 14H 发生了部分溶解，使得大量的 Y 和 Zn 原子溶入再结晶晶粒中，从而促使 Y 和 Zn 原子在再结晶区域内的浓度增加，进而导致了一系列 LPSO 及 γ' 相的形核与长大。

参 考 文 献

[1] LIU H, JU J, LU F M, et al. Dynamic precipitation behavior and mechanical property of an $Mg_{94}Y_4Zn_2$ alloy prepared by multi-pass successive equal channel angular pressing [J]. Materials Science & Engineering A, 2017, 682: 255-259.

[2] XU C, NAKATA T, QIAO X G, et al. Ageing behavior of extruded Mg-8.2Gd-3.8Y-1.0Zn-0.4Zr（wt%）alloy containing LPSO phase and γ' precipitates [J]. Scientific Reports, 2017, 7 (1): 43391.

［3］ RONG W, WU Y J, ZHANG Y, et al. Characterization and strengthening effects of γ' precipitates in a high-strength casting Mg-15Gd-1Zn-0.4Zr (wt%) alloy ［J］. Materials Characterization, 2017, 126: 1-9.

［4］ RAHIMI F, EIVANI A R, KIANI M. Effect of die design parameters on the deformation behavior in pure shear extrusion ［J］. Materials and Design, 2015, 83: 144-153.

［5］ LV S H, LV X L, MENG F Z, et al. Microstructure and mechanical properties of a hot-extruded Mg-8Ho-0.6Zn-0.5Zr alloy ［J］. Journal of Alloys and Compounds, 2019, 774: 926-938.

［6］ EGUSA D, YAMASAKI M, KAWAMURA Y, et al. Micro-kinking of the long-period stacking/order (LPSO) phase in a hot-extruded $Mg_{97}Zn_1Y_2$ alloy ［J］. Materials Transactions, 2013, 54: 698-702.

［7］ PAN H C, QIN G W, HUANG Y M, et al. Development and rare-earth-free magnesium alloys having ultra-high strength ［J］. Acta Materialia, 2018, 149: 350-363.

［8］ NES E, RYUM N, HUNDERI O. On the zener drag ［J］. Acta Metallurgica, 1985, 33: 11-22.

［9］ LIU Y H, NING Y Q, YAO Z K, et al. Plastic deformation and dynamic recrystallization of a powder metallurgical nickel-based superalloy ［J］. Journal of Alloys and Compounds, 2016, 675: 73-80.

［10］ WU J, IKEDA K I, SHI Q, et al. Kink boundaries and their role in dynamic recrystallization of a Mg-Zn-Y alloy ［J］. Materials Characterization, 2019, 148: 233-242.

［11］ CHEN Y L, JIN L, DONG J, et al. Effects of LPSO/α-Mg interfaces on dynamic recrystallization behavior of $Mg_{96.5}Gd_{2.5}Zn_1$ alloy ［J］. Materials Characterization, 2017, 134: 253-259.

［12］ JIANG H, DONG J X, ZHANG M C, et al. Evolution of twins and substructures during low strain rate hot deformation and contribution to dynamic recrystallization in alloy 617B ［J］. Materials Science and Engineering: A, 2016, 649: 369-381.

［13］ 吕滨江. 第二相对 Mg-Zn-Zr-Y 镁合金动态再结晶演变及热加工性的影响 ［D］. 重庆: 重庆大学, 2014.

［14］ CHEN T, CHEN Z Y, SHAO J B, et al. The role of long-period stacking ordered phases in the deformation behavior of a strong textured Mg-Zn-Gd-Y-Zr alloy ［J］. Materials Science and Engineering A, 2019, 750: 31-39.

［15］ LI B S, GUAN K, YANG Q, et al. Microstructure and mechanical properties of a hot-extruded Mg-8Gd-3Yb-1.2Zn-0.5Zr (wt%) alloy ［J］. Journal of Alloys and Compounds, 2019, 776: 666-678.

［16］ ZHANG Y G, LIU W, ZHANG J S, et al. Influence of micro-alloying with Cd on growth pattern, mechanical properties and microstructure of as-cast $Mg_{94}Y_{2.5}Zn_{2.5}Mn_1$ alloy containing LPSO structure ［J］. Materials Science and Engineering A, 2019, 748: 294-300.

［17］ WU X, PAN F S, CHENG R J. Formation of long period stacking ordered phases in Mg-10Gd-1Zn-0.5Zr (wt%) alloy ［J］. Materials Characterization, 2019, 147: 50-56.

5 挤压比和挤压速度对 LPSO 结构相与动态再结晶的影响

5.1 引　言

通常，挤压参数包括挤压温度、挤压速度、挤压角度和挤压比。挤压参数的变化会严重影响合金的组织演变，并决定挤压合金最终的力学性能[1-5]。首先，挤压温度对挤压合金的晶粒尺寸会产生重要的影响。通常，低温挤压可以得到晶粒更细小的挤压组织，从而导致更高的强度[6,7]。此外，镁合金的变形机制会随挤压温度的不同而发生变化。通常，镁合金在室温条件下能够开启的独立滑移系比较少。所以在低温变形时，镁合金能够开启非基面滑移和孪生的临界剪切应力（critical resolved shear stress，CRSS）要远大于开启基面滑移的 CRSS。随着变形温度的降低，非基面滑移的 CRSS 急剧上升，孪生的 CRSS 变化不大。所以，温度越低，非基面滑移越不容易开启[8]。而当挤压温度上升时，非基面滑移的CRSS 逐渐降低，柱面和锥面等非基面滑移相继开启，成为合金塑性变形的主要机制[9]。挤压温度还可以通过改变位错密度的积累速率来影响动态再结晶晶粒的形核和长大。随着挤压温度的升高，合金中原子的热震荡、扩散速率以及位错滑移和攀移会变得更加剧烈，从而增加了动态再结晶的形核率和晶界的迁移，因此更易激发合金的动态再结晶行为。其次，挤压速度是影响镁合金塑性变形行为的重要因素之一[10,11]。晶界滑移主要由应变速率控制，因此在低温挤压时，随着挤压速率的增加，滑移可能来不及进行，所以晶界处容易产生应力集中，滑移无法释放应力，从而导致镁合金的变形机制以孪生为主[12-14]。而在高温和低应变速率下，镁合金的变形机制以滑移为主。最后，挤压比对镁合金挤压组织的影响比较复杂。随挤压比的增加，在真应力增大的同时，挤压温度也随之升高。所以，挤压参数的改变不仅会严重影响动态再结晶行为，还会对 LPSO 产生重要的影响，从而影响合金的力学性能。尽管镁合金的塑性变形能力会随温度的升高而得以改善，但是温度的升高又会引起合金表面氧化，所以挤压温度不宜太高。此外，镁合金的塑性变形对变形速率和应变力比较敏感，在热挤压过程中要同时严格控制挤压速率和挤压比。

本章针对含 LPSO 的 Mg-RE-Zn 合金的组织特征，设计相同挤压温度下不同挤压比和挤压速度的热挤压工艺，分别研究挤压比和挤压速度对 LPSO 的塑性变形以及动态再结晶析出行为的影响。同时，统计各挤压参数条件下动态再结晶晶粒尺寸和面积分数变化，并分析动态再结晶行为对合金力学性能的影响。

5.2　$Mg_{89}Y_4Zn_2Li_5$ 挤压合金制备

固溶态 $Mg_{89}Y_4Zn_2Li_5$ 合金组织包括了 α-Mg 基体、晶界处块状 18R 以及基体内层片状 14H。经过挤压变形后，18R 和 14H 均发生了一定程度的扭折变形，且挤压合金的动态再结晶机制主要以 α-Mg 基体内的连续动态再结晶为主，同时伴随有有限的 α-Mg/18R 界面处的不连续动态再结晶。所以，为了进一步研究挤压参数对 LPSO 演变、动态再结晶行为、合金织构强度以及合金力学性能的影响，本章对固溶态 $Mg_{89}Y_4Zn_2Li_5$ 合金进行不同挤压工艺下的热挤压变形。

表 5-1 列出了本试验热挤压工艺的各个参数。图 5-1 分别为三种不同挤压比下对应挤压凹模的截面图。另外，为了表述方便，分别将挤压速度为 60 mm/min，挤压比分别为 4∶1、16∶1 和 25∶1 的三种挤压合金命名为 R4、R16 和 R25-1 合金；而将挤压速度为 6 mm/min、挤压比为 25∶1 的挤压合金命名为 R25-2 合金，挤出的挤压试棒直径分别为 φ20 mm、φ10 mm 和 φ8 mm。

表 5-1　合金的热挤压工艺

挤压合金	挤压温度/℃	挤压速度/mm·min⁻¹	挤压比
R4	350	60	4∶1
R16	350	60	16∶1
R25-1	350	60	25∶1
R25-2	350	6	25∶1

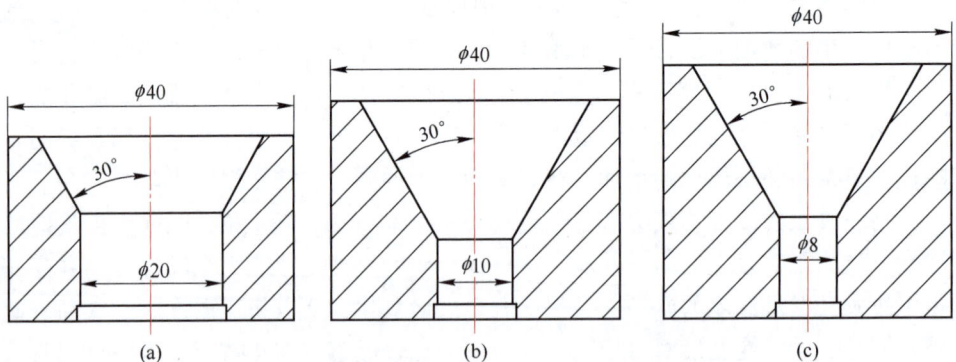

图 5-1　三种不同挤压比下对应挤压凹模的截面图
(a) 4∶1；(b) 16∶1；(c) 25∶1

5.3 Mg$_{89}$Y$_4$Zn$_2$Li$_5$ 挤压合金组织

图 5-2 为四种 Mg$_{89}$Y$_4$Zn$_2$Li$_5$ 挤压合金平行于挤压方向上的光学显微组织照片。由图可知，各挤压合金中的 LPSO 与 α-Mg 相均呈条带状并沿着挤压方向相间排列。此外，在四种挤压合金中的 α-Mg 基体中均发生了不同程度的动态再结晶现象，且随着挤压比的增加，α-Mg 基体内 14H 含量逐渐减少，而动态再结晶的面积分数逐渐增加。具体地，R4 合金中仅在 α-Mg/18R 的界面处和 α-Mg 基体中产生了少量的动态再结晶晶粒，使 α-Mg 相呈现出了双峰分布的晶粒尺寸，即 α-Mg 基体由未再结晶的粗大变形晶粒区域和细小的动态再结晶晶粒区域组成，且在未再结晶区域内分布有平行于挤压方向的层片状 14H。随着挤压比的增加，R16 合金中的未动态再结晶区域明显减少，而动态再结晶区域逐渐增多，同时层片状的 14H 随之减少。而在 R25-1 和 R25-2 合金中发生了几乎完全的动态再结晶

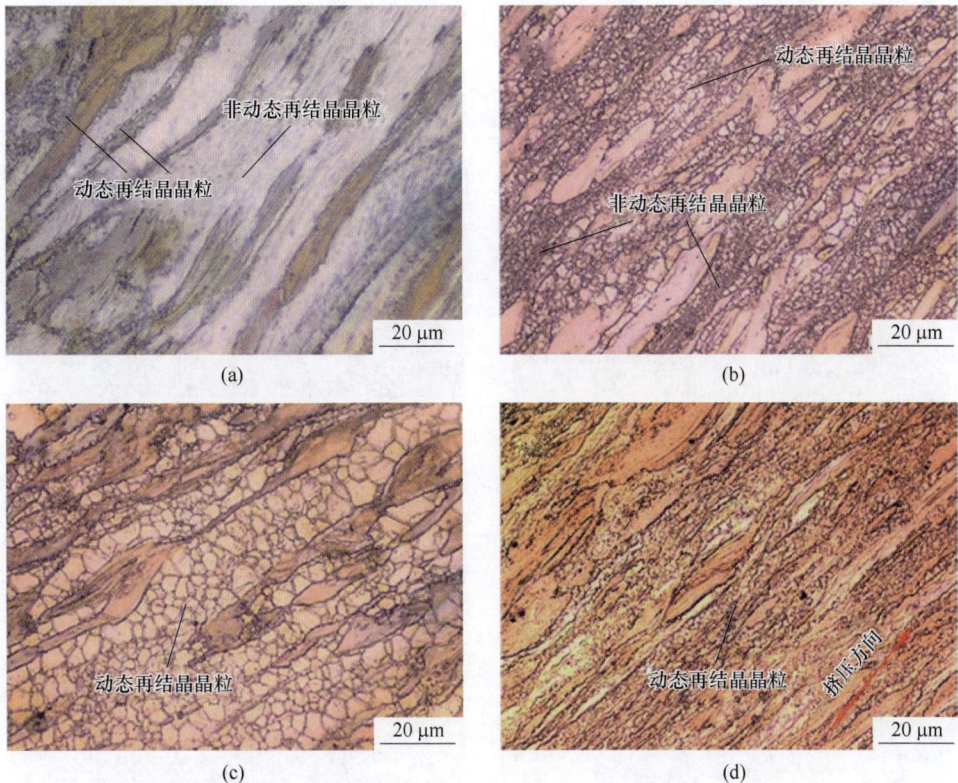

图 5-2 平行于挤压方向的 Mg$_{89}$Y$_4$Zn$_2$Li$_5$ 挤压合金光学显微组织照片

(a) 4∶1，60 mm/min；(b) 16∶1，60 mm/min；(c) 25∶1，60 mm/min；(d) 25∶1，6 mm/min

现象，且 14H 几乎完全溶解。根据上一章的研究不难发现，随着挤压比的增加，应力应变也随之增加，所以能够驱使 14H 溶解和动态再结晶晶粒形成的驱动力也逐渐增大，因此在 α-Mg 基体内 14H 会随着挤压比的增加而逐渐被溶解，同时在 14H 溶解区域将发生连续的动态再结晶现象。

图 5-3 为四种 $Mg_{89}Y_4Zn_2Li_5$ 挤压合金垂直于挤压方向上的光学显微组织照片。从图中可以看到，R4、R16 和 R25-1 三种合金中的 18R 均发生了严重的扭折现象，且随着挤压比的不断增加，可以看到一些小块状的 18R 出现。特别是在 R25-2 合金中，可以看到大量的小块状 18R 均匀分布在基体中，如图 5-3（d）所示。这是因为在 $Mg_{89}Y_4Zn_2Li_5$ 合金塑性变形过程中，18R 会严重阻碍位错的滑移，从而导致 18R 界面处产生明显的应力集中，进而引起 18R 扭折变形，并且产生扭折带[15-17]。随着挤压比的逐渐增加，18R 扭折也变得更加剧烈，从而引起大量的位错在其扭折角处堆积，并造成该处产生大量的应力集中[17,18]。同时，随着挤压比的增加，合金的变形应变也不断增加，从而导致微裂纹在扭折角处形核并不断长大。所以，扭折角处一旦产生应力集中并超出一定阈值时，18R 就会

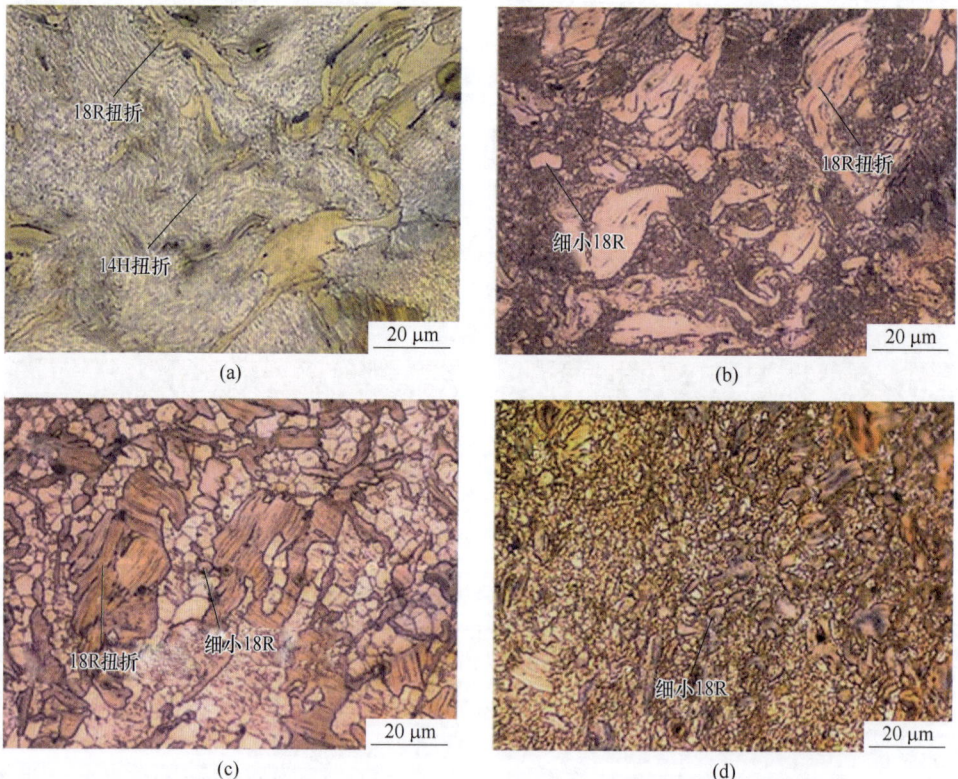

图 5-3 垂直于挤压方向的 $Mg_{89}Y_4Zn_2Li_5$ 挤压合金光学显微组织照片

（a）4∶1, 60 mm/min；（b）16∶1, 60 mm/min；（c）25∶1, 60 mm/min；（d）25∶1, 6 mm/min

被挤碎成许多细小的块状结构。此外，在 R4 合金中可以看到大量的 14H 扭折，这是由于小的挤压比对应小的应变力，较小的应变力不足以驱动 14H 的分解以及大量的动态再结晶析出。

图 5-4 是 R4 合金垂直于挤压方向（extrusion direction，ED）上的扫描显微组织照片。从图 5-4（a）中可以清楚地看到大量的 18R 和 14H 的扭折，并且仅在 α-Mg /18R 界面处和 14H 扭折内动态析出了少量的再结晶晶粒。根据上一章的讨论，14H 扭折中形成的动态再结晶为连续的动态再结晶晶粒，而在 α-Mg/18R 界面处析出的动态再结晶为不连续的动态再结晶晶粒，分别如图 5-4（b）和（c）所示。

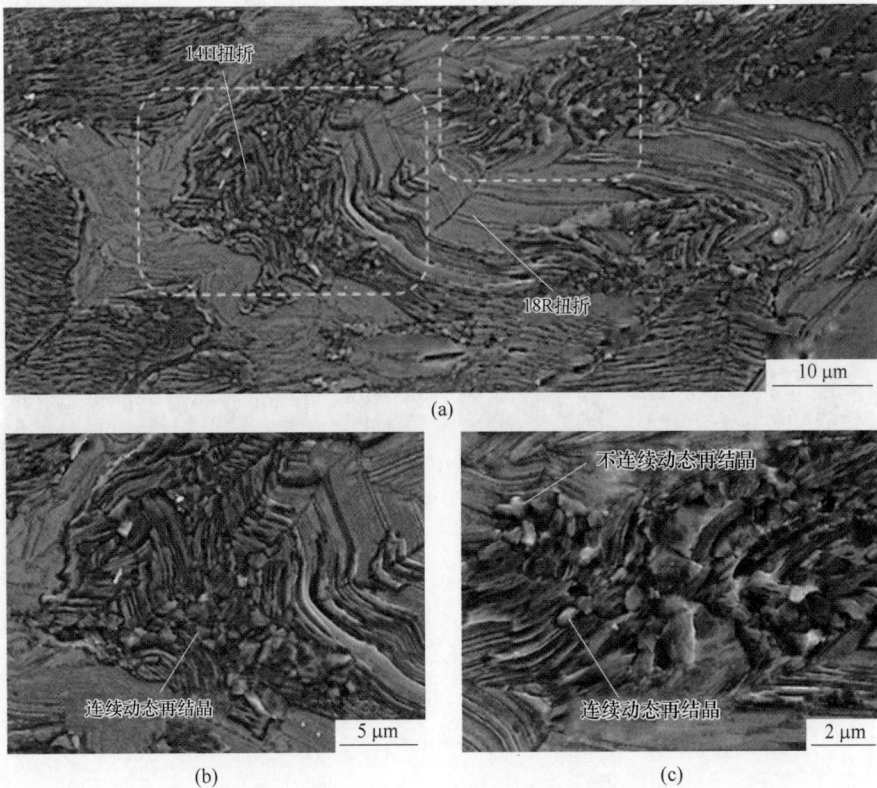

图 5-4 挤压比为 4∶1，挤压速度为 60 mm/min 的 Mg$_{89}$Y$_4$Zn$_2$Li$_5$ 挤压合金扫描显微组织照片
（a）18R 和 14H 扭折；（b）连续动态再结晶；（c）不连续动态再结晶

图 5-5 是 R16 合金垂直于挤压方向上的扫描显微组织照片。从图中不难看出，随着挤压比的增加，部分 18R 和 14H 出现了断裂，从而形成了细小的块状结构。实际上，块状的 18R 在形成动态再结晶过程中有两个重要作用。一方面，由于在挤压过程中，α-Mg /18R 界面处容易产生应力集中，所以在该处很容易促

成动态再结晶的形核。另一方面，随着挤压的进行，18R 会发生不同程度的断裂，而断裂的小块 18R 又可以有效的阻碍动态再结晶晶粒进一步长大。此外，断裂的细小 14H 可以通过粒子激发形核（particle-stimulated nucleation，PSN）机制促进动态再结晶的形成。这是因为在 14H 断裂处存在足够的空间用来位错的聚集和重组，进而激发动态再结晶的形核。

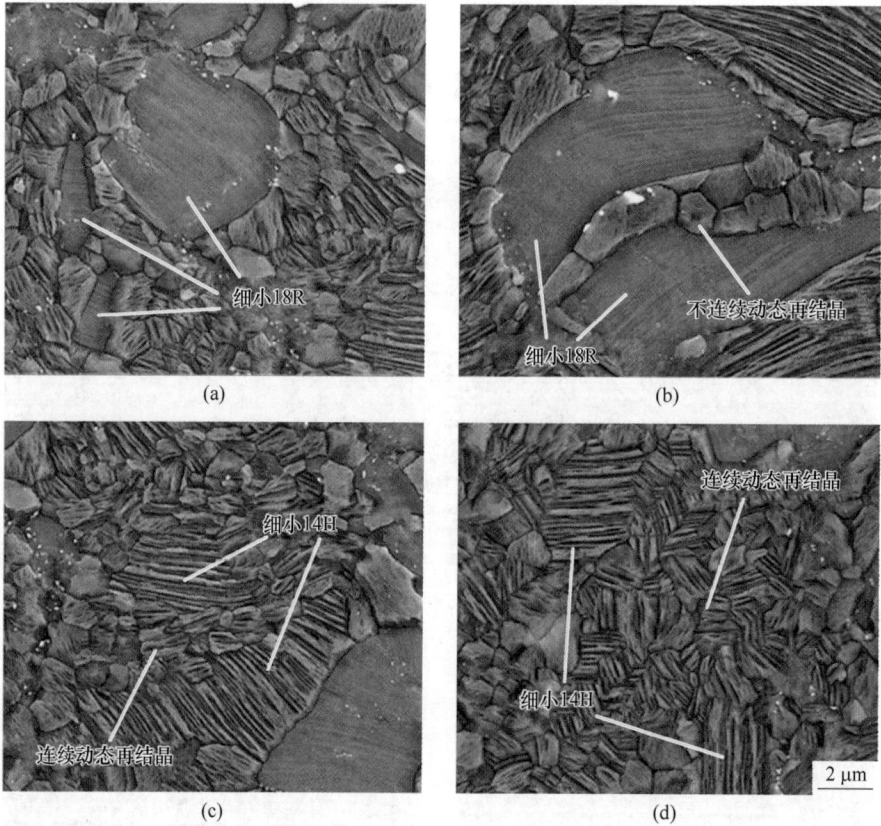

图 5-5　挤压比为 16∶1 的 $Mg_{89}Y_4Zn_2Li_5$ 挤压合金扫描显微组织照片

(a) 细小 18R；(b) 不连续动态再结晶；(c) (d) 连续动态再结晶

图 5-6 是 R25-2 合金垂直于挤压方向上的扫描显微组织照片。从图中可以看到，α-Mg 基体内发生了几乎完全的动态再结晶现象，同时 14H 已完全溶解且 18R 均被挤成细小的块状并且分布在基体中。图 5-7 为四种挤压合金中动态再结晶晶粒的晶粒尺寸和面积分数。由图可知，在 R4 合金中，在较小的应变力作用下动态再结晶的面积分数和晶粒尺寸分别仅为 8.2% 和 1.20 μm。在 R16 合金中，随着应变力的增加，动态再结晶的面积分数达到了 78%，同时再结晶的晶粒尺寸增加到了 1.45 μm。在 R25-1 合金中，尽管动态再结晶趋于完全，但再结晶的晶

粒尺寸却增加到了 4.51 μm。而在 R25-2 合金中同样再结晶趋于完全，但是随着挤压速度的降低，再结晶的晶粒尺寸从 4.51 μm 减小到了 1.12 μm。根据 Park 等人[1]的研究，挤压凹模的实际温度会随着合金塑性变形过程中产生的变形热和摩擦热的增加而升高，从而严重影响动态再结晶的晶粒尺寸和面积分数。在本试验中，随着挤压比的不断增加，挤压合金在塑性变形过程中所承受的应变力也将逐渐升高，从而在塑性变形区内产生更高的变形热，使得挤压凹模的实际温度不断升高，进而导致更多的动态再结晶和更大的再结晶晶粒尺寸。而当挤压比均为 25∶1 时，随着挤压速度从 60 mm/min 降低到 6 mm/min，完成挤压所用的时间将被延长，使得凹模中的变形热有足够的时间扩散到周围的空气中，所以凹模的实际温度不至于太高，从而产生了细小的动态再结晶晶粒。

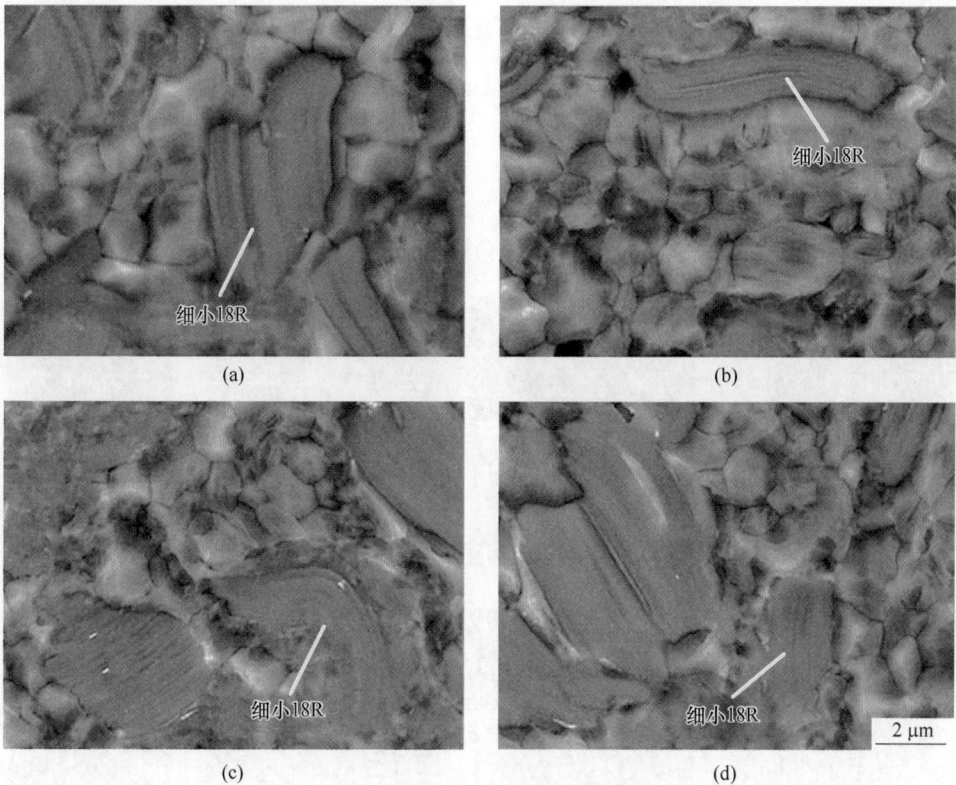

图 5-6　挤压比和挤压速度分别为 25∶1 和 6 mm/min 的
Mg₈₉Y₄Zn₂Li₅ 挤压合金扫描显微组织照片
(a)~(d) 分别是四个不同的区域

　　Mg₈₉Y₄Zn₂Li₅ 挤压合金中的动态再结晶行为主要以 α-Mg 基体内连续的动态再结晶机制为主，同时伴有有限的 α-Mg/18R 界面处不连续动态再结晶机制。为

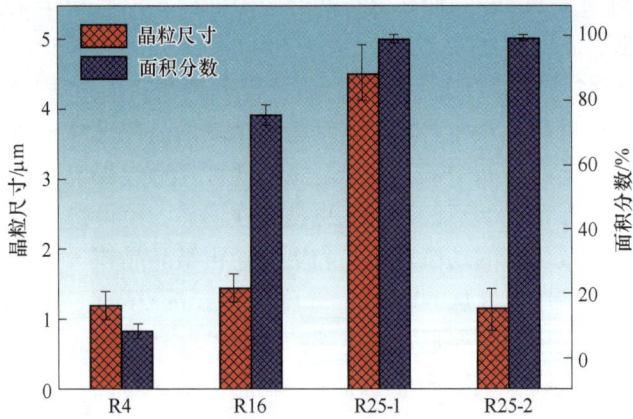

图 5-7　不同挤压条件下 $Mg_{89}Y_4Zn_2Li_5$ 挤压合金中动态再结晶晶粒的晶粒尺寸和面积分数

了进一步定量分析 α-Mg 基体内动态再结晶行为随挤压比和挤压速度的变化情况以及各挤压合金的织构强度变化，分别对四组不同挤压参数下的变形 $Mg_{89}Y_4Zn_2Li_5$ 合金进行了 EBSD 分析。

图 5-8 分别为不同挤压参数下 $Mg_{89}Y_4Zn_2Li_5$ 挤压合金的 IQ 图和对应的 IPF 图，其中黑色线条代表大角度晶界，白色线条代表小角度晶界。图 5-9 为各挤压

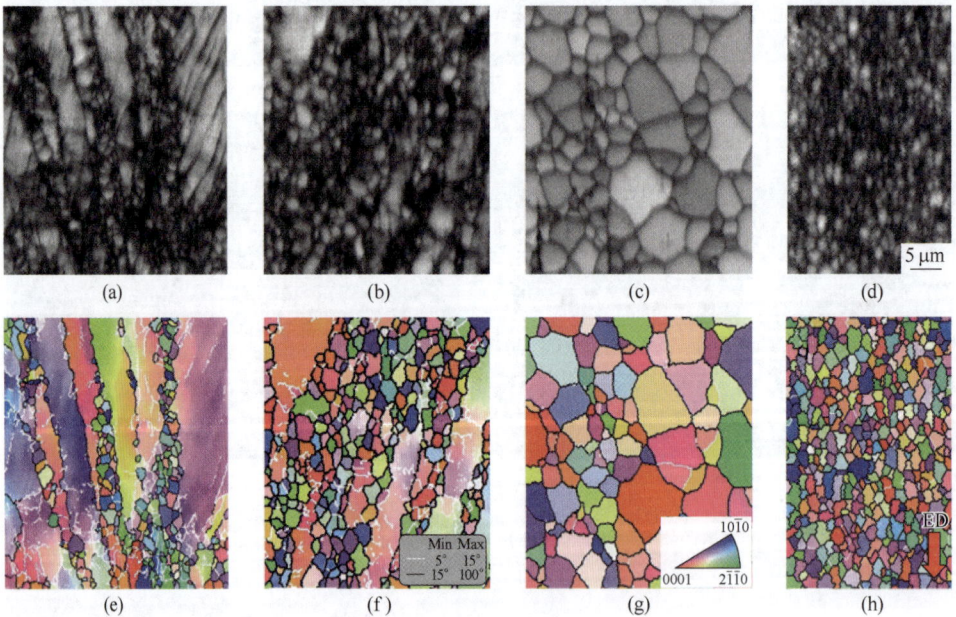

图 5-8　不同挤压条件下 $Mg_{89}Y_4Zn_2Li_5$ 挤压合金的 IQ 图和 IPF 图

（a）（e）R4；（b）（f）R16；（c）（g）R25-1；（d）（h）R25-2

合金中大、小角度晶界的总长度以及小角度晶界所占的线密度。从图中不难发现，R4 合金中再结晶晶粒均表现出了随机取向。此外，由于基体内 14H LPSO 扭折的产生使得未再结晶区域内出现了明显的颜色衬度的变化，表明扭折引起了该区域取向的变化。这是由于 14H 在 α-Mg 晶格的基面上，因此应力集中造成 14H 发生扭折变形的同时也导致了晶粒取向的变化[15,16]。

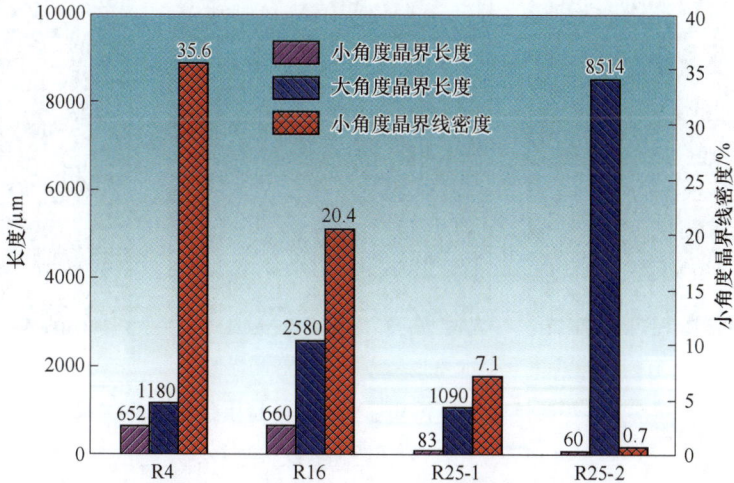

图 5-9　不同挤压比下 Mg$_{89}$Y$_4$Zn$_2$Li$_5$ 挤压合金中小角度晶界、
大角度晶界总长度以及小角度晶界的线密度

此外，R4 合金基体内小角度晶界和大角度晶界的总长度分别为 652 μm 和 1180 μm，其中小角度晶界的线密度占到了 35.6%。在 R16 合金中，随着挤压比的增加，从基体中析出了更多的新晶界，使得 α-Mg 基体内大角度晶界的总长度增加到了 2580 μm，而小角度晶界总长度为 660 μm，且小角度晶界的线密度减小到了 20.4%。在 R25-1 合金中，虽然 α-Mg 基体内动态再结晶接近完全，但是动态再结晶晶粒尺寸的增加使得基体内大角度晶界和小角度晶界的总长度分别减小到了 1090 μm 和 83 μm，其中小角度晶界的线密度也减小到了 7.1%。然而在 R25-2 合金中，由于完全的动态再结晶和细小的再结晶尺寸，使得大角度晶界的总长度增加到了 8514 μm，而小角度晶界总长度仅为 60 μm，且小角度晶界的线密度仅占到了 0.7%。

图 5-10 分别为 R4、R25-1 和 R25-2 三种合金的平均取向差图（kernel averge misorientation, KAM）。KAM 图主要反映 EBSD 测试区域不同位置的局部取向差和应力应变的大小，是基于测试点与其周围相邻点的平均取向差而重构的图形[6,18-20]。图中颜色从蓝色到绿色再到红色的变化代表着该区域位错密度的变化。从图 5-10（a）中不难发现，在 R4 合金中动态再结晶区域主要呈现蓝色，

而未发生动态再结晶区域呈现绿色。由此可知，在未发生动态再结晶区域中的位错密度高于动态再结晶区域。特别地，当挤压比为 25∶1 的 $Mg_{89}Y_4Zn_2Li_5$ 挤压合金发生完全的动态再结晶现象时，如图 5-10（b）和（c）所示，基体内位错密度达到了最小，KAM 图几乎都呈蓝色。

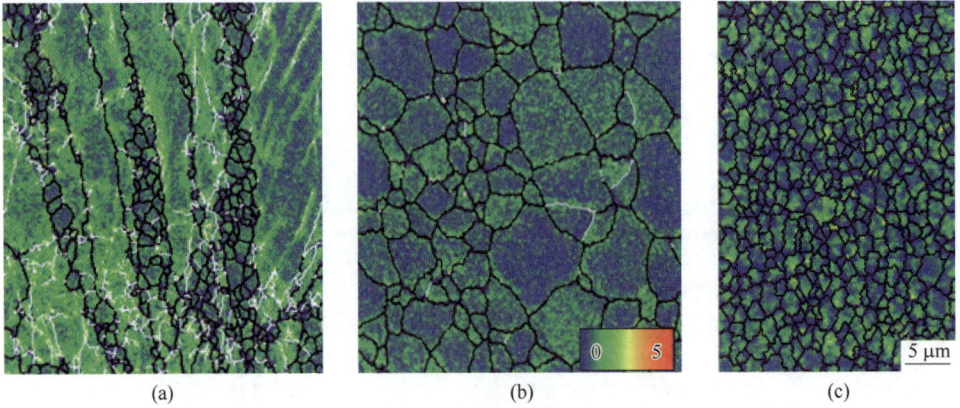

(a)　　　　　　　　　　(b)　　　　　　　　　　(c)

图 5-10　不同挤压参数下 $Mg_{89}Y_4Zn_2Li_5$ 挤压合金的 KAM 图

(a) R4；(b) R25-1；(c) R25-2

图 5-11 显示了不同挤压参数下 $Mg_{89}Y_4Zn_2Li_5$ 挤压合金织构的变化。由图可知，R4 合金的织构强度最大达到了 30.555，而随着挤压比的增加，挤压合金的织构强度逐渐降低，R25-1 合金的织构强度减小到了 7.042。而在相同挤压比的

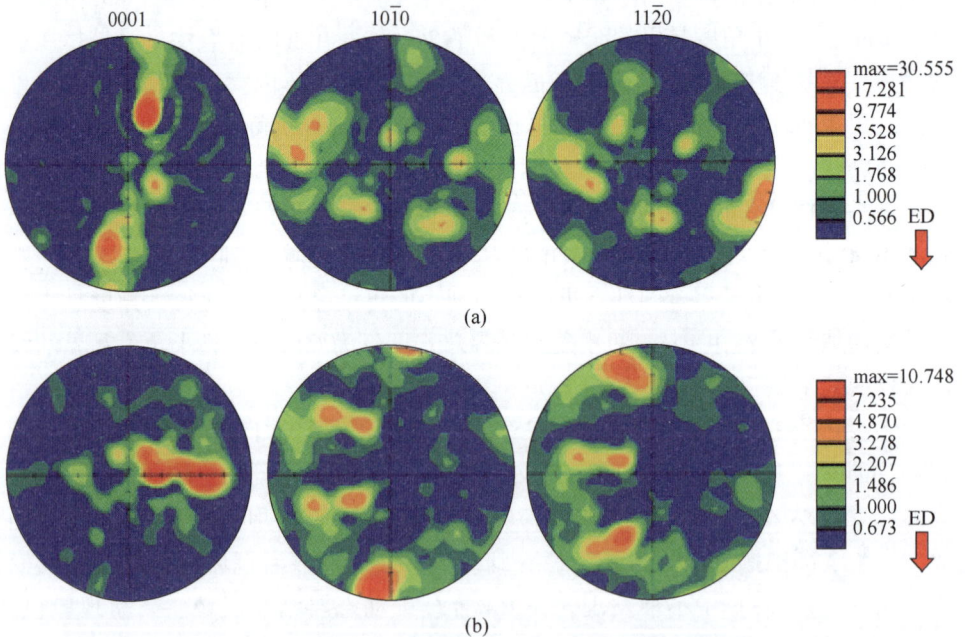

(a)

(b)

(c)

(d)

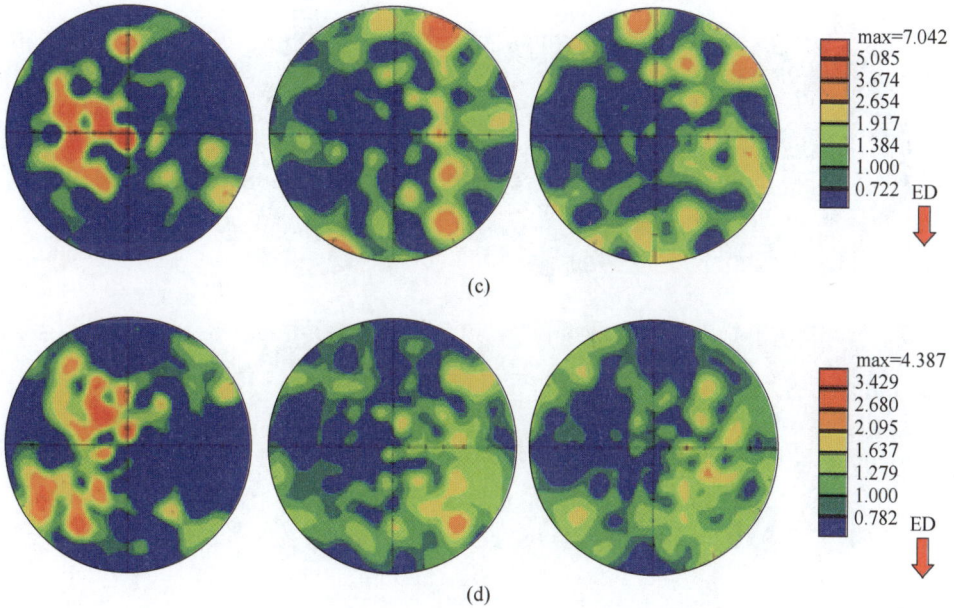

图 5-11   不同挤压比下 Mg$_{89}$Y$_4$Zn$_2$Li$_5$ 挤压合金织构的变化

（a）R4；（b）R16；（c）R25-1；（d）R25-2

条件下，降低挤压速度时，R25-2 合金的织构强度仅为 4.387。由此可知，挤压合金的织构强度随着动态再结晶的面积分数的增多和再结晶晶粒尺寸的减小而逐渐变弱。

为了进一步调查挤压合金织构强度的变化，分别对 R4 合金中未动态再结晶区域和动态再结晶区域进行了对比，结果如图 5-12 所示。图 5-12（a）和（b）分别是未动态再结晶区域和动态再结晶区域的 IPF 图，图 5-12（c）和（d）是

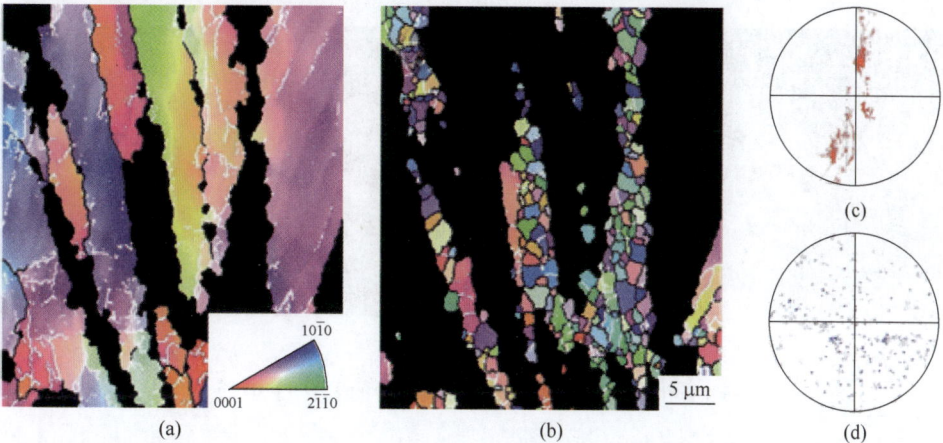

(a)

(b)

(c)

(d)

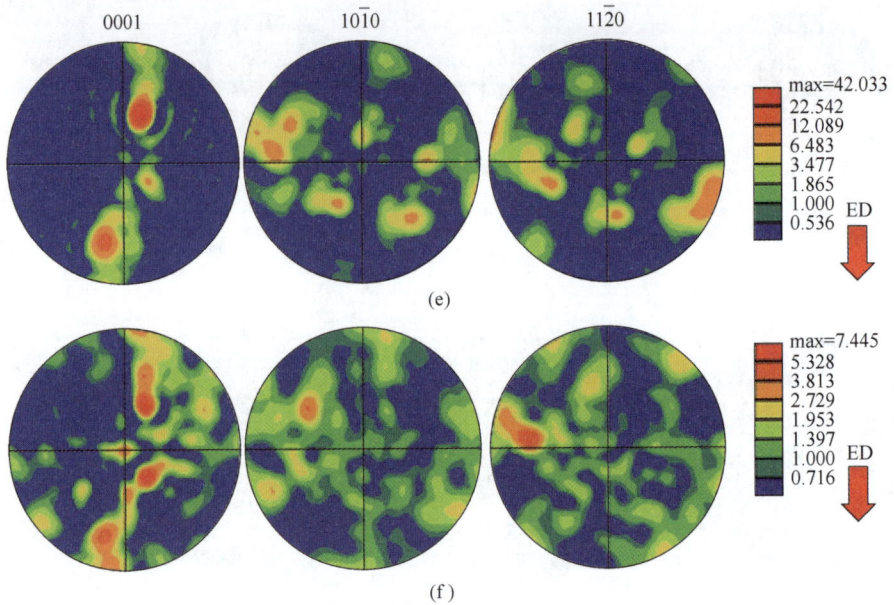

(e)

(f)

图 5-12   挤压比为 4：1 的 $Mg_{89}Y_4Zn_2Li_5$ 挤压合金中未动态
再结晶和动态再结晶区域的 EBSD 结果对比

（a）（b）反极图；（c）~（f）极图

其对应的（0001）极图。从图中可以看到，未动态再结晶区域表现出较强的基面
方向，而再结晶区域表现出随机取向，表现出较弱的织构。另外，从相应的 PF
图可知，如图 5-12（e）和（f）所示，未动态再结晶区域的织构强度达到了
42.033，而动态再结晶区域的织构强度仅为 7.445。由此可知，动态再结晶的形
成是挤压合金织构弱化的主要原因。

图 5-13（a）是 R25-2 合金动态再结晶晶粒的 HAADF-STEM 照片，图 5-13

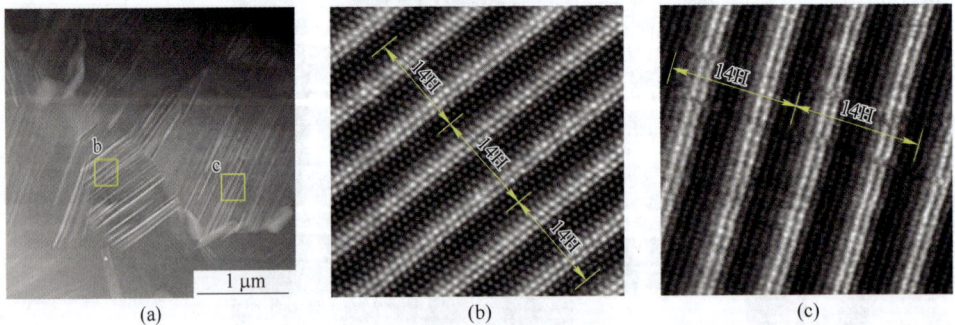

(a)   (b)   (c)

图 5-13   R25-2 合金动态再结晶晶粒中的 14H LPSO 析出

（a）低倍；（b）（c）高倍

（b）和（c）分别为图 5-13（a）中 b 和 c 位置处对应的高倍 HAADF-STEM 分析结果。由图可知，通过大挤压比变形后，几乎在所有的动态再结晶晶粒中均形成了层片的动态析出相，且这些层状的析出相主要呈现 14H 结构。

5.4 $Mg_{89}Y_4Zn_2Li_5$ 挤压合金力学性能

图 5-14 为各参数下 $Mg_{89}Y_4Zn_2Li_5$ 挤压合金在室温下的压缩性能曲线，对应的抗压强度、屈服强度和断裂压缩率分别列于表 5-2。从中不难发现，在相同挤压速度条件下，挤压合金的抗压强度和屈服强度随挤压比的增加而先增大后降低，而压缩率则随挤压比的增加而逐渐增加。而在相同挤压比条件下，当挤压速度从 60 mm/min 减小到 6 mm/min 时，挤压合金表现出了突出的力学性能，其抗压强度、屈服强度和压缩率分别达到了 632 MPa、430 MPa 和 20.2%。R25-2 合金超高的强度主要是由于沿挤压方向平行排列的 18R LPSO、细小的动态再结晶晶粒以及再结晶晶粒中析出的精细的 14H LPSO。图 5-15 列出了本试验中 R25-1 和 R25-2 合金与文献中报道的变形 Mg-RE-Zn 合金压缩性能的比较。从图中可以

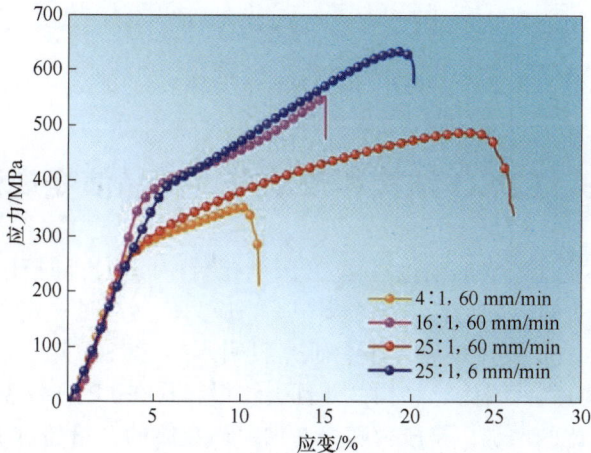

图 5-14 不同挤压参数下 $Mg_{89}Y_4Zn_2Li_5$ 挤压合金的压缩性能

表 5-2 不同挤压参数下挤压态 $Mg_{89}Y_4Zn_2Li_5$ 合金的力学性能

合金	极限抗压强度/MPa	屈服强度/MPa	压缩率/%
R4	349	270	11.1
R16	552	416	15.0
R25-1	479	312	26.0
R25-2	632	430	20.2

看出，尽管通过挤压和时效处理的 Mg-8.2Gd-3.8Y-1.0Zn-0.4Zr 合金的压缩强度达到了约 720 MPa，但是其伸长率仅为 10%。而本试验中的 R25-1 和 R25-2 合金表现出了优越的压缩性能，尤其是 R25-2 合金同时兼顾了高的强度和好的韧性。

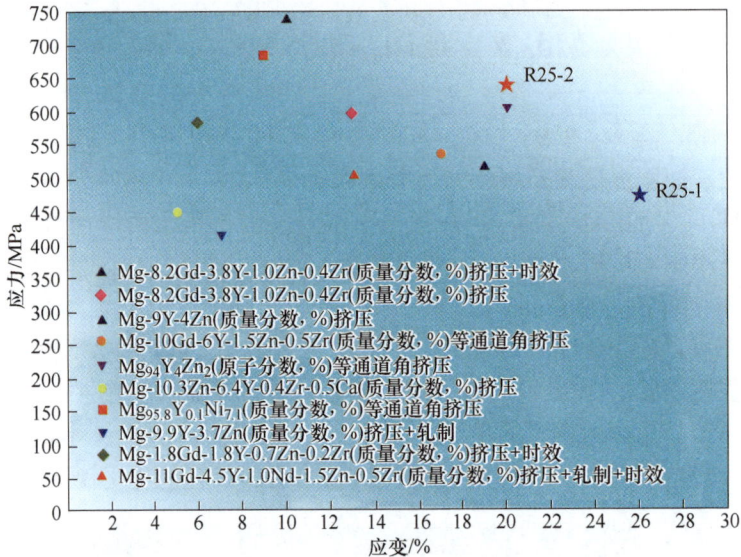

图 5-15　Mg-RE-Zn 变形合金压缩性能的比较

5.5　LPSO 结构相及动态再结晶演变规律

图 5-16 显示了 LPSO 的细化过程。LPSO 扭折中的应力随挤压的进行逐渐增大，尤其是在扭折节点处会产生应力集中。当应力应变超过一定阈值时，裂纹就会在扭折的节点处形核并扩展开来。研究表明[21]，LPSO 实际上是由于大量的 LPSO/α-Mg/LPSO "三明治" 结构，并且裂纹很容易在 LPSO/α-Mg 界面处形核。所以，随着挤压比的增加，挤压力随之增加，当裂纹的含量超过 LPSO 所能承受的最大量时，LPSO 就会被挤碎成细小的块状结构。

动态再结晶的晶粒尺寸和挤压参数的关系符合 Zener-Hollomon 参数指标[22]，其表达式如下：

$$Z = \varepsilon \cdot \exp(Q/(RT)) \tag{5-1}$$

式中　ε——挤压过程中的应变速率；

Q——镁的扩散的表观活化能，其值为 135 kJ/mol；

R——通用气体常数，其值为 8.31 J/(mol·K)；

T——温度。

挤压过程中的平均应变速率的 Feltham 公式[1]如下：

$$\varepsilon = (6D_B^2 v_R \ln ER)/D_B^3 - D_E^3 \qquad (5\text{-}2)$$

式中　v_R——挤压速度；

　　　ER——挤压比；

　D_B, D_E——坯料直径和挤出试棒直径。

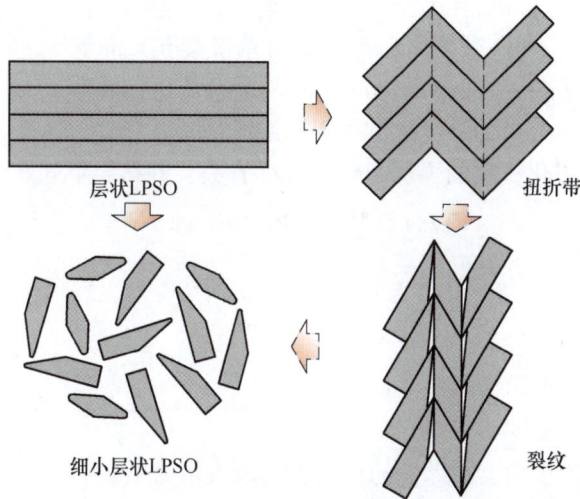

图 5-16　LPSO 片层的细化过程

　　由此可知，当增加挤压比时，应变速率随之增加。而根据 Park 等人[1] 的研究，应变速率的增加会导致挤压过程中塑性变形区内温度的升高，从而引起更高的变形热，进而促进了动态再结晶的长大。其次，在挤压温度和挤压速度一定的条件下，挤压比的增加会引起挤压过程中塑性变形区内温度的升高。与再结晶晶粒尺寸一样，升高的变形温度会引起更多的动态再结晶产生。同样，在相同的温度和挤压比的条件下，增加挤压速度时，由于变形热与摩擦热的升高，合金塑性变形区内温度随之迅速升高，进而导致大的再结晶晶粒尺寸。

5.6　LPSO 结构相的强化机制

　　通常，微米以及亚微米级的晶粒尺寸能够有效强化合金[23-26]，晶粒尺寸和合金的强度符合 Hall-Petch 公式[17,18]：

$$\sigma_{ys} = \sigma_0 + k_y d^{-0.5} \qquad (5\text{-}3)$$

式中　d——平均晶粒尺寸；

　　　σ_0——摩擦应力；

　　　k_y——惠普斜率。

　　研究表明[27,28]，σ_0 和 k_y 直接影响着镁合金启动的滑移系的和 CRSS。弱的

取向差导致低的 σ_0 和 k_y，而强的取向差导致高的 σ_0 和 k_y，从而引起高的合金强度。

此外，小角度晶界对滑移的阻碍作用较小，因此对合金的强化效果较大角度晶界的要小。Hall-Petch 公式可以修正为：

$$\sigma_{ys} = \sigma_0 + \sigma_{LAGB} + \sigma_{HAGB} + \Delta\sigma_{Orowan} \tag{5-4}$$

式中 $\sigma_{LAGB}, \sigma_{HAGB}$——代表来自小角度晶界和大角度晶界对合金强度的贡献；

$\Delta\sigma_{Orowan}$——代表 Orowan 机制对合金强度的贡献。

小角度晶界对合金的强度机制可以归纳为位错强化，因为小角度晶界主要由位错组成。位错强化作用的强弱与位错浓度有关，并符合下式[29]：

$$\sigma_{LAGB} = M\alpha Gb(\rho_0 + \rho_{LAGB})^{1/2} \tag{5-5}$$

式中 M——平均泰勒因子；

α——常数；

G——剪切模量；

b——滑移伯氏矢量；

ρ_0——位错密度；

ρ_{LAGB}——位于小角度晶界上的位错，可以表示为下式[29]：

$$\rho_{LAGB} = \{3(1-f)\,\theta_{LAGB}\}/bd \tag{5-6}$$

式中 f——低角度晶界的面积分数；

θ_{LAGB}——小角度晶界的平均取向差值。

因此，小角度对合金强度的贡献可以表示如下：

$$\sigma_{LAGB} = M\alpha Gb\{\rho_0 + 3(1-f)\,\theta_{LAGB}/bd\}^{1/2} \tag{5-7}$$

此外，大角度晶界对合金强度的贡献遵循 HP 关系，具体如下：

$$\sigma_{HAGB} = ky(d/f)^{-1/2} \tag{5-8}$$

图 5-17 为 R25-1 和 R25-2 合金的组织特征示意图，主要包括平行于挤压方向排列并被碎化的 18R LPSO、细小的动态再结晶晶粒以及再结晶晶粒内动态析出的精细 14H LPSO。其强化机制可以概括如下：

（1）平行与挤压方向排列的 18R 相当于一种有效的强化纤维，在室温压缩时剪切变形很难穿越层片状的 18R，且 18R 与 α-Mg 相始终在（001）基面上保持共格关系，并在（100）和（110）面上也保持一定的半共格关系，从而使 18R 起到了很好的强化效果。

（2）图 5-18 分别为 R25-1 和 R25-2 合金的 t-EBSD 分析结果，从图中可以看出两组合金动态再结晶趋于完全，且各再结晶晶粒呈现不同取向，这种强的取向差将导致高的合金强度[7,30,31]。另外，细小的再结晶晶粒会对合金起到显著的细晶强化的作用以及晶界强化作用[32,33]。

（3）再结晶晶粒中的 14H 呈精细结构，且与 α-Mg 相为共格关系，使得 14H

在变形时可以起较好的协调作用，从而导致合金表现出优异的塑性[34-38]。

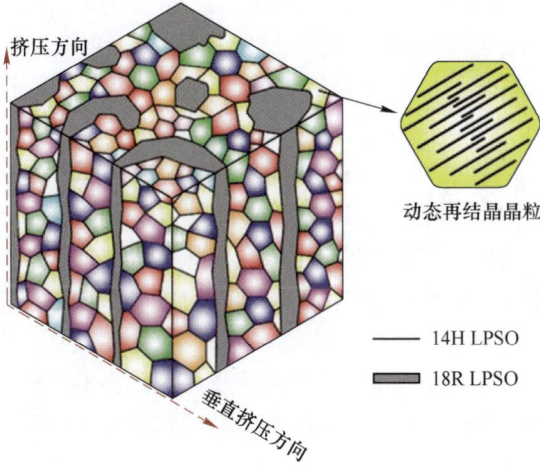

图 5-17　R25-1 和 R25-2 合金的组织特征示意图

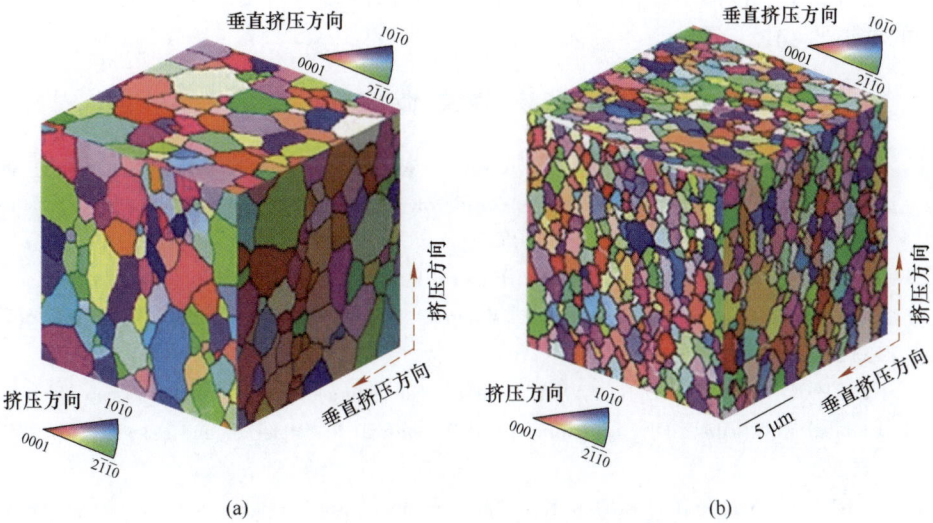

(a)　　　　　　　　　　　　　　　　(b)

图 5-18　R25-1 和 R25-2 合金的 t-EBSD 分析结果

(a) R25-1；(b) R25-2

5.7　本章小结

本章研究了挤压比和挤压速度对 LPSO 的塑性变形以及动态再结晶析出行为的影响。统计了各挤压参数下动态再结晶晶粒尺寸和面积分数的变化，分析了动态再结晶行为对合金力学性能的影响。主要结论如下：

（1）随着挤压比的增加，18R 和 14H 相通过扭折变形逐渐被挤成细小的块状结构。同时，α-Mg 基体内的 14H 逐渐被溶解而动态再结晶晶粒逐渐增多。

（2）动态再结晶的晶粒尺寸随挤压比的增大而增加，随挤压速度的降低而减小。随着挤压比的增加，挤压合金在塑性变形过程中所承受的应变力将逐渐升高，从而在塑性变形区内产生更高的变形热，使得挤压凹模的温度不断上升，进而导致更多的动态再结晶和更大的再结晶晶粒尺寸。而当挤压速度降低时，完成挤压所用的时间将被延长，所以凹模中的变形热有足够的时间扩散到周围的空气中，使得凹模的实际温度不至于太高，从而产生细小的动态再结晶晶粒尺寸。

（3）随着挤压比的增加，合金中动态再结晶区域完全，且随挤压速度的降低，产生了更加细小的再结晶晶粒，从而使小角度晶界的线密度随挤压比的增加和挤压速度的降低而降低。此外，挤压合金的织构随挤压比的增加而降低。

（4）通过大挤压比慢速挤压，制备出了一种新的高强韧 $Mg_{89}Y_4Zn_2Li_5$ 合金，其抗压强度、屈服强度和断裂压缩率分别达到了 632 MPa、430 MPa 和 20.2%。其强化机制主要包括了碎化的 18R、细小的动态再结晶晶粒以及再结晶晶粒中析出的精细的 14H。

参 考 文 献

[1] PARK S H, YOU B S, MISHRA R K, et al. Effects of extrusion parameters on the microstructure and mechanical properties of Mg-Zn-(Mn)-Ce/Gd alloys [J]. Materials Science and Engineering A, 2014, 598: 396-406.

[2] JIANG M G, XU C, NAKATA T, et al, Rare earth texture and improved ductility in a Mg-Zn-Gd alloy after high-speed extrusion [J]. Materials Science and Engineering A, 2016, 667: 233-230.

[3] TAHREEN N, ZHANG D F, PAN F S, et al. Hot deformation and processing map of an as-extruded Mg-Zn-Mn-Y alloy containing I and W phases [J]. Materials and Design, 2015, 87: 245-255.

[4] KANG X K, NIE K B, DENG K K, et al. Effect of extrusion parameters on microstructure, texture and mechanical properties of Mg-1.38Zn-0.17Y-0.12Ca (at%) alloy [J]. Materials Characterization, 2019, 151: 137-145.

[5] XIAO L, YANG G Y, CHEN J M, et al. Microstructure, texture evolution and tensile properties of extruded Mg-4.58Zn-2.6Gd-0.16Zr alloy [J]. Materials Science and Engineering A, 2019, 744: 277-289.

[6] ZENG Z R, ZHU Y M, LIU R L, et al. Achieving exceptionally high strength in Mg-3Al-1Zn-0.3Mn extrusions via suppressing intergranular deformation [J]. Acta Materialia, 2018, 160: 97-108.

[7] CHI Y Q, XU C, QIAO X G, et al. Effect of trace zinc on the microstructure and mechanical

properties of extruded Mg-Gd-Y-Zn alloy [J]. Journal of Alloy and Compounds, 2019, 789: 416-427.

[8] ZHU S Q, RINGER S P. On the role of twinning and stacking faults on the crystal plasticity and grain refinement in magnesium alloys [J]. Acta Materialia, 2018, 144: 365-375.

[9] GONG W, AIZAWA K, HARJO S. Deformation behavior of as-cast and as-extruded $Mg_{97}Zn_1Y_2$ alloys during compression, as tracked by in situ neutron diffraction [J]. International Journal of Plasticity, 2018, 111: 288-306.

[10] YANG Y, PENG X D, XIE W D, et al. Microstructure and mechanical behavior of a new $\alpha+\beta$-type Mg-9Li-3Al-2.5Sr alloys [J]. Rare Metal Materials and Engineering, 2014, 43: 1281-1285.

[11] YU H, PARK S H, YOU B S, et al. Effects of extrusion speed on the microstructure and mechanical properties of ZK60 alloys with and without 1 wt% cerium addition [J]. Materials Science and Engineering A, 2013, 583: 25-35.

[12] JIANG M G, XU C, NAKATA T, et al. High-speed extrusion of dilute Mg-Zn-Ca-Mn alloys and its effect on microstructure, texture and mechanical properties [J]. Materials Science and Engineering A, 2016, 678: 329-338.

[13] LIU X, ZHANG Z Q, HU W Y, et al. Effects of extrusion speed on the microstructure and mechanical properties of Mg-9Gd-3Y-1.5Zn-0.8Zr alloy [J]. Journal of Materials Science and Technology, 2016, 32: 313-319.

[14] FENG S, LIU W C, ZHAO J, et al. Effect of extrusion ratio on microstructure and mechanical properties of Mg-8Li-3Al-2Zn-0.5Y alloy with duplex structure [J]. Materials Science and Engineering A, 2017, 692: 9-16.

[15] WANG L, SABISCH J, LILLEODDEN E T. Kink formation and concomitant twin nucleation in Mg-Y [J]. Scripta Materialia, 2016, 111: 68-71.

[16] HAGIHARA K, OKAMOTO T, YAMASAKI M, et al. Electron backscatter diffraction pattern analysis of the deformation band formed in the Mg-based long-period stacking ordered phase [J]. Scripta Materialia, 2016, 117: 32-36.

[17] HU W W, YANG Z Q, YE H Q. Cottell atmospheres along dislocation in long-period stacking ordered phases in a Mg-Zn-Y alloy [J]. Script Materialia, 2016, 117: 77-80.

[18] KIM J K, SANDLOBES S, RAABE D. On the room temperature deformation mechanisms of a Mg-Y-Zn alloy with long-period-stacking-ordered structures [J]. Acta Materialia, 2015, 82: 414-423.

[19] SU J, SANJARI M, KABIR A S H, et al. Dynamic recrystallization mechanisms during high speed rolling of Mg-3Al-1Zn alloy sheets [J]. Scripta Materialia, 2016, 113: 198-201.

[20] KIM B, KIN J C, LEE S, et al. High-strain-rate superplasticity of fine-grained Mg-6Zn-0.5Zr alloy subjected to low-temperature indirect extrusion [J]. Scripta Materialia, 2017, 141: 138-142.

[21] ZHANG J S, CHEN C J, CHENG W L, et al. High-strength $Mg_{93.96}Zn_2Y_4Sr_{0.04}$ alloy with

long-period stacking ordered structure [J]. Materials Science and Engineering A, 2013, 559: 416-420.

[22] MWEMBELA A, KONOPLEVA E B, MCQUEEN H J. Microstructural development in Mg alloy AZ31 during hot working [J]. Scripta Materialia, 1997, 37: 1789-1795.

[23] ZENG Z R, STANFORD N, DAVIES C H J, et al. Magnesium extrusion alloys: A review of developments and prospects [J]. International Materials Reviews, 2018, 1: 1-36.

[24] ZENG Z R, ZHU Y M, XU S W, et al. Texture evolution during static recrystallization of cold-rolled magnesium alloys [J]. Acta Materialia, 2016, 105: 479-494.

[25] ZENG Z R, NIE J F, XU S W, et al. Super-formation pure magnesium at room temperature [J]. Nature Communications, 2017, 8: 972.

[26] XU S W, OHISHI K, KAMADO S, et al. High-strength extruded Mg-Al-Ca-Mn alloy [J]. Script Materialia, 2011, 65: 269-271.

[27] YUAN W, PANIGRAHI S K, SU J Q, et al. Influence of grain size and texture on Hall-Petch relationship for a magnesium alloy [J]. Script Materialia, 2011, 65: 994-997.

[28] RAZAVI S M, FOLEY D C, KARAMAN I, et al. Effect of grain size on prismatic slip in Mg-3Al-1Zn alloy [J]. Script Materialia, 2012, 67: 439-442.

[29] LUO P, MCDONALD, XU W. A modified Hall-Petch relationship in ultrafine-grained titanium recycled from chips by equal channel angular pressing [J]. Script Materialia, 2012, 66: 785-788.

[30] YAO Y, HUANG Z H, MA H, et al. High strength Mg-1.4Gd-1.2Y-0.4Zn sheet and its strengthening mechanisms [J]. Materials Science and Engineering A, 2019, 747: 17-26.

[31] SHAHSA H, ZAREIHANZAKI A, BARABI A, et al. Dynamic dissolution and transformation of LPSO phase during thermomechanical processing of a GWZ magnesium alloy [J]. Materials Science and Engineering A, 2019, 3: 32.

[32] DU B N, XIAO Z P, QIAO Y X, et al. Optimization of microstructure and mechanical properties of a Mg-Zn-Y-Nd alloy by extrusion process [J]. Journal of Alloys and Compounds, 2019, 775: 990-1001.

[33] HENG X W, ZHANG Y, RONG W, et al. A super high-strength Mg-Gd-Y-Zn-Mn alloy fabricated by hot extrusion and strain aging [J]. Materials and Design, 2019, 169: 107666.

[34] GAO J J, FU J, ZHANG N, et al. Structural features and mechanical properties of Mg-Y-Zn-Sn alloys with varied LPSO phases [J]. Journal of Alloy and Compounds, 2018, 768: 1029-1038.

[35] LIU W, ZHAO Y H, ZHANG Y T, et al. Deformation-induced dynamic precipitation of 14H-LPSO structure and its effect on dynamic recrystallization in hot-extruded Mg-Y-Zn alloys [J]. International Journal of Plasticity, 164: 103573.

[36] SHUAI C, LIU W, LI H Q, et al. Dual influences of deformation-induced W precipitates on dynamic recrystallization and fracture mechanism of the hot-extruded Mg-Y-Zn alloys: An experimental and phase field study [J]. International Journal of Plasticity, 170: 103772.

[37] LIU W, SU Y, ZHANG Y T, et al. Dissolution and reprecipitation of 14H-LPSO structure

accompanied by dynamic recrystallization in hot-extruded $Mg_{89}Y_4Zn_2Li_5$ alloy [J]. Journal of Magnesium and Alloys, 2023 (11): 1408-1421.

[38] LIU W, ZENG Z R, HOU H, et al. Dynamic precipitation behavior and mechanical properties of hot-extruded $Mg_{89}Y_4Zn_2Li_5$ alloys with different extrusion ratio and speed [J]. Materials Science and Engineering A, 2020 (798): 140121.

6 挤压温度对 LPSO 结构相与动态再结晶的影响

6.1 引 言

为了更好地使 LPSO 结构在镁合金强韧化中发挥优势，对于 LPSO 结构的关注，一方面集中在 LPSO 结构的微观形貌和形成转化机制的研究；另一方面则通过研究含 LPSO 结构的镁合金塑性变形机制，来分析 LPSO 结构在镁合金强韧化过程中的作用。Mg-Y-Zn 系镁合金因其含特殊的 LPSO 结构而表现出优异的力学性能，成为镁合金研究的热点话题。根据 Y、Zn 原子比，Mg-Y-Zn 系镁合金可以形成 3 种主要的三元平衡相，分别是 W 相（$Mg_3Zn_3Y_2$，立方结构）、I 相（Mg_3Zn_6Y，二十面体准晶结构）和 X 相（$Mg_{12}YZn$，长周期堆垛有序结构）。近年来，一系列 Y、Zn 原子比为 2:1 的 Mg-Y-Zn 三元合金由于具有多的 LPSO 结构而备受关注。

在本章中，选用含 LPSO 结构的典型 $Mg_{98.5}Y_1Zn_{0.5}$ 镁合金为研究对象，通过不同温度的热挤压变形，采用实验和相场模拟相结合的方法，阐明其组织及力学性能的演变规律。同时，详细地说明 $Mg_{98.5}Y_1Zn_{0.5}$ 挤压镁合金中的非再结晶（non-DRX）区、再结晶（DRX）区和 non-DRX/DRX 共存区三个不同区域的裂纹扩展情况。

6.2 $Mg_{98.5}Y_1Zn_{0.5}$ 挤压合金制备

本章采用传统铸造、热处理和热挤压成型工艺制备 $Mg_{98.5}Y_1Zn_{0.5}$ 镁合金，选用纯镁（99.99%），Mg-30Y 中间合金，纯锌（99.99%）作为熔炼合金的原材料。为了防止熔炼过程中，熔炼工具引入杂质，需要在模具、搅拌棒、扒渣棒表面均匀涂上保护涂料，同样，原材料也需要将表面氧化层和污渍打磨干净。使用的涂料为水玻璃、氧化锌和水的混合溶液，脱模剂为氧化锌。具体步骤为：

（1）将坩埚预热到 500 ℃后加入预热好的镁块，在镁块上均匀撒上一层覆盖剂，同时通入高纯氩气保护，温度升到 720 ℃后保温 20 min。

（2）待加入的镁块完全熔化后扒掉熔液最上面的渣，将剩下预热好的镁块、锌块和 Mg-30Y 中间合金全部加入，同样使用覆盖剂和氩气进行保护，将温度升到 750 ℃，并保温 10 min。

（3）等到保温时间结束后，将炉子温度降到 730 ℃，将溶液表面渣扒掉，将预热的精炼剂加入并搅拌均匀，撒上覆盖剂和通入氩气，在 750 ℃ 保温 20 min；将预热好的金属模具安装在机械振动台上，同时在浇铸口安装泡沫陶瓷过滤网，为强化过滤器对夹杂物的黏附，在泡沫陶瓷过滤网表面涂覆特殊涂料，并打开机器。

（4）保温时间到后，将炉温降至 730 ℃ 后把液面上的渣扒掉，然后将金属液浇铸到金属模具中，浇铸过程使用氩气对液面保护，空冷到室温，浇铸过程中使用机械振动和过滤网减少气孔、杂质的引入，最后得到直径为 ϕ40 mm 金属棒。

然后，在氩气保护的条件下对 $Mg_{98.5}Y_1Zn_{0.5}$ 合金试棒进行了固溶处理。镁在高温下极易与空气中的氧气和水蒸气反应，为了防止在热处理过程中试样因氧化而烧损，特别是在高温情况下，对热处理试样进行特殊保护。具体步骤为：

（1）将浇铸得到的试样用电火花线切割机切割成挤压试样的尺寸（ϕ40 mm ×30 mm）的圆柱，并打掉表面氧化层。

（2）将氧化镁粉在 200 ℃ 干燥 2 h，防止续热处理过程中带入水蒸气。

（3）为防止热处理试样因与空气中的氧气、水蒸气反应或受热不均匀而烧损，将试样用锡纸包裹后埋入干燥后的氧化镁粉中并压实。

（4）将包裹好的试样放入热处理炉中，随炉升温到 530 ℃，并保温 10 h，然后随炉冷却到室温。

（5）取出试样并清理表面，以便后续热挤压。

最后，采用的挤压机由中北大学液态成型中心自主研发与设计的立式挤压机，最大挤压力为 5000 kN。挤压试样为前一步固溶处理试样，在 530 ℃ 固溶处理 10 h。除了挤压温度不同外，合金的挤压速度、挤压角度、挤压比均相同，分别为 0.4 mm/s、30°、25∶1。挤压试样尺寸为 ϕ40 mm×30 mm，挤压前需要将挤压试样和挤压模具加热到对应挤压温度并保温 1h，挤压出来的试样水冷至室温，最后得到直径为 ϕ8 mm 的圆柱棒。

6.3　$Mg_{98.5}Y_1Zn_{0.5}$挤压合金相场模型

理解"成分-加工-微观结构-性能"之间的关系是材料科学与工程的中心主题。从历史上看，新材料的设计主要依靠"试错"法来调整和分析合金成分和工艺参数，这需要长周期和高成本。多尺度建模和计算方法，将原子尺度结构转化为宏观特性，在理解和解释实验观测结果以及降低实验成本方面发挥着越来越大的作用[16,17]。平均场方法（mean-field theory，MFT）通常用于近似包含大量相互作用体的大型复杂随机模型。通过将多体相互作用平均为单体相互作用，平均场近似理论（mean-field approximation theory）已成为一些计算模型的基础。相场法（phase-field methods，PFM）是基于 MFT 推导的，在复杂的内部或/和外部效应下，可以在纳米尺度和介尺度上提供独特的关键环节，包括形态、尺寸、空间排列、过渡路径、缺陷、应力和应变分布[1-22]。本章采用相场模型研究了 $Mg_{98.5}Y_1Zn_{0.5}$ 合金在挤压过程中的组织演变和拉伸过程中的裂纹演变。其中，所有相场模拟均由赵宇宏课题组自主开发的集成相场软件（Easyphase）进行。

6.3.1　第二相析出相场模型

采用相场模型建立了位错阵列双晶模型，模拟了变形应变作用下 W 相的动态析出。动力学方程用经典的 Cahn-Hilliard 模型表示[1,7,15]：

$$\frac{\partial c(r,t)}{\partial t} = \nabla\left(M\,\nabla\frac{\delta F}{\delta c(r,t)}\right) + \xi_c(r,t) \tag{6-1}$$

式中　$c(r,t)$——与空间位置和时间相关的浓度场变量；

　　　　M——体系的化学迁移率，值为 1；

　　$\xi_c(r,t)$——噪声相位；

　　　　F——总自由能，可由下式求得：

$$F = N_V\int_V\left[f(c) + \frac{1}{2}\sum \kappa_c(\nabla c)^2\right]dV + F_{el} \tag{6-2}$$

式中　　　$f(c)$——体积自由能密度；

$\frac{1}{2}\sum \kappa_c(\nabla c)^2$——梯度自由能；

　　　　κ_c——无量纲梯度能系数，值为 0.68；

　　　　F_{el}——弹性应变能，可由下式给出[19]：

$$F_{el} = \frac{1}{2}\int_V \sigma_{ij}^{el}(r)\varepsilon_{ij}^{el}(r)\,dV$$

$$= \frac{1}{2}\int_V C_{ijkl}(\varepsilon_{ij}^a + \delta\varepsilon_{ij} - \varepsilon_{ij}^0 - \varepsilon_{ij}^d)(\varepsilon_{kl}^a + \delta\varepsilon_{kl} - \varepsilon_{kl}^0 - \varepsilon_{ij}^d)\,dV \tag{6-3}$$

式中　C_{ijkl}——对应的弹性模量张量；

　　　ε_{ij}^a——值为 0.02 的外加应变；

　　　$\delta\varepsilon_{ij}$——非均质应变；

　　　ε_{ij}^0——值为 0.001 的 W 颗粒本征应变；

　　　ε_{ij}^d——位错等缺陷引起的应变。

应变可由下式求得[5]：

$$\varepsilon_{ij}^d = b \otimes n = \frac{(b_i n_j + b_j n_i)}{2d} \tag{6-4}$$

式中 b, n——滑移面的 Burgers 向量和法向量;

　　　　d——滑移面各平面之间的距离, 无量纲 $\varepsilon_{ij}^d = 0.0015$。

在模拟过程中, W 相初始浓度为 $c = 0.15$, 随机热波动值为 [-0.001, 0.001]。初始模拟温度 $T = 673$ K, 无量纲模拟时间 $t^* = 0.01$。模拟网格点个数为 $N_x = N_y = 128$, 无量纲网格间距为 $d_x = d_y = 1$, 模拟实际尺寸为 4 μm×4 μm。

6.3.2 第二相钉扎效应的相场模型

采用连续场模型建立 W 颗粒在 400 ℃ 热挤压过程中阻碍晶粒生长相场模型。采用取向场变量 $\partial \eta_i(r, t)$ ($i = 1$, 2, $\cdots$, p) 表示不同取向的晶粒, 演化动力学方程用 Allen-Cahn 方程表示[19]:

$$\frac{\partial \eta_i(r, t)}{\partial t} = -L \frac{\delta F}{\delta \eta_i(r, t)} (i = 1, 2, \cdots, p) \tag{6-5}$$

式中 L——表示晶界迁移率的系数, 值为 1、1.5、2.5;

　　　　F——总自由能, 可由下式求得[19]:

$$F = \int_V \left[f_{ch}(c, \eta_i) + \frac{1}{2} \kappa_{\eta_p} (\nabla \eta_p)^2 \right] dr + F_{el} \tag{6-6}$$

式中 $f_{ch}(c, \eta_i)$——与第二相粒子和序参量相关的局部化学自由能密度;

　　　　κ_{η_p}——无量纲值为 0.12 序参量的梯度能系数;

　　　　F_{el}——与序参量相关的弹性能, 可以用下式表示[19]:

$$F_{el} = \frac{1}{2} \int_V C_{ijkl} \varepsilon_{ij}^{el} \varepsilon_{kl}^{el} dV$$

$$= \frac{1}{2} \int_V C_{ijkl} \left[\varepsilon_{ij}^a + \delta\varepsilon_{ij} - \sum_p \varepsilon_{ij}^0(p) \eta_p^2 - \varepsilon_{ij}^d \right] \left[\varepsilon_{kl}^a + \delta\varepsilon_{kl} - \sum_q \varepsilon_{kl}^0(q) \eta_q^2 - \varepsilon_{kl}^d \right] dV \tag{6-7}$$

式中 C_{ijkl}——弹性模量张量;

　　　　ε_{ij}^a——值为 0.02 的外加应变;

　　　　$\delta\varepsilon_{ij}$——非均质应变;

　　　　ε_{ij}^0——值为 0.001 的 W 颗粒本征应变;

　　　　ε_{ij}^d——位错等缺陷引起的应变。

在模拟过程中, 将弹性应变能耦合在总能量中, 得到弹性应变能特征应变与序参量的耦合公式为[19]:

$$\varepsilon_{ij}^0(r) = \sum_p \varepsilon_{ij}^0(p) \eta_p^2(r) \tag{6-8}$$

式中 $\varepsilon_{ij}^0(p)$——无量纲值为 0.02 的晶格失配。

在此模拟过程中，初始顺序参数设置为 30 个方向，值为 0.01。同时，利用随机函数设置了 4 个初始大晶粒和 10 个不同位置和尺寸的初始 W 相，W 相的最大半径分别为 200 nm、250 nm、280 nm，W 相位置的序参量 $\eta_i = 0$。初始模拟温度 $T = 633$ K、653 K、673 K，无量纲模拟时间 $t^* = 0.01$。模拟网格点个数为 $N_x = N_y = 512$，网格间距为 $d_x = d_y = 2.0$，模拟实际尺寸为 9 μm×9 μm。

6.3.3　裂纹扩展模型

为了模拟室温拉伸过程中非 DRX 区域的裂纹扩展，采用晶体相场模型（phase-field crystal，PFC）构建了具有初始裂纹的单晶体系。详细参数设置请参考文献 [1-13]。初始裂纹是通过设置 10 个原子大小的空位来构建的。通过构造相图确定了初始无量纲温度参数 $r = -0.8$ 和初始原子密度 $\rho = 0.49$。加载过程中，Y 轴拉伸采用二维等面积变形假设，构造周期边界条件。设各空间步长在 y 方向上的增量为 $d = \varepsilon \gamma \Delta t$，其中 $\dot{\varepsilon} = 6 \times 10^{-6} / \Delta t$ 为无量纲应变速率，$\gamma = \pi/4$ 为无量纲网格尺寸，$\Delta t = 0.3$ 为时间步长。模拟区域的尺寸为 $L_x = 512 \gamma$，$L_y = 512 \gamma$，对应的实际尺寸为 $L_R = 17.6253$ nm。

6.4　$Mg_{98.5}Y_1Zn_{0.5}$ 挤压合金组织

Mg-Y-Zn 合金因其含特殊的 LPSO 结构而表现出优异的力学性能，一直是研究的热点话题[23-27]，特别是含薄层状 14H-LPSO 结构的 Mg-Y-Zn 合金，在挤压变形过程中，根据条件不同，14H-LPSO 结构对 DRX 行为的影响是复杂的，14H-LPSO 结构既可以抑制 DRX 行为，又可以促进 DRX 行为。本章选用含 LPSO 结构的典型 Mg-Y-Zn 合金为研究对象，通过适当的热处理工艺，尽可能地将 18R-LPSO 完全转变为 14H-LPSO 结构，以此研究挤压温度对含 14H-LPSO 结构的 $Mg_{98.5}Y_1Zn_{0.5}$ 合金组织及力学性能的影响。

图 6-1 为 $Mg_{98.5}Y_1Zn_{0.5}$ 挤压镁合金在不同挤压温度下（360 ℃、380 ℃和 400 ℃）的 XRD 图谱，除 α-Mg 基体的衍射峰外，还可观察到 14H-LPSO 相（34°、68°和 70°附近）和 18R-LPSO 相（36°附近）的特征衍射峰。由此可知，$Mg_{98.5}Y_1Zn_{0.5}$ 挤压镁合金主要由 α-Mg 基体、14H-LPSO 相和 18R-LPSO 相组成。

图 6-2 和图 6-3 分别是 $Mg_{98.5}Y_1Zn_{0.5}$ 挤压镁合金平行于挤压方向和垂直于挤压方向的显微组织。首先，从图 6-2（a）~（c）中可以看到，挤压合金组织呈拉长状态，并出现大量细小的等轴晶（即动态再结晶，DRX），其中块状相为 18R-LPSO 相，层片状相为含 14H-LPSO 相。此外，从图 6-2（d）~（f）中可以清楚地观察到在块状 18R-LPSO 相（灰色衬度）周围分布着细小的 DRX 晶粒。如图 6-3（a）~（c）中，18R-LPSO 相和 14H-LPSO 相都发生了不同程度的扭折变形。图 6-4

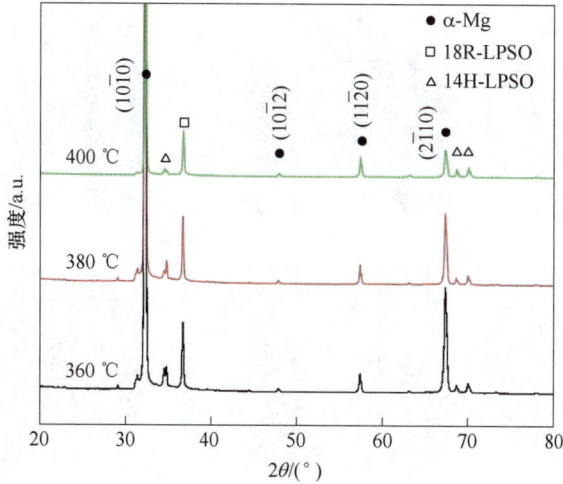

图 6-1　X 射线衍射（XRD）图显示了不同挤压温度下热挤压 $Mg_{98.5}Y_1Zn_{0.5}$ 合金的相组成

是挤压温度为 400 ℃ 的 $Mg_{98.5}Y_1Zn_{0.5}$ 挤压镁合金的 TEM 分析结果。图 6-4（b）和图 6-4（c）是图 6-4（a）中 A 点和 B 点对应的选定区域电子衍射（selected area electron diffraction，SAED）图。图 6-4（b）中两个较大且较亮的衍射斑点之间分布着 5 个大小不等的衍射斑，可说明块状相为 18R-LPSO 相。而图 6-4（c）中两个较大且较亮的衍射斑点之间分布着 6 个大小不等的衍射斑，可说明层片状相为 14H-LPSO 相。此外，在图 6-2（g）~（i）中，还可以清楚地观察到一些纳米级颗粒相，并且随着挤压温度的升高，纳米级颗粒相的含量逐渐增加。从图 6-2（j）~（l）中可以发现，这些纳米颗粒大部分分布在 DRX 晶粒晶界处，只有少量分布在 DRX 晶粒内部。

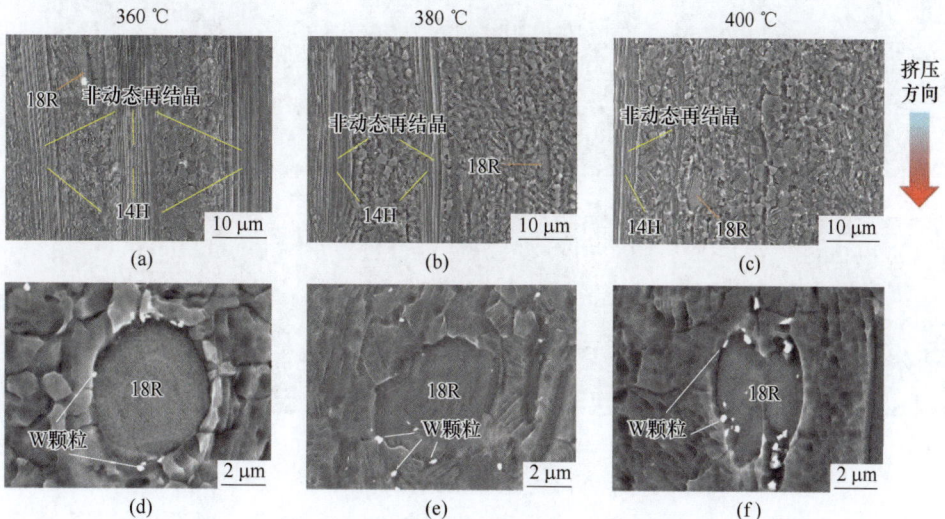

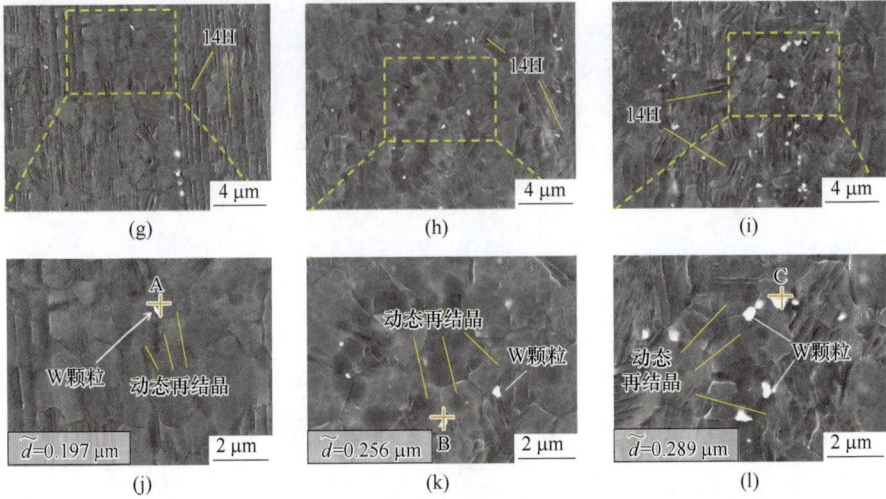

图 6-2　SEM 图显示了 $Mg_{98.5}Y_1Zn_{0.5}$ 合金平行挤压方向下的显微组织，
W 颗粒的能谱分析结果分别来自图 (j)~(l) 中以黄色 "+" 标记的 A、B、C 点

(a) (d) (g) (j) 360 ℃；(b) (e) (h) (k) 380 ℃；(c) (f) (i) (l) 400 ℃

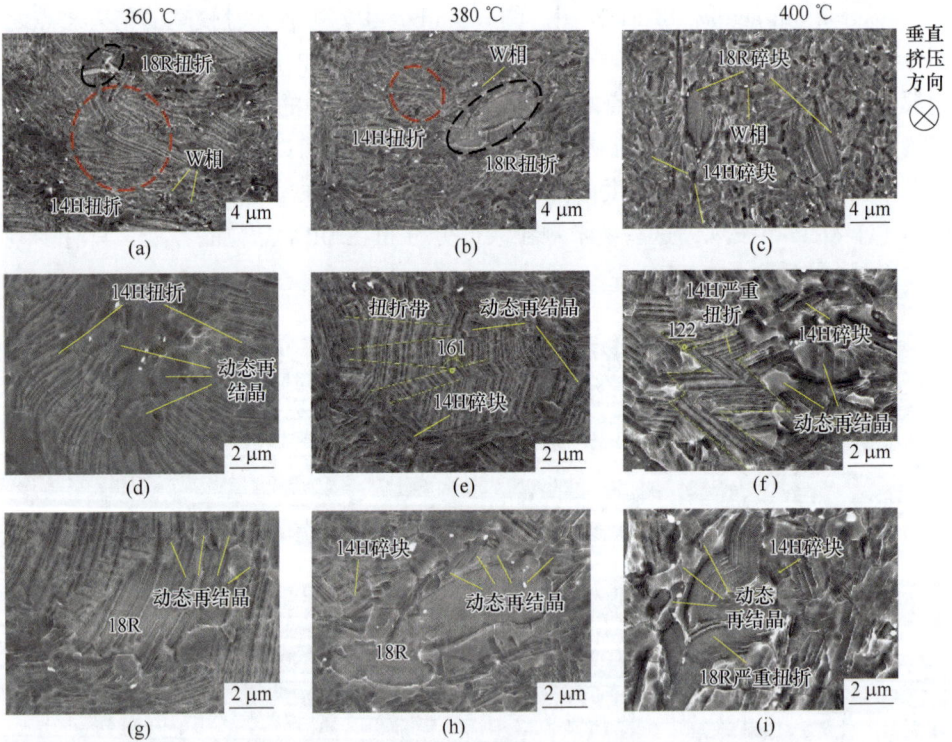

图 6-3　热挤压 $Mg_{98.5}Y_1Zn_{0.5}$ 合金垂直挤压方向的显微组织 SEM 图

(a) (d) (g) 360 ℃；(b) (e) (h) 380 ℃；(c) (f) (i) 400 ℃

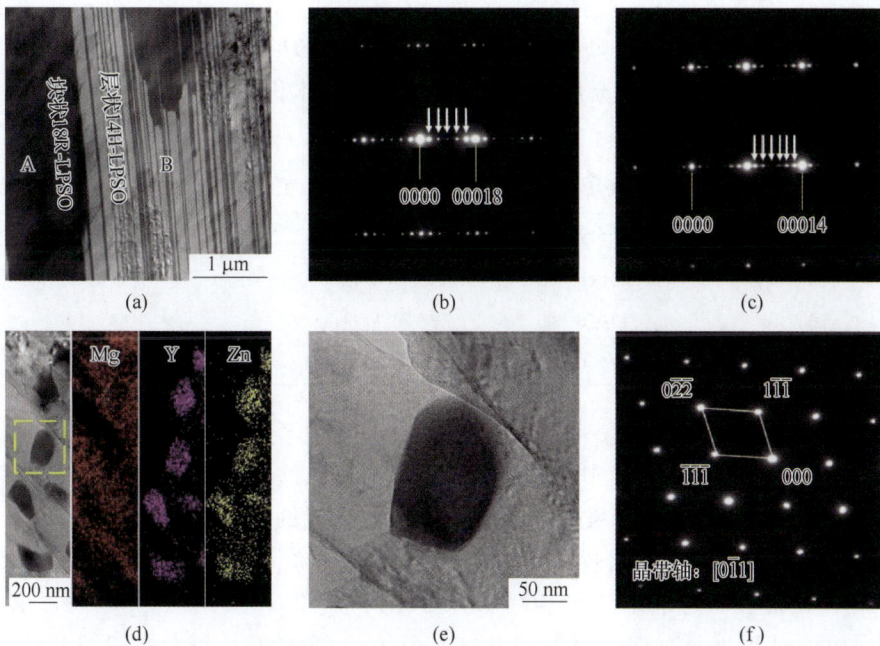

图 6-4   分别显示了在 400 ℃下热挤压的 $Mg_{98.5}Y_1Zn_{0.5}$
合金块状相、片层状相和颗粒相的 TEM 结果

(a) 显示了块状相和片层状相的低倍 TEM；(b) 图 (a) 中 A 的选择区域电子衍射 （SAED） 图；
(c) 图 (a) 中 B 点的 SAED 图；(d) 颗粒相的 EDS 结果；(e) 图 (d) 中黄色虚线矩形
的局部放大；(f) 图 (e) 中颗粒相的 SAED 图

表6-1 给出了图6-2 (j)~(l) 中颗粒相的 EDS 分析结果 （用 A 点、B 点和 C
点），结果表明，这些纳米颗粒相主要由 Mg、Zn 和 Y 元素组成，并且 Zn 与 Y 的
比值分别约为 1.52、1.5 和 1.58，这与 Mg-Y-Zn 系合金中的 W 相（$Mg_3Y_2Zn_3$）
成分类似，图 6-4 (d)~(f) 中的 TEM 结果进一步证实了纳米颗粒为 W 相。如
图 6-4 (d) 所示，在 DRX 颗粒内部观察到几颗聚集的纳米颗粒相，EDS 结果表
明这些纳米颗粒主要由 Mg、Y 和 Zn 元素组成。图 6-4 (e) 为图 6-4 (d) 中黄
色虚线矩形中纳米颗粒的局部放大图，SAED 图从 $[0\bar{1}1]$ 轴测得纳米颗粒相为
面心立方结构（Fm-3m，$a=0.683$ nm），表明纳米颗粒相为 W 相。表 6-2 给出了

表 6-1   在图 6-2 (j)~(l) 中分别从 A 点、B 点和 C 点测得的 W 颗粒能谱分析结果

位置	Mg （原子分数）/%	Y （原子分数）/%	Zn （原子分数）/%	Zn/Y
A	92.7	2.9	4.4	1.52
B	92	3.2	4.8	1.5
C	85.8	5.5	8.7	1.58

W 颗粒的平均体积分数、数密度和直径。从表可知，$Mg_{98.5}Y_1Zn_{0.5}$ 合金在 360°、380°和 400 ℃下挤压时，W 颗粒的平均直径分别为（197±15）nm、（255±16）nm 和（289±16）nm，随着挤压温度的升高，W 颗粒的体积分数和数密度均呈增加趋势。

表 6-2　不同挤压温度下热挤压 $Mg_{98.5}Y_1Zn_{0.5}$ 合金中 W 颗粒的体积分数、数密度和直径

温度/℃	体积分数/%	数密度/μm^{-3}	平均直径/nm
360	0.041±0.005	0.044±0.006	197±15
380	0.123±0.005	0.112±0.006	255±16
400	0.181±0.005	0.193±0.006	289±16

图 6-5 为热挤压态 $Mg_{98.5}Y_1Zn_{0.5}$ 合金在不同挤压温度下沿挤压方向的 EBSD 结果。从图 6-5（a）~（c）中的 IPF 图可以看出，在这些热挤压态合金中可以观察到由细小的 DRX 晶粒和粗大的 non-DRX 晶粒组成的典型双峰结构。并且，随着挤压温度的升高，DRX 区域的体积分数从 45.34%（360 ℃）增加到 59.63%（380 ℃），再增加到 86.97%（400 ℃）。同时，如图 6-5（g）~（i）所示，随着挤压温度的不断升高，DRX 晶粒尺寸从 1.43 μm（360 ℃）逐渐增加到 1.62 μm（380 ℃）和 1.69 μm（400 ℃）。此外，大量的低角度晶界（LAGBs）在粗大的非 DRX 晶粒中能被观察到，表明位错在挤压过程中产生滑移和堆叠。PF 图显示的是所有采集点晶体取向的叠加，从蓝到红代表某一取向的晶粒越来越多。从图 6-5（d）中可以发现，360 ℃挤压 $Mg_{98.5}Y_1Zn_{0.5}$ 合金的 PF 图接近圆心的地方为绿红，表明取向为此方向的晶粒分布较多，并且晶粒的 c 轴朝 TD 方向发生了轻微偏移，这种晶粒偏转不明显的晶粒形成的织构可以算作基面织构，因为基面织构的 PF 图在（0001）面的投影在圆的圆心。在图 6-5（b）中，380 ℃挤压的 $Mg_{98.5}Y_1Zn_{0.5}$ 合金的晶粒颜色主要为红色和绿色，而蓝色较少，说明 380 ℃挤压 $Mg_{98.5}Y_1Zn_{0.5}$ 合金的晶粒在空间上分布为 {0001} 面和 {1$\bar2$10} 面，即从 y 轴看在空间上分布主要为水平分布，（0001）基面垂直水平面分布。从对应的 PF 图可以发现，晶粒的 c 轴朝 ED 方向偏转了约 45°和 90°，对应于 IPF 图的绿色晶粒和红色晶粒。在图 6-5（c）中，400 ℃挤压的 $Mg_{98.5}Y_1Zn_{0.5}$ 合金的晶粒颜色主要为绿色和红色，而蓝色较少，说明 400 ℃挤压 $Mg_{98.5}Y_1Zn_{0.5}$ 合金的晶粒在空间上分布为 {1$\bar2$10} 面和 {0001} 面，即从 y 轴看在空间上分布主要为水平分布呈 45°，（0001）基面垂直水平面夹角约 45°。从对应的 PF 图可以发现，晶粒的 c 轴朝 ED 方向偏转了约 45°，对应于 IPF 图的绿色晶粒。根据图 6-5（d）~（f）中 $Mg_{98.5}Y_1Zn_{0.5}$ 合金的（0001）PF 图，可以明显观察到，随着挤压温度的提高，合金的最大织构强度位置发生了变化，晶粒 c 轴朝 ED 进行旋转，说明提高挤压温度能够改变 $Mg_{98.5}Y_1Zn_{0.5}$ 合金的织构类型。

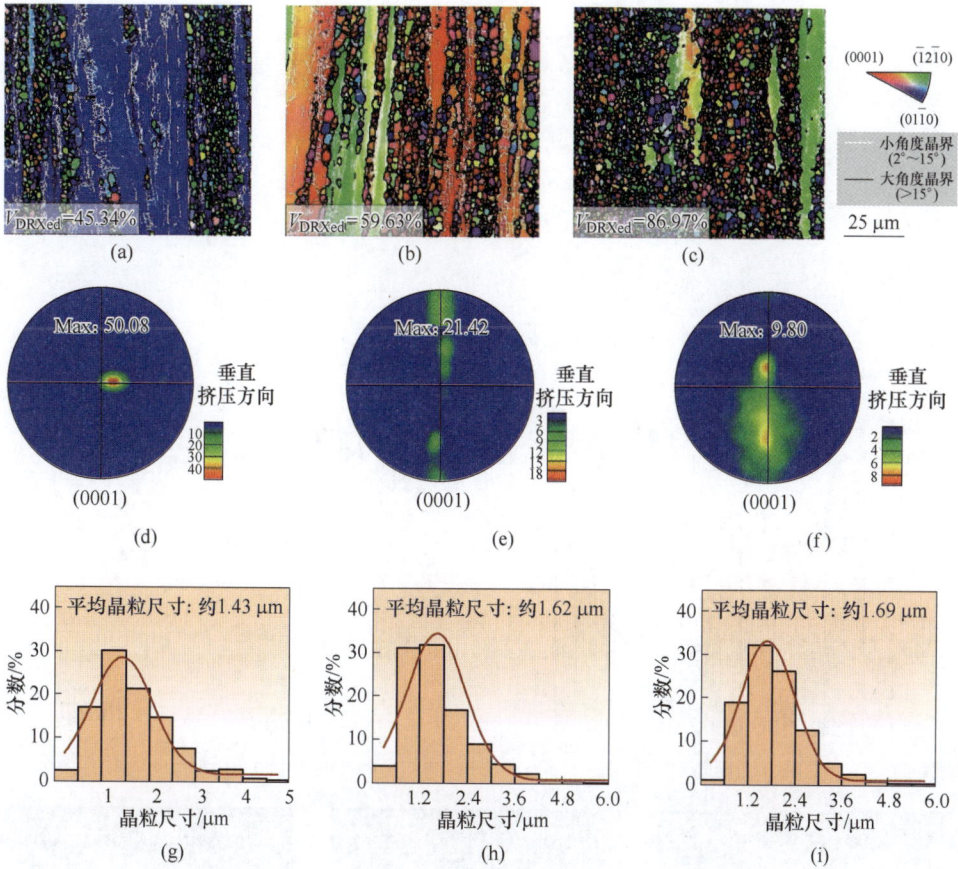

图 6-5 Mg$_{98.5}$Y$_1$Zn$_{0.5}$沿挤压方向（ED）的 EBSD 结果
（a）（d）（g）360 ℃；（b）（e）（h）380 ℃；（c）（f）（i）400 ℃

6.5 Mg$_{98.5}$Y$_1$Zn$_{0.5}$挤压合金力学性能

图 6-6（a）为 Mg$_{98.5}$Y$_1$Zn$_{0.5}$合金在不同挤压温度下的拉伸应力-应变曲线，其对应的极限抗拉强度（UTS）、屈服强度（YS）、伸长率（E）和强塑积（UTS×E）被总结在图 6-6（b）中，从图中可以看出，随着挤压温度的升高，热挤压 Mg$_{98.5}$Y$_1$Zn$_{0.5}$合金的机械强度逐渐降低，但塑性不断提高。抗拉强度从 328.9 MPa 降低到 280.1 MPa，再到 257.8 MPa，伸长率从 4.8% 提高到 7.7%，再到 14.8%。热挤压 Mg$_{98.5}$Y$_1$Zn$_{0.5}$合金在 400 ℃时的强塑积最高。如图 6-6（c）所示，与其他 Mg-RE 合金的 UTS、E 和 UTS×E 比较，热挤压 Mg$_{98.5}$Y$_1$Zn$_{0.5}$合金

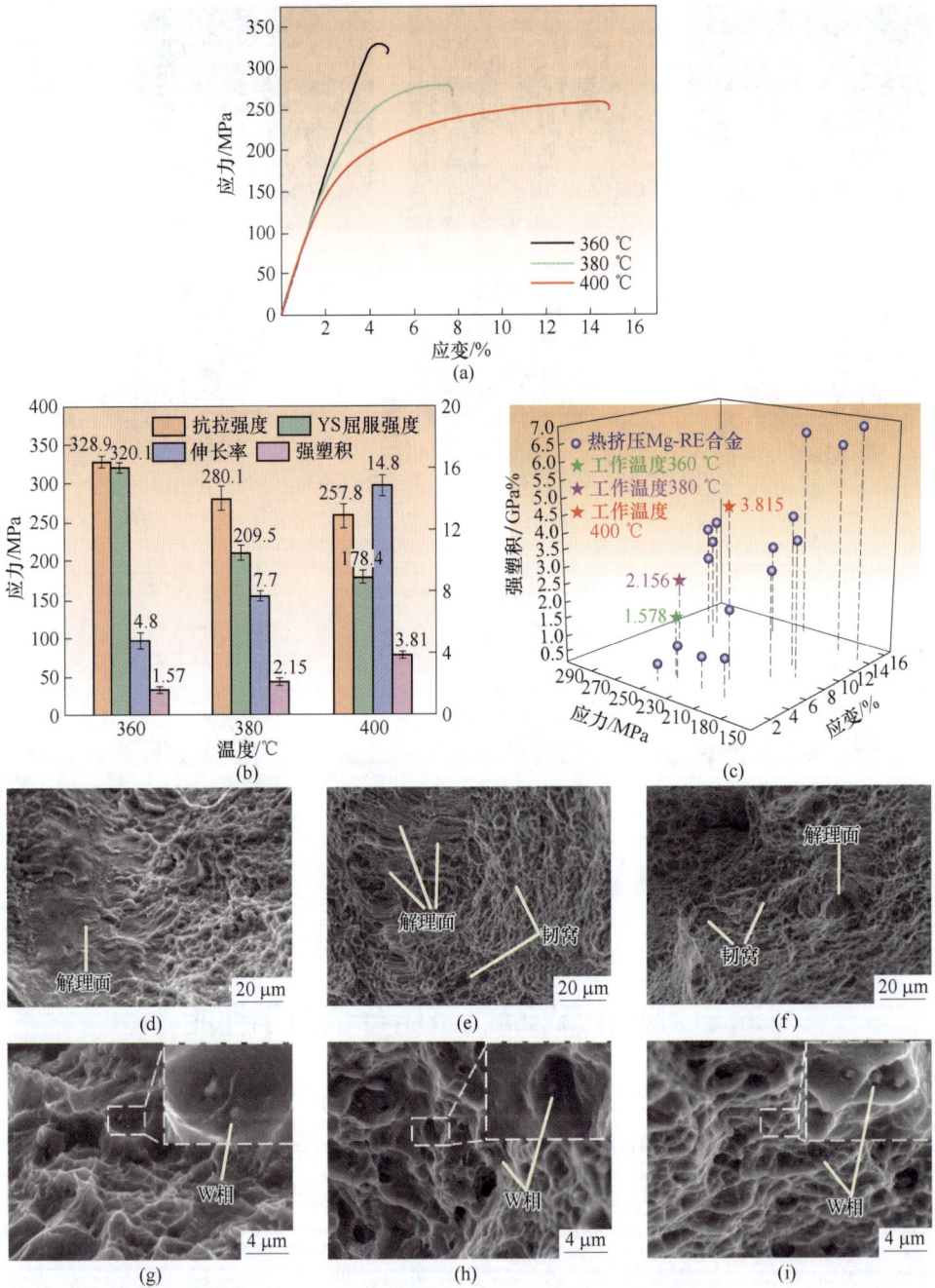

图 6-6　不同热挤压温度下 $Mg_{98.5}Y_1Zn_{0.5}$ 合金的力学性能及垂直拉伸方向断口的 SEM 图像

（a）应力-应变曲线；（b）相应的 UTS、YS、E 和强度-韧性平衡（UTS×E）的柱状图；

（c）热挤压 Mg-RE 合金的 UTS、E 和 UTS×E 的比较；（d）（g）360 ℃；（e）（h）380 ℃；（f）（i）400 ℃

表现出优异的强塑积水平。此外，从图 6-6（d）~（f）中的断口形貌可以看出，随着温度的升高，Mg$_{98.5}$Y$_1$Zn$_{0.5}$合金的解理面数量逐渐减少，韧窝逐渐增加，说明提高挤压温度有利于提高热挤压 Mg$_{98.5}$Y$_1$Zn$_{0.5}$合金的塑性。从图 6-6（g）~（i）中的高倍 SEM 图像中可以看出，在韧性断裂区检测到 W 颗粒，这表明 W 颗粒在热挤压 Mg$_{98.5}$Y$_1$Zn$_{0.5}$合金的断裂机制中起着重要作用。

　　Mg$_{98.5}$Y$_1$Zn$_{0.5}$合金的强度和塑性跟 DRX 程度、织构类型和织构强度有关。首先，具有双峰结构的组织，粗大的非再结晶区主要提供强度，DRX 区域主要提供塑性，非再结晶区位错密度较高，起着位错强化作用，因此，非再结晶区域越多，合金强度越高，塑性越差。其次，晶粒取向在空间上分布不同形成不同类型的织构，当晶粒基面滑移系与拉伸方向呈 45°时，晶粒处于软取向方向，基面滑移最容易开动，表现出良好的塑性，然而，当晶粒基面滑移系与拉伸方向呈 0°或 90°时，晶粒处于硬取向方向，外加载荷在滑移系方向上的分切应力几乎为 0，基面滑移难以开动，合金表现为高强低韧。如图 6-6 中的 PF 图显示，360 ℃挤压的 Mg$_{98.5}$Y$_1$Zn$_{0.5}$合金基面滑移系与加载方向为 0°，380 ℃挤压的 Mg$_{98.5}$Y$_1$Zn$_{0.5}$合金基面滑移系与加载方向为 90°或 45°，400 ℃挤压的 Mg$_{98.5}$Y$_1$Zn$_{0.5}$合金基面滑移系与加载方向为 45°，因此，360 ℃挤压时强度最高、塑性最差，380 ℃挤压时次之，400 ℃挤压时强度最低、塑性最好。

6.6　Mg$_{98.5}$Y$_1$Zn$_{0.5}$挤压合金组织演变

　　图 6-7 是挤压温度为 400 ℃时的 Mg$_{98.5}$Y$_1$Zn$_{0.5}$挤压镁合金试棒过渡段的组织演变。图 6-7（a）显示了 A、B、C 和 D 四个不同观测位置。在图 6-7（b）和（f）中，块状 18R-LPSO 相与层片状 14H-LPSO 相沿挤压方向呈现拉长形貌，在 18R-LPSO 和 14H-LPSO 相交界处可以观察到轻微的变形扭折（用白色矩形标记）。同时，在这些图像中可以观察几个纳米级的 W 颗粒和两个明显的亚晶界（黑色箭头所示）。挤压变形导致 α-Mg 基体中位错的产生、滑移和堆叠，形成具有严重晶格畸变的高能区域，这为 W 颗粒的析出和 DRX 行为创造了条件。随着进一步挤压，在图 6-7（c）和图 6-7（g）中，层片状 14H-LPSO 相的扭折变形越来越严重，形成严重的变形扭折带（如图 6-7（c）中的白色矩形所示），这增加了这些扭折带中的位错密度，同时，在扭折严重的区域观察到更多的 DRX 晶粒和 W 颗粒，因此严重扭折的区域进一步促进了 W 颗粒的析出和 DRX 行为（见图 6-7（c））。进一步增加变形量，除了 DRX 晶粒明显增多外（见图 6-7（d）），在少量 DRX 晶粒内部还发现了大量纳米 W 颗粒（见图 6-7（h）），说明变形量的增加不仅促进了 DRX 行为，也促进了纳米 W 颗粒的析出。在挤压的最后阶段，图 6-7（e）和图 6-7（i）所示，大部分 W 颗粒沿 DRX 晶粒的晶界均匀分布，只有少量 W 颗粒分布在 DRX 晶粒内部。

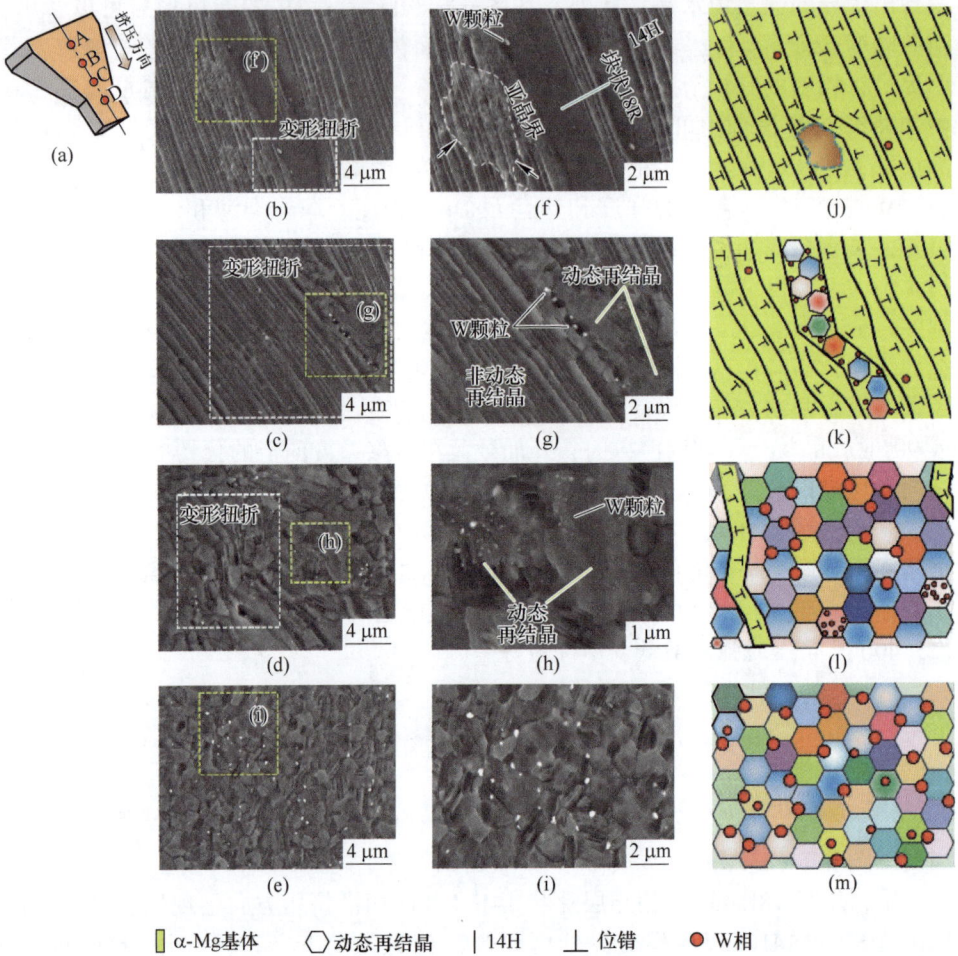

图 6-7　在 400 ℃下挤压的 Mg$_{98.5}$Y$_1$Zn$_{0.5}$ 合金挤压坯沿中心线中断处的显微组织和示意图

（a）四个显微组织观察位置；（b）A 位置显微组织；（c）B 位置显微组织；（d）C 位置显微组织；
（e）D 位置显微组织；（f）图（b）中黄色虚线框局部放大图；（g）图（c）中黄色虚线框局部放大图；
（h）图（d）中黄色虚线框局部放大图；（i）图（e）中黄色虚线框局部放大图；（j）A 位置显微组织
示意图；（k）B 位置显微组织示意图；（l）C 位置显微组织示意图；（m）D 位置显微组织示意图

　　图 6-8（a）~（d）是图 6-7 中 Mg$_{98.5}$Y$_1$Zn$_{0.5}$ 挤压合金过渡段 C 和 D 位置处 W 颗粒动态析出的 SEM 图像，从图中可以清楚地观察到大量 W 颗粒动态析出，并且在 C 位置的 W 颗粒周围形成了多个 DRX 晶粒（如图 6-8（b）中用 1~6 号标记）。由此可见，W 颗粒促进了 DRX 晶粒的形成。如图 6-8（c）和图 6-8（d）所示，随着变形应变增大到 D 位置时，DRX 晶粒不仅更完全，而且 DRX 晶粒开始长大。图 6-8（e）是在 400 ℃下热挤压 Mg$_{98.5}$Y$_1$Zn$_{0.5}$ 合金的 TEM 图像，图 6-8

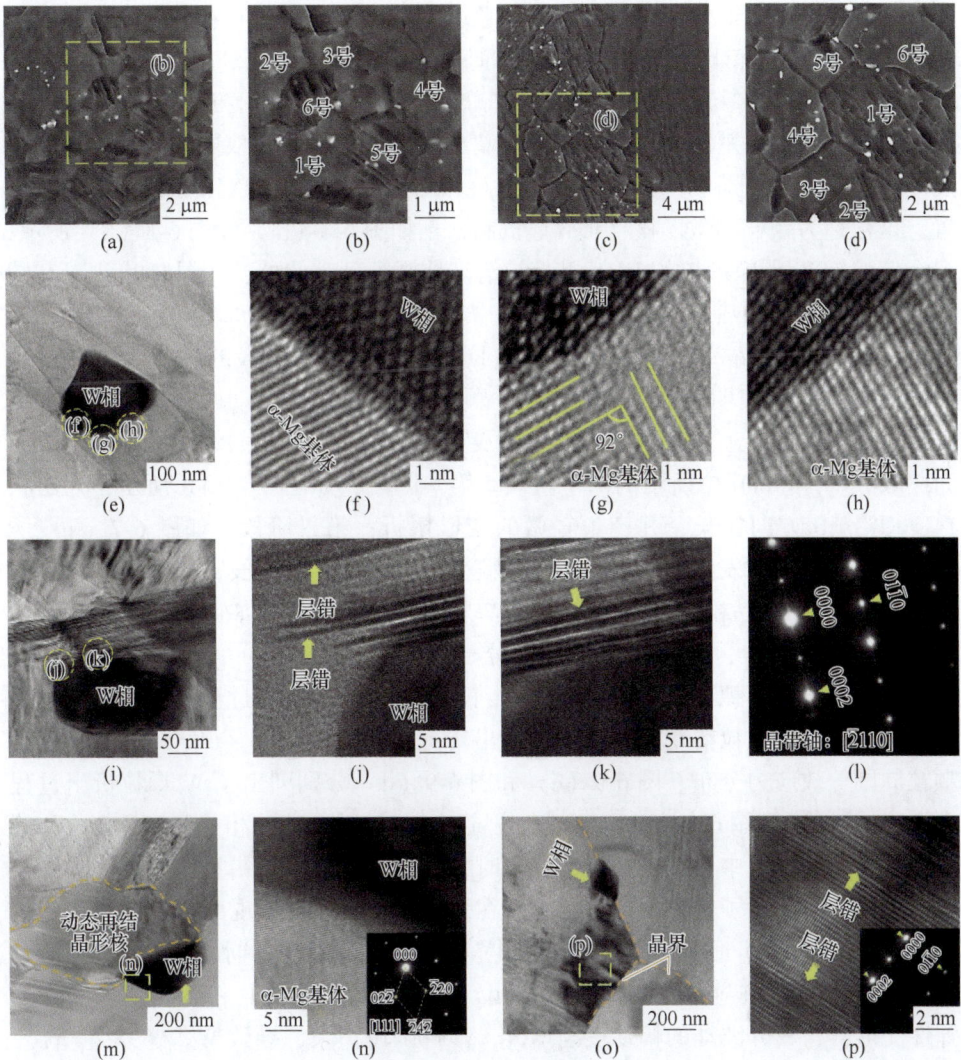

图 6-8 W 颗粒的 SEM 和 TEM 结果

(a) C 位置的 SEM 图;(b) 图 (a) 中黄色虚线框局部放大图;(c) D 位置的 SEM 图;
(d) 图 (c) 中黄色虚线框局部放大图;(e) W 颗粒低倍 TEM;(f) 图 (e) 中黄色虚线圈的高
分辨 TEM;(g) 图 (e) 中黄色虚线圈的高分辨 TEM;(h) 图 (e) 中黄色虚线圈的高分辨 TEM;
(i) W 颗粒低倍 TEM;(j) 图 (i) 中黄色虚线圈的高分辨 TEM;(k) 图 (i) 中黄色虚线圈的高
分辨 TEM;(l) 层错的 SAED;(m) W 颗粒低倍 TEM;(n) 图 (m) 中黄色虚线框的高分辨 TEM;
(o) W 颗粒低倍 TEM;(p) 图 (o) 中黄色虚线框的高分辨 TEM

(f)~(h) 为图 6-8 (e) 中黄色虚线圆圈的高倍 TEM 图像,结果显示 α-Mg 基体
在 W 颗粒周围的两边晶粒取向发生了严重变化,表明 α-Mg 基体中存在较大的取
向梯度。此外,在图 6-8 (i)~(l) 中,在 W 颗粒周围观察到了呈层状的黑色线

条，通过 SAED 表征发现这些层状的黑色线条衍射斑点之间存在细白线，这是典型位错衍射斑的特征，表明这些层状的黑色线条是层错（SFs），而不是 LPSO 相。这也说明 W 颗粒周围可以形成较高的位错密度，这是由于层错是一种典型的面缺陷，可以由基底位错的运动和解离形成。因此，由于取向梯度大和位错密度高，W 颗粒周围容易形成颗粒变形区（PDZ），PDZ 是 DRX 晶粒形核的理想位置，这被称为颗粒刺激形核（PSN）机制，正如图 6-8（m）和图 6-8（n）所示，一个依赖于 W 颗粒形核的 DRX 晶核被清晰地观察到。此外，如图 6-8（o）和图 6-8（p）所示，在热挤压 $Mg_{98.5}Y_1Zn_{0.5}$ 合金中分布在晶界处的 W 颗粒被观察到，这表明 W 颗粒对晶界迁移有钉扎作用。同时，在靠近 W 颗粒的 DRX 晶粒中出现了大量的层错，表明分布在晶界的 W 颗粒阻碍了位错运动（见图 6-8（o）~（p））。总之，$Mg_{98.5}Y_1Zn_{0.5}$ 挤压合金中 W 颗粒和 DRX 晶粒的动态析出可以总结为图 6-7（j）~（m）中所示的四个阶段。第一阶段，如图 6-7（j）所示，片层状 14H 相沿 ED 方向拉长，并产生轻微的变形扭折；第二阶段，如图 6-7（k）所示，在扭折区同时发生 DRX 晶粒和 W 颗粒的析出；第三阶段，如图 6-7（l）所示，在少量 DRX 晶粒内部析出大量的 W 颗粒；第四阶段，如图 6-7（m）所示，DRX 程度趋于完全，并且 W 颗粒均匀分布在晶界处。

采用相场法模拟了 W 颗粒在不同步长（t^*）下的析出过程。图 6-9（a_1）~（a_5）显示了 W 颗粒在变形过程中的析出情况，图 6-9（b_1）~（b_5）为相应的 W 颗粒周围等效应力分布。图 6-9（c）和图 6-9（d）分别列出了 W 颗粒析出过程中图 6-9（a_5）和图 6-9（b_5）中两个位置（点 1 和点 2）的相关总能量变化和等效应力变化。从图中可知，在合金变形时，应力首先引起位错，产生局部弹性变形区，导致局部原子优先聚集。因此，在变形初期，随机出现原子聚集和贫瘠区域，如图 6-9（a_1）所示。进一步，如图 6-9（a_2）所示，弹性变形区和原子聚集促进了 W 颗粒在这些区域的优先析出。随变形量的增加，将产生更多的局部弹性变形区，成分波动的幅度逐渐增大，影响区域扩大，导致 W 颗粒大量析出，如图 6-9（a_3）所示。

此外，如图 6-9（a_4）所示，随着时间的推移，析出的 W 颗粒通过吸收 Mg 基体中的溶质原子而生长和长大，逐渐形成球形颗粒。图 6-9（b_1）~（b_4）为 W 颗粒周围应力场的变化情况。在 W 颗粒析出过程中，W 颗粒中心的应力减小，而边缘的应力增大，如图 6-9（d）所示。Mg 基体化学势能的降低是驱动 DRX 变形的主要热力学因素，W 颗粒阻碍位错运动，引起晶格畸变，增大 W 颗粒周围的应力[23]。这一结果解释了图 6-9（c）中总能量随应变时间的增加而减小，但弹性能量增加的原因。在 W 颗粒的析出过程中，W 颗粒通过消耗 Mg 基体的化学势能来降低总能量，同时阻碍位错运动，增加了 W 颗粒边缘的应力。因此，变形过程中 W 颗粒边缘弹性能的增加促进了 DRX 的成核。

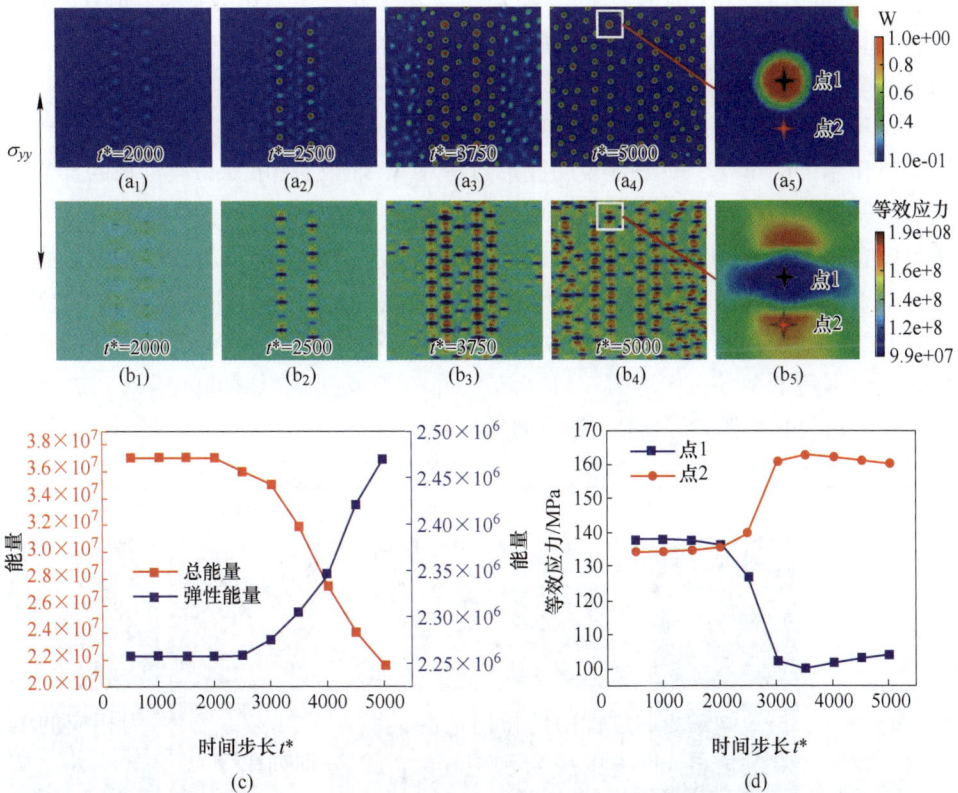

图 6-9 热挤压 Mg$_{98.5}$Y$_1$Zn$_{0.5}$合金在 400 ℃时应力诱导 W 颗粒析出的相场模拟结果

（a$_1$）W 颗粒析出过程，$t^*=2000$；（a$_2$）W 颗粒析出过程，$t^*=2500$；（a$_3$）W 颗粒析出过程，$t^*=3750$；

（a$_4$）W 颗粒析出过程，$t^*=5000$；（a$_5$）图（a$_4$）局部放大；（b$_1$）W 颗粒析出过程等效应力

分布，$t^*=2000$；（b$_2$）W 颗粒析出过程等效应力分布，$t^*=2500$；（b$_3$）W 颗粒析出过程等效应力分布，

$t^*=3750$；（b$_4$）W 颗粒析出过程等效应力分布，$t^*=5000$；（b$_5$）图（b$_4$）局部放大；

（c）总能和弹性能随时间的变化曲线；（d）W 颗粒中心和边缘的应力分布图

通过相场模拟研究了应力-应变条件下 W 颗粒对 DRX 晶粒生长的影响，在本模拟中主要考虑了 W 颗粒含量对 DRX 晶粒生长的影响。在这里，模拟过程涉及三种不同的 W 颗粒数密度（f_W）。同时，还计算了 W 颗粒相应的体积分数（V_W）。具体而言，（1）挤压温度为 360 ℃，W 颗粒直径为 200 nm，W 颗粒数密度为 0.049 μm^{-3}；（2）挤压温度为 380 ℃，W 颗粒直径为 250 nm，W 颗粒数密度为 0.111 μm^{-3}；（3）挤压温度为 400 ℃，W 颗粒直径为 280 nm，W 颗粒数密度为 0.195 μm^{-3}，以上参数均由实验结果得出。

图 6-10（a）~（c）和图 6-10（f）~（h）分别为不同温度下的模拟结果和实验结果。图 6-11（a）~（c）列出了 $t^*=15000$，温度在 360 ℃、380 ℃和 400 ℃时

的模拟平均晶粒尺寸。结果表明，随着温度从 360 ℃ 到 380 ℃ 再到 400 ℃ 的升高，平均晶粒尺寸从 1.44 μm 增加到 1.59 μm 再到 1.64 μm，这与实验结果增长趋势相一致。

　　挤压温度是导致 DRX 晶粒因变形升温而快速长大的主要因素。因此，为了消除挤压温度的干扰，更好地说明变形过程中 W 颗粒对 DRX 晶粒生长的抑制作用，进一步模拟此过程，该模拟过程在相同温度（360 ℃）下，只改变模拟中 W 颗粒的含量。图 6-10（d_1）~（d_4）和图 6-10（e_1）~（e_4）分别为 360 ℃ 时数密度为 0.111 μm^{-3} 和 0.195 μm^{-3} 的模拟结果。结果表明，随着 W 颗粒数密度从 0.049 μm^{-3} 增加到 0.111 μm^{-3} 和 0.195 μm^{-3}，平均晶粒尺寸从 1.44 μm 减小到 1.40 μm 再到 1.31 μm（见图 6-11（a）、图 6-11（d）和图 6-11（e）），表明 W 颗粒在变形过程中阻碍了 DRX 晶粒的生长。

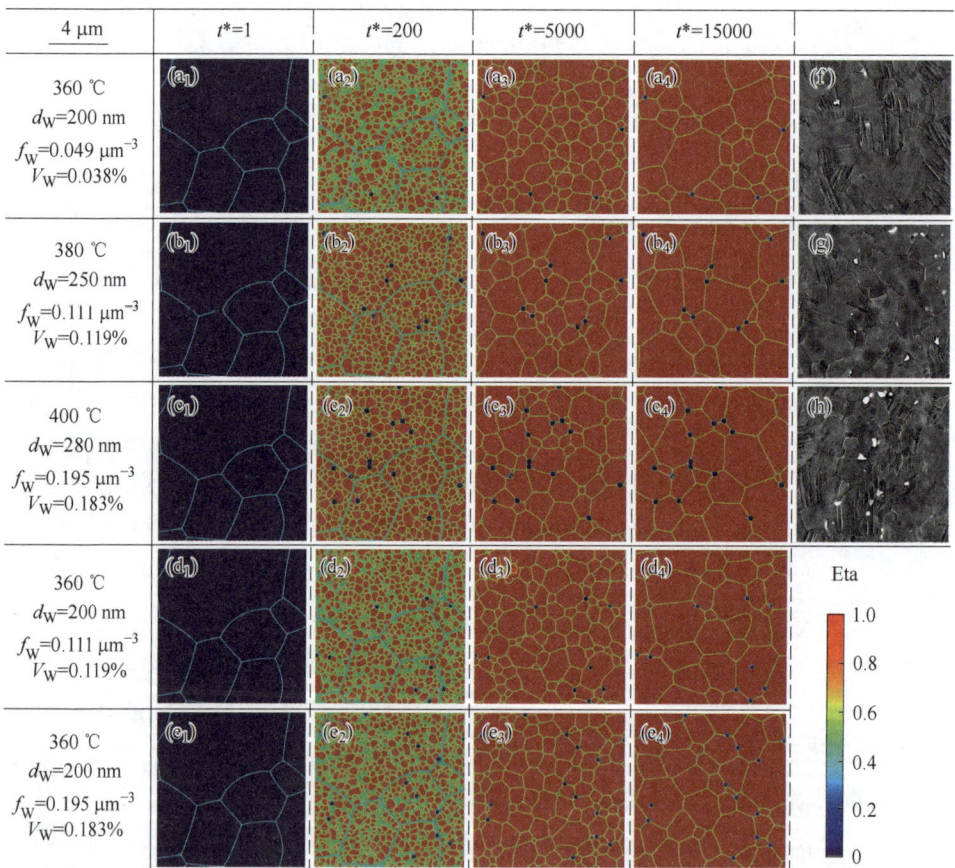

图 6-10　不同 W 颗粒数密度（f_W）的 Mg$_{98.5}$Y$_1$Zn$_{0.5}$ 合金在不同挤压温度下的相场模拟

平均晶粒尺寸约1.44 μm

360 ℃

f_W=0.049 μm^{-3}
V_W=0.038%

分数/%

晶粒尺寸/μm

(a)

平均晶粒尺寸约1.59 μm

380 ℃

f_W=0.111 μm^{-3}
V_W=0.119%

分数/%

晶粒尺寸/μm

(b)

平均晶粒尺寸约1.64 μm

400 ℃

f_W=0.195 μm^{-3}
V_W=0.183%

分数/%

晶粒尺寸/μm

(c)

平均晶粒尺寸约1.40 μm

360 ℃

f_W=0.111 μm^{-3}
V_W=0.119%

分数/%

晶粒尺寸/μm

(d)

平均晶粒尺寸约1.31 μm

360 ℃

f_W=0.195 μm^{-3}
V_W=0.183%

分数/%

晶粒尺寸/μm

(e)

模拟
实验

晶粒尺寸/μm

360 ℃ f_W=0.195　360 ℃ f_W=0.111　360 ℃ f_W=0.049　380 ℃ f_W=0.111　400 ℃ f_W=0.195

(f)

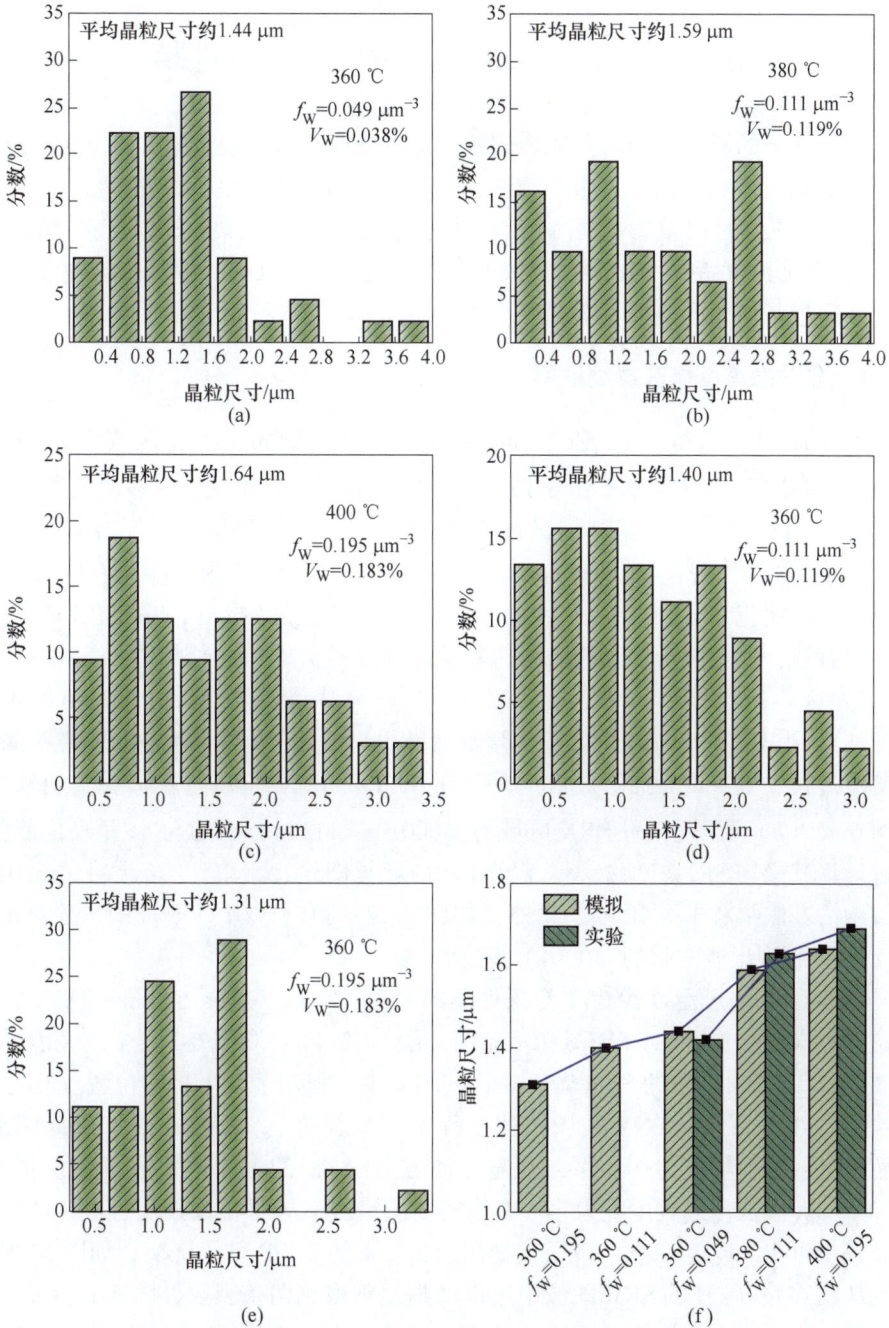

图 6-11　热挤压 $Mg_{98.5}Y_1Zn_{0.5}$ 合金在 t^* =15000 时的平均动态再
结晶晶粒尺寸，并对比模拟与实验的平均尺寸
（a）图 6-10（a_4）；（b）图 6-10（b_4）；（c）图 6-10（c_4）；（d）图 6-10（d_4）；
（e）图 6-10（e_4）；（f）实验与模拟对比

6.7　Mg$_{98.5}$Y$_1$Zn$_{0.5}$挤压合金断裂机制

了解合金的断裂机制对开发高韧镁合金具有重要指导意义。上一节较详细地讨论了 Mg$_{98.5}$Y$_1$Zn$_{0.5}$挤压合金的组织演变规律，并通过模拟的方法验证了 W 颗粒对 DRX 行为的双重影响，本节主要讨论 Mg$_{98.5}$Y$_1$Zn$_{0.5}$挤压合金在 360 ℃、380 ℃和 400 ℃时的 non-DRX 区、DRX 区和 non-DRX/DRX 共存区裂纹扩展情况，并通过晶体相场模拟了微裂纹形成过程。

6.7.1　非动态再结晶区裂纹扩展

图 6-12 显示了 Mg$_{98.5}$Y$_1$Zn$_{0.5}$挤压合金在 360 ℃下 non-DRX 区域的 EBSD 结果。在 non-DRX 区域，基于图 6-12（a）的 KAM 图可以检测到许多高密度位错。在 EBSD-KAM 图中，由蓝到绿的颜色变化表现为位错梯度，说明在这个 non-DRX 区域形成了高密度位错。non-DRX 区的高密度位错会阻碍位错在拉伸过程中的运动，使应力显著集中，从而为微孔提供成核位点。此外，晶粒在挤压过程发生了旋转，使得原本处于软取向的晶粒逐渐旋转为硬取向，如图 6-12（c）和图 6-12（e）所示，图 6-12（e）为图 6-12（c）中沿箭头 AB 方向的错位角线图，从 A 到 B 位置，晶粒取向差先增加后减少，最大偏差角度约 14°，说明晶粒在挤压过程发生了旋转而形成取向差。non-DRX 晶粒在挤压过程形成了硬取向，如图 6-12（b）所示，non-DRX 区域的（0001）<11$\bar{2}$0>方向的 SF 图呈现出蓝色，通过计算其平均 SF，其值极小，仅为 0.019（见图 6-12（d）），表明在 non-DRX 区域激活基底滑移非常困难。此外，如图 6-12（f）（0001）面极图所示，non-DRX 区域表现出非常强的（0001）基底织构。

图 6-13 为挤压温度为 360 ℃条件下的 Mg$_{98.5}$Y$_1$Zn$_{0.5}$挤压合金 non-DRX 区平行拉伸方向裂纹扩展的 SEM 图和示意图，图 6-13（b）和图 6-13（c）显示了图 6-13（a）中相对高倍的 SEM 图。在这些图像中，强调了 6 个特殊位置（标记为①~⑥），显示了 non-DRX 区域拉伸过程中的裂纹萌生、裂纹扩展和最终断裂。显而易见，在剪切应力作用下，在与拉伸方向约 45°的方向上形成了大量裂纹。低 SF$_{non\text{-}DRX}$使拉伸过程中应力集中在高密度位错区，从而导致微孔萌生。这一结论进一步可由 Mg$_{98.5}$Y$_1$Zn$_{0.5}$挤压合金在 360 ℃下的 EBSD 结果证实，如图 6-14 所示。从图 6-14（a）的 SEM 图像中可以清晰地观察到两条裂纹，图 6-14（b）显示了图 6-14（a）中黄色虚线矩形的部分放大，图 6-14（c）~（e）显示了与图 6-14（b）对应的 IQ、IPF、KAM 图。从图 6-14（d）和图 6-14（f）中可以看出，除裂纹中心外，裂纹两侧晶粒取向没有发生明显变化，说明在拉伸过程中晶粒取向没有发生偏转，裂纹是在剪切应力作用下产生的，而不是塑性变形形成的。此

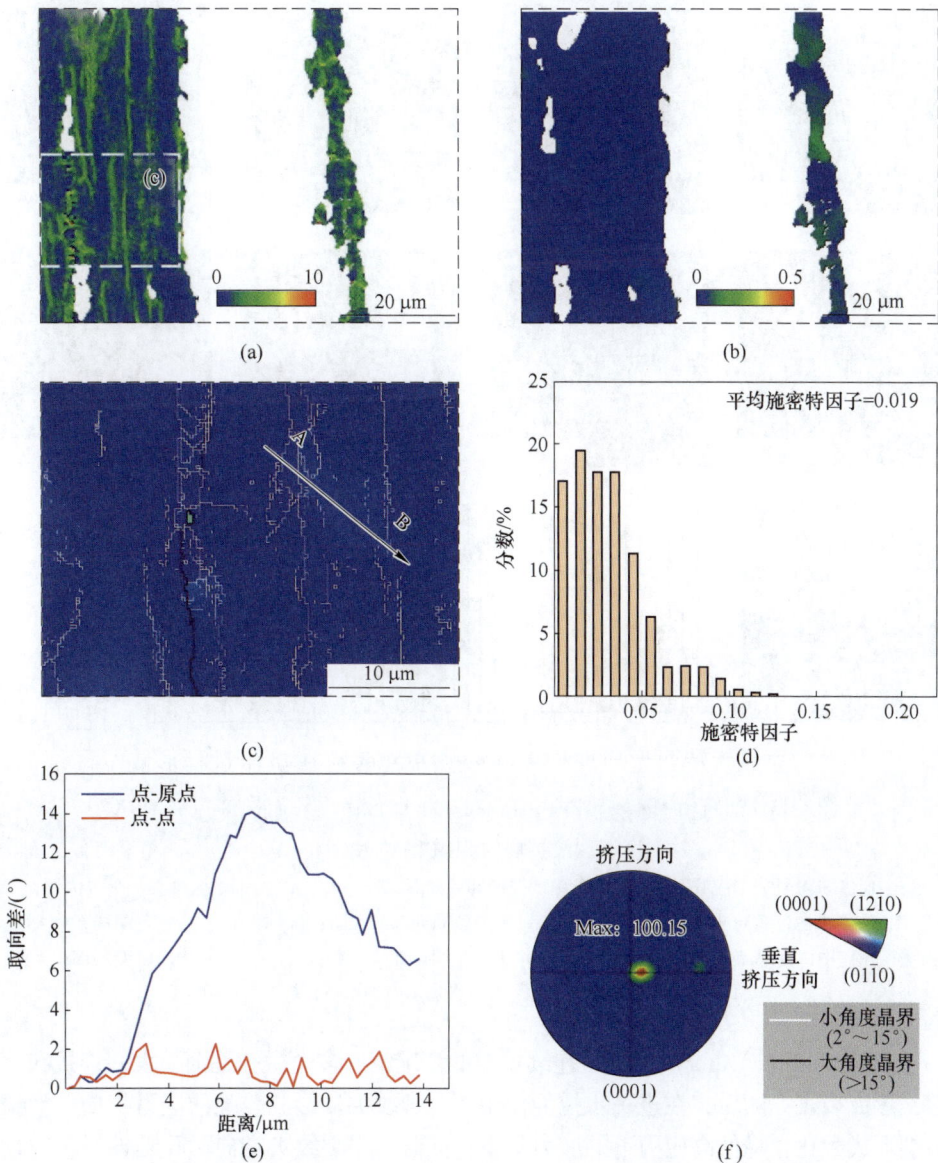

(a)

(b)

(c)

(d)

(e)

(f)

图 6-12　热挤压 Mg$_{98.5}$Y$_1$Zn$_{0.5}$ 合金在 360 ℃下 non-DRX 区域的 EBSD 结果

（a）核平均取向偏差（KAM）图；（b）（0001）<11$\bar{2}$0>施密特因子（SF）分布；
（c）图（a）中局部放大的反极图（IPF）；（d）对应的 SF 直方图；（e）图（c）中沿箭头
AB 方向的错位角线图；（f）（0001）面非 DRX 区域的极图（PF）

外，从图 6-14（e）中可以看出，裂纹附近的 KAM 明显更大，这进一步支持了
高密度位错区在拉伸过程中由于应力集中导致微孔萌生的结论。

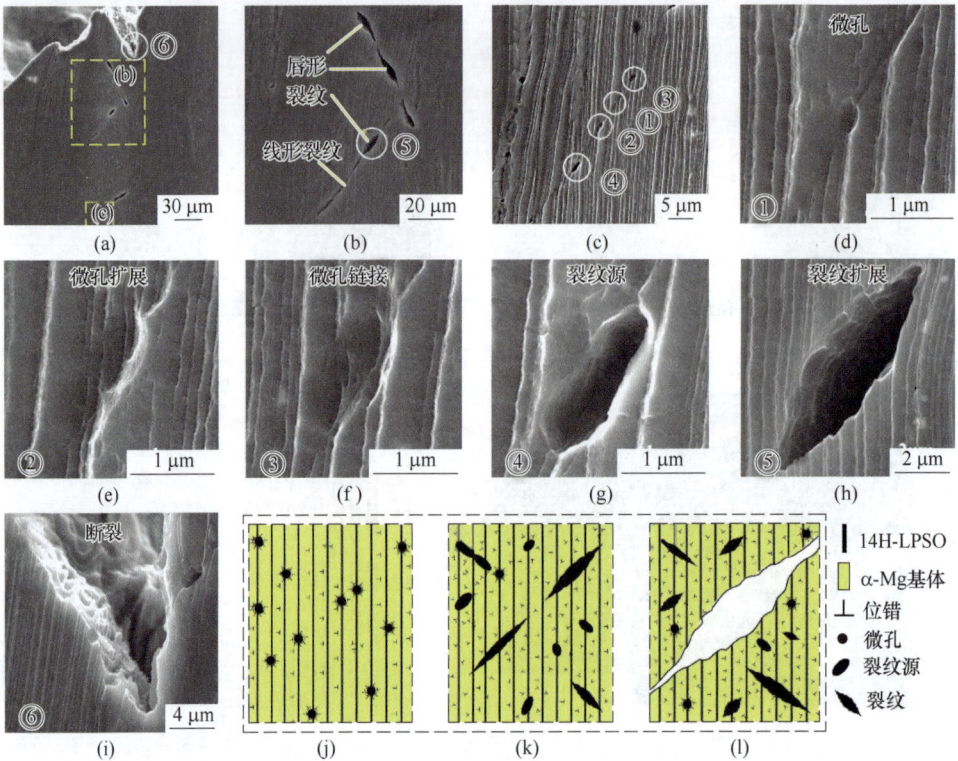

图 6-13　热挤压 $Mg_{98.5}Y_1Zn_{0.5}$ 合金在 360 ℃下沿平行拉伸方向 non-DRX
区域裂纹扩展的 SEM 图和示意图

（a）低倍 SEM 图；（b）图（a）中黄色虚线框局部放大图；（c）图（a）中黄色虚线框局部放大图；
（d）图（c）中白色圈局部放大图；（e）图（c）中白色圈局部放大图；（f）图（c）中白色圈局部放大图；
（g）图（c）中白色圈局部放大图；（h）图（b）中白色圈局部放大图；（i）图（a）中白色圈局部放大图；
（j）裂纹萌生示意图；（k）裂纹扩展示意图；（l）断裂示意图

　　在图 6-13（c）~（g）中，在连续拉伸的情况下，多个微孔逐渐长大并连接在一起，形成裂纹；随后，在进一步拉伸作用下，裂纹尖端形成较强的应力集中，裂纹尖端形成微孔，降低高应力下的应力集中；同时，当裂纹尖端向微孔延伸时，裂纹源通过撕裂连接部分来消耗能量，进一步缓解应力集中；当拉应力进一步增大时，裂纹源在裂纹尖端再次形成微孔并连通，进一步缓解集中应力，如此，只要外加应力，裂纹源就会反复稳定扩展，最终形成"唇形"裂纹，如图 6-13（h）所示；最后，随着拉伸的持续进行，唇形裂纹源产生并扩展，直至拉伸试样断裂（见图 6-13（i））。为了更好地理解 non-DRX 区域的裂纹萌生，图 6-13（j）~（l）建立了裂缝萌生和扩展过程示意图。$Mg_{98.5}Y_1Zn_{0.5}$ 挤压合金的微孔萌生、扩展、裂纹形成、裂纹扩展和断裂过程表明，non-DRX 区域发生了韧脆混合断裂。

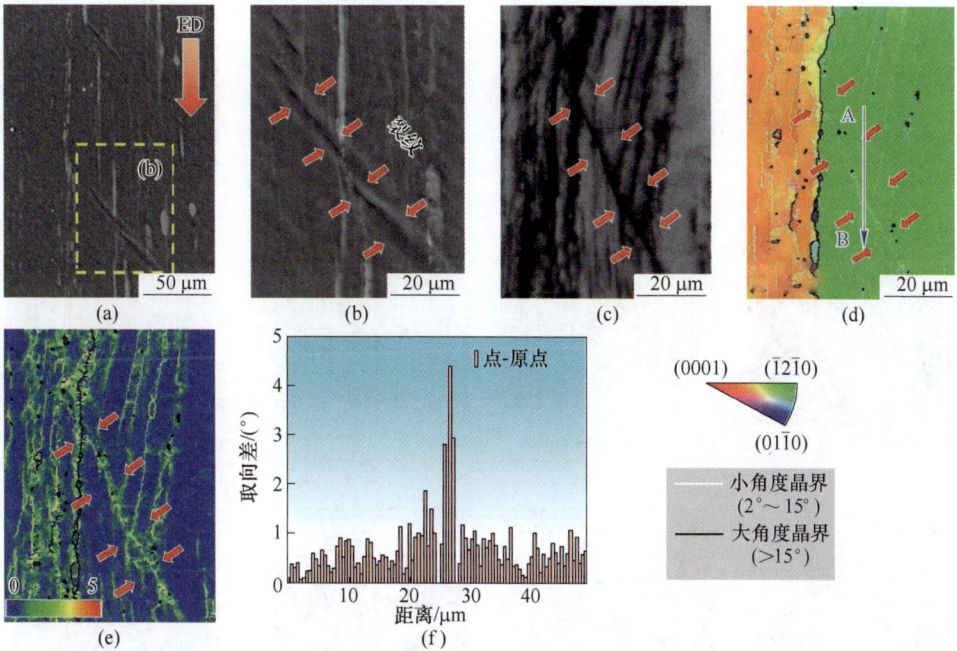

图 6-14　热挤压 $Mg_{98.5}Y_1Zn_{0.5}$ 合金在 360 ℃下拉伸后的 SEM 和 EBSD 结果

（a）拉伸后的裂纹 SEM 图；（b）图（a）中黄色虚线框局部放大图；（c）IQ 图；（d）IPF 图；
（e）KAM 图；（f）图（d）中 AB 箭头方向的错位角线图

6.7.2　动态再结晶区裂纹扩展

图 6-15（a）~（d）为 $Mg_{98.5}Y_1Zn_{0.5}$ 挤压合金在 400 ℃下沿拉伸方向 DRX 区域的 SEM 断口形貌。图 6-15（b）~（d）显示了三个不同位置的部分放大的 SEM 图像（图 6-15（a）中用①~③标记），显示了微孔萌生位置（①）、微孔扩展方式（②）和微孔断裂形貌（③）。在这里，可以观察到两种类型的微孔的起始位置。一种是由 W 颗粒引起的（见图 6-15（b）和（d）），在这些微孔附近检测到 W 颗粒，用白色虚线圈表示。另一种类型与 W 颗粒无关，在这些微孔附近没有检测到 W 颗粒，如图 6-15（b）和（d）中黄色虚线圈所示。此外，在图 6-15（c）中，可以发现这些微孔形成并呈现出穿晶断裂（黄色虚线）。在拉伸过程中，通过撕裂两个微孔之间的连接部分而发生穿晶断裂，并且在正应力作用下，微孔呈等轴形态，表明 DRX 区为典型的韧性断裂。

在图 6-15（e）中，可以清楚地观察到 W 颗粒周围存在大量位错（用黄色箭头标记），表明微孔的形成是由于位错在塑性变形过程中的堆积。为了解释 W 颗粒周围微孔的形成过程，建立的示意图如图 6-15（f）~（h）所示。首先，在

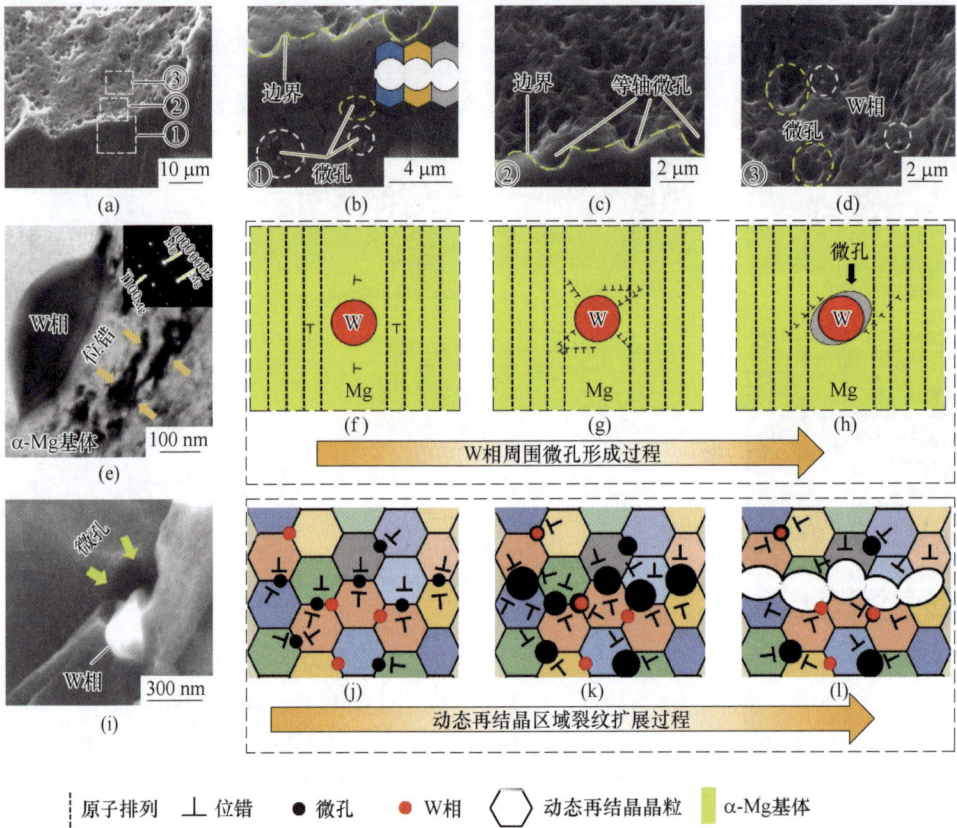

图 6-15　热挤压 $Mg_{98.5}Y_1Zn_{0.5}$ 合金在 400 ℃下沿平行拉伸方向 DRX
区裂纹扩展的 SEM 图、示意图和 TEM 图像

(a) 裂纹萌生断裂的 SEM 图；(b) 图 (a) 中白色框局部放大图；(c) 图 (a) 中白色框局部放大图；
(d) 图 (a) 中白色框局部放大图；(e) 位错在 W 颗粒附近堆积的 TEM 图；(f) (g) (h) W 颗粒
附近微孔形成示意图；(i) W 颗粒处实际微孔的 SEM 图；
(j) 微孔萌生示意图；(k) 微孔扩展示意图；(l) 断裂示意图

图 6-15 (f) 中，在拉伸初期，位错分布在 W 粒子周围。然后，在图 6-15 (g) 中，随着进一步拉伸，位错在 W 颗粒周围堆叠。最后，随着拉伸的发展，W 颗粒周围形成微孔 (见图 6-15 (h))，实际微孔如图 6-15 (i) 所示。图 6-16 为热挤压 $Mg_{98.5}Y_1Zn_{0.5}$ 合金在 400 ℃时 DRX 区域的 EBSD 结果。图 6-16 (a) 中，DRX 区域的位错密度低于 non-DRX 区域，但红色箭头所示的少数区域仍然存在高密度的位错，这将阻碍位错的运动，为 DRX 区域微孔的形成提供成核位点。图 6-16 (b) 和图 6-16 (d) 分别为图 6-16 (a) 对应的 SF 图和 SF 直方图。对比图 6-12 (d) 和图 6-16 (d)，DRX 区域的 SF_{DRX} 远大于 $SF_{non-DRX}$，说明在 DRX

区域基底滑动更容易被激活。此外，DRX 区域是由取向随机的小等轴晶组成

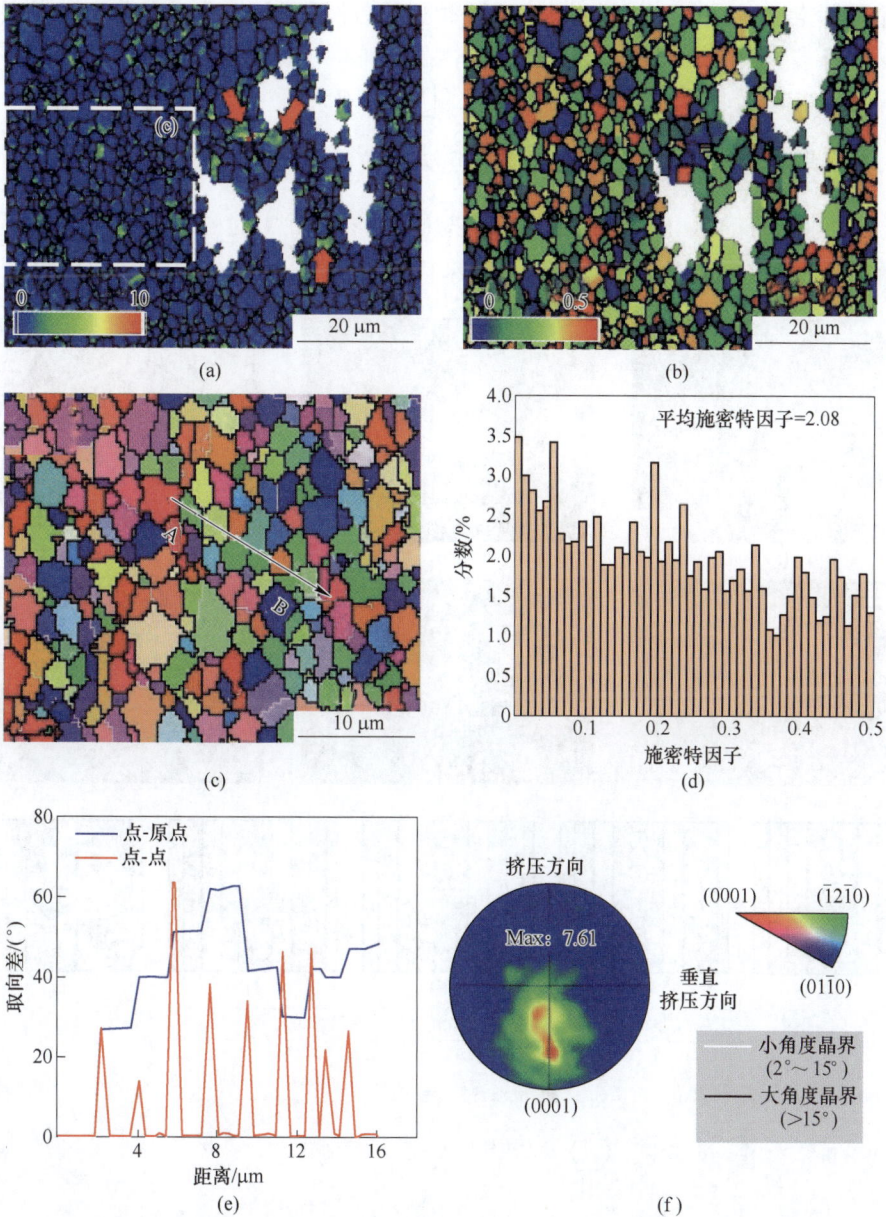

图 6-16 热挤压 Mg$_{98.5}$Y$_1$Zn$_{0.5}$合金在 400 ℃时 DRX 区域的 EBSD 结果

(a) KAM 图；(b) (0001) <11$\bar{2}$0>施密特因子（SF）分布图；(c) 图（a）中局部放大的 IPF 图；

(d) 对应的 SF 直方图；(e) 图（c）中沿箭头 AB 方向的错位角线图；(f) DRX 区域 PF 图

（见图 6-16（c）和图 6-16（f）），这导致 DRX 区域的（0001）织构强度比 non-DRX 区域低得多。因此，DRX 区域的晶粒尺寸小、织构弱、SF 高，是影响塑性的重要因素。根据上述分析，DRX 区域的断裂过程可归纳为微孔萌生—扩展—连接—断裂，$Mg_{98.5}Y_1Zn_{0.5}$ 挤压合金 DRX 区域的断裂机制为连孔（hole-joining）断裂机制，DRX 区域微孔扩展过程示意图如图 6-15（j）~（l）所示。

6.7.3 动态再结晶/非动态再结晶共存区域裂纹扩展

图 6-17（a）~（c）是 $Mg_{98.5}Y_1Zn_{0.5}$ 挤压合金在 380 ℃ 时的 SEM 图，显示了裂纹在 non-DRX/DRX 共存区域扩展。图 6-17（d）~（f）为 non-DRX/DRX 共存区

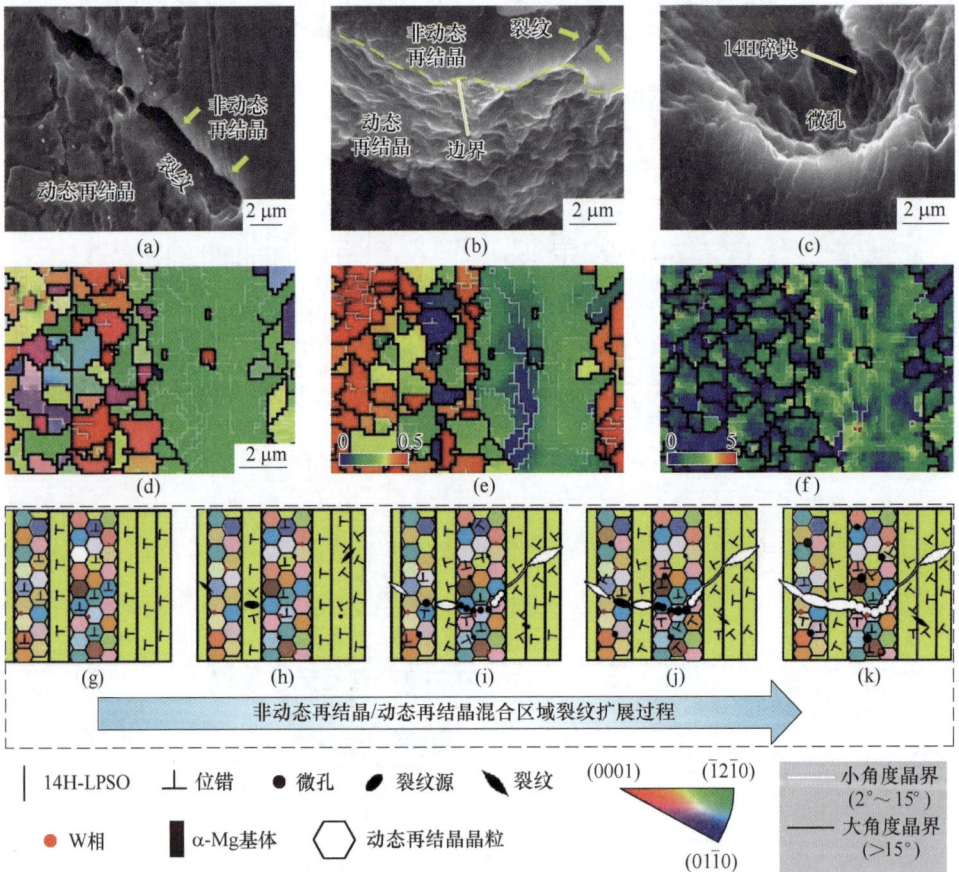

图 6-17 热挤压 $Mg_{98.5}Y_1Zn_{0.5}$ 合金在 380 ℃ 时沿平行拉伸方向在 non-DRX/DRX
共存区域的 SEM 图、裂纹扩展示意图和断口附近的 EBSD 结果

（a）裂纹的 SEM 图；（b）裂纹的 SEM 图；（c）裂纹的 SEM 图；（d）IPF 图；（e）（0001）<$11\bar{2}0$>
SF 分布；（f）KAM 图；（g）组织初始形态示意图；（h）裂纹萌生示意图；
（i）裂纹扩展与微孔萌生示意图；（j）微孔扩展示意图；（k）断裂示意图

域的 IPF 图、(0001)〈11$\bar{2}$0〉SF 分布图和 KAM 图,分别显示了晶粒取向、SF 分布和位错密度。由以上分析可知,non-DRX 区域基底滑移更为困难,且由于塑性较低,non-DRX 区域的断裂韧性 K_{IC} 小于 DRX 区域。结果是,对于给定的变形,non-DRX 区域的微孔形成时间较早,如图 6-17(a)所示。随着变形的逐渐增大,non-DRX 区域的裂纹逐渐扩展。然而,当裂纹始于面积较小的 non-DRX 区域时,由于在裂纹尖端的应力集中较少,当裂纹扩展到 DRX 区域时将被阻止而停止扩展。相反,当裂纹从面积较大的 non-DRX 区域萌生,并扩展到 DRX 区域时,由于裂纹尖端的应力集中较大,DRX 区域无法阻止裂纹扩展而继续扩展。因此,裂纹贯穿整个 DRX 区域,导致试样断裂(见图 6-17(b))。此外,14H-LPSO 碎片的存在进一步阻碍了 DRX 区域微孔的扩展,如图 6-17(c)所示。

在图 6-17(e)中,DRX 区域以红色为主,non-DRX 区域以蓝色和绿色为主,说明 DRX 区域在拉伸过程中更容易发生塑性变形。从图 6-17(f)中可以明显看出,拉伸后 non-DRX 区域的位错密度明显高于 DRX 区域,说明拉伸过程中 non-DRX 区域比 DRX 区域更容易发生裂纹萌生。根据这些分析结果,non-DRX/DRX 共存区域的裂纹扩展可分为图 6-17(h)~(k)所示的四个阶段。第一,裂缝在 non-DRX 区域萌生(见图 6-17(h))。第二,在 DRX 区域,裂纹扩展并形成微孔(见图 6-17(i))。第三,微孔在整个区域内不断延伸(见图 6-17(j))。第四,裂纹与微孔的连接导致试样断裂(见图 6-17(k))。由此可知,non-DRX/DRX 共存区域的断裂机制由 DRX 区域的体积分数决定。当 non-DRX 区域占主导地位时,由于 non-DRX 区域 SF 较低导致应力集中严重,在剪切应力作用下导致脆性断裂。因此,在拉伸作用下一旦拉伸应力达到极限屈服强度试样立刻断裂。然而,当 DRX 区域占主导地位时,拉伸试样不会立即断裂,因为拉伸应力达到极限屈服强度后会发生一段塑性变形,表现为韧性断裂。

6.7.4 微裂纹形成过程晶体相场模拟

采用晶体相场法进一步探究了空位连通韧性微裂纹扩展过程中的空位产生机理及位错运动方式。通过 y 轴施加均匀拉应力的变形方式,以得到应力作用下由空位堆积所形成裂纹源的扩展运动响应,加载方式与初始空位设置如图 6-18(a)所示。图 6-18(b_2)显示了采用多峰方法(MPA)构造的与图 6-18(b_1)白色矩形区域相对应的应变分布,在裂纹两侧尖端,纵向拉应力的集中分布导致在加载过程中更容易发生裂纹扩展。通过原子定位手段(即以不同颜色标记定义不同位置处原子),裂纹具体扩展过程在图 6-18(b_3)~(b_7)中得到了进一步的解释(以裂纹上半部分为例):裂纹尖端的规则原子排列在应力作用下被打破,如图 6-18(b_3)上方插图所示,原子错排导致在尖端处形成刃型位错,并在位错尖端形成原子空位;位错滑移与攀移的复合运动使得错配度增加,空位数随之增加,位错运动方向如图 6-18（b_6）中绿色箭头所示。有趣的是，当位错每滑移约 5 个原子长度时，会形成两个原子空位，空位连接相邻原子面并进行重组，释放了原子错排处的应力集中，如图 6-18（b_5）（b_6）所示。图 6-18（b_7）表明随应力的逐渐累积，相邻空位会优先连通形成小空位团，随后与初始裂纹源连接完成裂纹扩展。尖锐的缺口形态会诱导裂纹发生脆性扩展，以适应快速释放体系积累的应变能，采用晶体相场方法对这一过程作了进一步描述。图 6-18（c）显示了在裂纹扩展过程中的体系局部自由能变化，由空位连通所形成的尖锐裂纹尖端改变了裂纹扩展方式，加速了体系内自由能的降低，即由韧性的空位连通型转变为直接

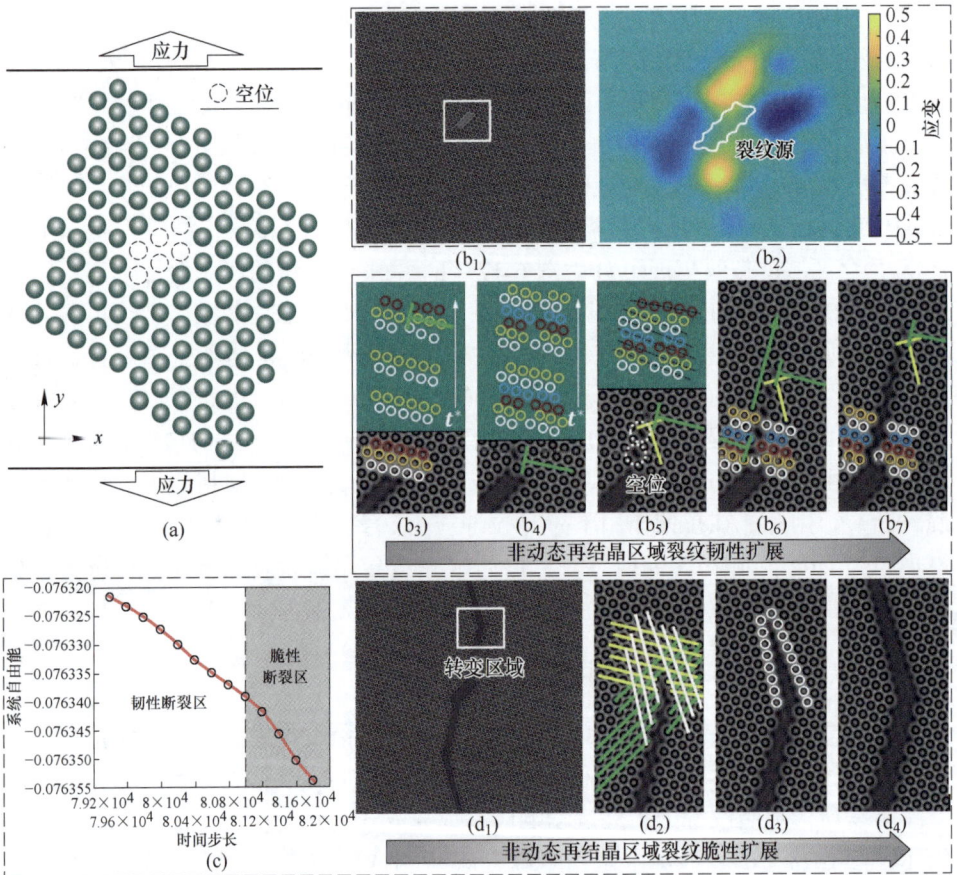

图 6-18　空位连通微裂纹混合扩展方式

（a）初始条件设置示意图；（b_1）由晶体相场法得到的初始密度场；（b_2）空位堆积处的应变分布图；（b_3）时间步长为 $t_{b_3}^* = 20500\Delta t$；（$b_4$）时间步长为 $t_{b_4}^* = 44500\Delta t$；（$b_5$）时间步长为 $t_{b_5}^* = 53000\Delta t$；（$b_6$）时间步长为 $t_{b_6}^* = 62000\Delta t$；（$b_7$）时间步长为 $t_{b_7}^* = 72500\Delta t$；（c）体系局部自由能曲线；（$d_1$）时间步长为 $t_{d_1}^* = 120000\Delta t$；（$d_2$）时间步长为 $t_{d_2}^* = 81000\Delta t$；（$d_3$）时间步长为 $t_{d_3}^* = 95000\Delta t$；（$d_4$）时间步长为 $t_{d_4}^* = 120000\Delta t$

开裂脆性扩展，结果如图 6-18（d_1）所示。通过对转变区域的定位分析表明：转变过程中空位连通所形成的尖端位错对在应力作用下湮灭，且在随后的裂纹扩展过程中不会再产生新的位错，如图 6-18（d_2）~（d_4）所示。

6.8 本章小结

本章以典型含 LPSO 结构的 $Mg_{98.5}Y_1Zn_{0.5}$ 合金为研究对象。首先，研究了挤压温度对 $Mg_{98.5}Y_1Zn_{0.5}$ 合金组织及力学性能的影响，分析了组织与性能之间的关系。其次，详细表征了挤压过程组织演变过程，并通过相场模拟验证了 W 颗粒对 DRX 行为的双重作用。最后，探究了 non-DRX 区、DRX 区和 non-DRX/DRX 共存区裂纹扩展过程，总结出了 non-DRX 区、DRX 区和 non-DRX/DRX 共存区的断裂机制。主要研究结果如下：

（1）挤压态 $Mg_{98.5}Y_1Zn_{0.5}$ 合金由 α-Mg 基体、块状 18R、片层状 14H、纳米 W 颗粒组成，并且随着挤压温度的升高，DRX 程度增加、纳米 W 颗粒增多、DRX 晶粒尺寸增大，但长大趋势减缓。随着挤压温度的升高，热挤压 $Mg_{98.5}Y_1Zn_{0.5}$ 合金 UTS 逐渐降低，E 不断提高，分别为 328.9 MPa 和 4.8%、280.1 MPa 和 7.7%、257.8 MPa 和 14.8%，这与变形过程中 DRX 程度的增加、织构类型的转变、织构强度的弱化密切相关。

（2）$Mg_{98.5}Y_1Zn_{0.5}$ 合金挤压过程组织演变分为四个阶段：第一阶段，片层状 14H 相沿着 ED 拉长，并产生轻微的变形扭折；第二阶段，在扭折区同时发生 DRX 晶粒和 W 颗粒的析出；第三阶段，在少量 DRX 晶粒内部析出大量的 W 颗粒；第四阶段，DRX 程度趋于完全，并且 W 颗粒均匀分布在晶界处。此外，在热挤压过程中，W 颗粒通过消耗 Mg 基体的化学势能来降低总能量，同时阻碍位错运动，增加 W 颗粒边缘的应力来促进 DRX 晶粒形核；W 颗粒通过阻碍位错运动来抑制 DRX 晶粒长大。

（3）挤压态 $Mg_{98.5}Y_1Zn_{0.5}$ 合金的 non-DRX 区域断裂过程为微孔萌生—扩展—裂纹形成—裂纹扩展—断裂，断裂机制为韧脆混合断裂；DRX 区域断裂过程为微孔萌生—扩展—连接—断裂，断裂机制为连孔断裂机制；non-DRX/DRX 共存区断裂过程为裂纹萌生—裂纹扩展与微孔萌生—微孔和裂纹连接—断裂，断裂机制由 DRX 区域的体积分数决定。

参 考 文 献

［1］XIN T, TANG S, JI F, et al. Phase transformations in an ultralight BCC Mg alloy during anisothermal ageing［J］. Acta Materialia, 2022, 239: 118248.

［2］ZHAO Y, XIN T, TANG S, et al. Applications of unified phase-field methods to designing microstructures and mechanical properties of alloys [J]. MRS Bulletin, 2024, 49 (6): 613-625.

[3] TIAN X, ZHAO Y, GU T, et al. Cooperative effect of strength and ductility processed by thermomechanical treatment for Cu-Al-Ni alloy [J]. Materials Science and Engineering: A, 2022, 849: 143485.

[4] ZHAO Y H. Phase field method and integrated computing materials engineering [J]. Frontiers in Materials, 2023, 10: 1145833.

[5] YANG W, WANG K, PEI J, et al. Dislocation loop assisted precipitation of Cu-rich particles: A phase-field study [J]. Computational Materials Science, 2023, 228: 112338.

[6] WANG F, BAI G, GUO Q, et al. Stability of Mg_2Sn (001)/Mg(0001)/MgZn(001) interface doped with transition elements [J]. Computational Materials Science, 2023, 224: 112154.

[7] CHEN L Q, ZHAO Y. From classical thermodynamics to phase-field method [J]. Progress in Materials Science, 2022, 124: 100868.

[8] ZHAO Y, LIU K, HOU H, et al. Role of interfacial energy anisotropy in dendrite orientation in Al-Zn alloys: A phase field study [J]. Materials & Design, 2022, 216: 110555.

[9] HOU H, PAN Y, BAI G, et al. High-throughput computing for hydrogen transport properties in ε-ZrH_2 [J]. Advanced Composites and Hybrid Materials, 2022, 5 (2): 1350-1361.

[10] ZHAO Y, LIU K, ZHANG H, et al. Dislocation motion in plastic deformation of nano polycrystalline metal materials: A phase field crystal method study [J]. Advanced Composites and Hybrid Materials, 2022, 5 (3): 2546-2556.

[11] ZHAO Y. Co-precipitated Ni/Mn shell coated nano Cu-rich core structure: A phase-field study [J]. Journal of Materials Research and Technology, 2022, 21: 546-560.

[12] ZHAO Y, SUN Y, HOU H. Core-shell structure nanoprecipitates in Fe-xCu-3.0Mn-1.5Ni-1.5Al alloys: A phase field study [J]. Progress in Natural Science: Materials International, 2022, 32 (3): 358-368.

[13] TIAN X, ZHAO Y, PENG D, et al. Phase-field crystal simulation of evolution of liquid pools in grain boundary pre-melting regions [J]. Transactions of Nonferrous Metals Society of China, 2021, 31 (4): 1175-1188.

[14] ZHAO Y, ZHANG B, HOU H, et al. Phase-field simulation for the evolution of solid/liquid interface front in directional solidification process [J]. Journal of Materials Science & Technology, 2019, 35 (6): 1044-1052.

[15] ZHANG J, WANG H, KUANG W, et al. Rapid solidification of non-stoichiometric intermetallic compounds: Modeling and experimental verification [J]. Acta Materialia, 2018, 148: 86-99.

[16] KUANG W, WANG H, LI X, et al. Application of the thermodynamic extremal principle to diffusion-controlled phase transformations in Fe-CX alloys: Modeling and applications [J]. Acta Materialia, 2018, 159: 16-30.

[17] GOERLER J V, LOPEZGALILEA I, RONCERY L M, et al. Topological phase inversion after

long-term thermal exposure of nickel-base super alloys: Experiment and phase-field simulation [J]. Acta Materialia, 2017, 124: 151-158.

[18] LI J L, LI Z, WANG Q, et al. Phase-field simulation of coherent BCC/B2 microstructures in high entropy alloys [J]. Acta Materialia, 2020, 197: 10-19.

[19] XIN T, ZHAO Y, MAHJOUB R, et al. Ultrahigh specific strength in a magnesium alloy strengthened by spinodal decomposition [J]. Science advances, 2021, 7 (23): 3039.

[20] CHINH N Q, HORVÁTH G, HORITA Z, et al. A new constitutive relationship for the homogeneous deformation of metals over a wide range of strain [J]. Acta Materialia, 2004, 52 (12): 3555-3563.

[21] SONG Y, WANG M, ZONG Y, et al. Grain refinement by second phase particles under applied stress in ZK60 Mg alloy with Y through phase field simulation [J]. Materials, 2018, 11 (10): 1903.

[22] ZHU N Y, SUN C Y, LI Y L, et al. Modeling discontinuous dynamic recrystallization containing second phase particles in magnesium alloys utilizing phase field method [J]. Computational Materials Science, 2021, 200: 110858.

[23] RONG W, ZHANG Y, WU Y, et al. Fabrication of high-strength Mg-Gd-Zn-Zr alloys via differential-thermal extrusion [J]. Materials Characterization, 2017, 131: 380-387.

[24] YU Z, XU C, MENG J, et al. Effects of pre-annealing on microstructure and mechanical properties of as-extruded Mg-Gd-Y-Zn-Zr alloy [J]. Journal of Alloys and Compounds, 2017, 729: 627-637.

[25] ZENGIN H, ARI S, TURAN M E, et al. Evolution of microstructure, mechanical properties, and corrosion resistance of Mg-2.2Gd-2.2Zn-0.2Ca (wt%) alloy by extrusion at various temperatures [J]. Materials, 2023, 16 (8): 3075.

[26] MA X L, PRAMEELA S E, YI P, et al. Dynamic precipitation and recrystallization in Mg-9wt.% Al during equal-channel angular extrusion: A comparative study to conventional aging [J]. Acta Materialia, 2019, 172: 185-199.

[27] SHEN Y F, GUAN R G, ZHAO Z Y, et al. Ultrafine-grained Al-0.2Sc-0.1Zr alloy: The mechanistic contribution of nano-sized precipitates on grain refinement during the novel process of accumulative continuous extrusion [J]. Acta Materialia, 2015, 100: 247-255.

7 Mg-RE-Zn 系合金的应用

7.1 引　　言

　　镁合金由于其密度低、比强度和比刚度高的特点，在众多领域中备受关注。Mg-RE-Zn 系合金更是具有优异的性能，该系合金中含有的 LPSO 相具有高硬度、高的弹性模量、高的热稳定性以及与基体共格的相界面等特点，可显著提高合金的强度和塑性，展示出优异的综合力学性能。Mg-RE-Zn 系合金特殊的结构使其在强度、韧性、耐热性和耐蚀性等方面表现出色，为其在多个领域的应用提供了广阔的前景。本章详细阐述 Mg-RE-Zn 系合金的应用，重点探讨其在航空航天、生物医学、汽车工业、电子信息和其他工业领域中的具体应用，分析了其在各个领域应用的优势和面临的挑战，并对 Mg-RE-Zn 系合金的应用前景进行了展望。

7.2　航空航天领域的应用

　　在航空航天领域，Mg-RE-Zn 系合金展现出卓越的应用价值，主要分为两个方面。首先，在飞机结构件制造中，其性能优势得以充分发挥。在机翼的构建上，凭借高比强度和良好韧性，用于制造桁条和肋板，可使机翼重量减轻 15%~20%。这一轻量化成果直接转化为燃油效率的提升和航程的增加，极大地增强了飞机的运营效能。在机身框架方面，隔框和长桁采用该合金，不仅有效减轻了机身重量，还通过其高强度特性确保了机身结构的完整性与安全性，为飞机在复杂飞行环境中的稳定运行提供坚实保障。起落架作为飞机起降的关键部件，对材料的强度和韧性要求极高。Mg-RE-Zn 系合金的高强度使其支柱和横梁能够轻松承受起降时产生的巨大冲击力，良好的韧性则避免了在冲击作用下发生脆性断裂的风险。同时，使用该合金制造起落架部件，可实现重量减轻 20%~30%，这不仅有助于提高飞机的起降性能，还进一步降低了燃油消耗，提升了燃油经济性。其次，航空发动机作为飞机的核心动力装置，其部件的性能至关重要。发动机机匣在高温、高压的恶劣环境下工作，稀土变形镁合金凭借其出色的耐热性和高强度，在 150~200 ℃的高温区间内，强度保持率可达 80%以上。这确保了机匣在发动机运行过程中的尺寸稳定性和结构可靠性。此外，合金的低密度特性有助于降低发动机的整体重量，进而提高发动机的推重比，为飞机提供更强大的动力支持，提升飞行性能。

7.2.1 飞机结构件的应用

飞机结构件主要包括机翼和机身框架。机翼是飞机产生升力的关键部件，需要承受巨大的空气动力载荷；机身框架作为飞机的主要承力结构，需要具备高强度和良好的刚性。Mg-RE-Zn 系合金具有高强度，良好的韧性以及优良的成型性，这使得其成为制造飞机结构件的最佳选择。在一些新型飞机的设计中，采用该合金制造机身框架的部分部件，如隔框和长桁等，能够在减轻重量的同时，保证机身的结构完整性和安全性。例如，在机翼的桁条设计中，使用该合金可以在保证强度的前提下，显著减轻重量；使用该合金制造的隔框，在承受相同载荷的情况下，重量可比传统材料减轻 10%~15%。这不仅有助于飞机的轻量化，还能在不牺牲安全性的前提下，提高飞机的整体性能。与传统铝合金桁条相比，使用 Mg-RE-Zn 系合金桁条可使机翼重量减轻 15%~20%，从而提高飞机的燃油效率和航程。这对于长途客机来说，意味着可以减少中途加油次数，提高运营效率。

此外，合金的抗疲劳性能也对机翼的可靠性至关重要。在飞机的飞行过程中，机翼反复承受交变载荷，容易产生疲劳裂纹。Mg-RE-Zn 系合金由于其独特的微观结构，能够有效地抑制疲劳裂纹的萌生和扩展，提高机翼的使用寿命。例如，通过疲劳试验发现，该合金制造的机翼部件的疲劳寿命比普通材料提高了 2~3 倍。在实际飞行中，这意味着机翼可以在更长时间内保持良好的性能，减少了维修和更换的频率，降低了运营成本。合金的耐蚀性能也有利于机身框架在复杂的飞行环境下长期使用。在高空飞行时，机身框架会受到大气中的水汽、氧气和紫外线等因素的侵蚀。Mg-RE-Zn 系合金能够抵抗这些因素的腐蚀，减少维护成本，延长机身的使用寿命。在飞机的整个服役周期中，耐腐蚀的机身框架可以减少因腐蚀导致的维修和更换，提高飞机的出勤率。

总而言之，在航天航空领域，减轻结构重量是至关重要的，与传统的金属结构材料相比，将镁合金应用于航空航天工业中，能够显著减轻航空航天飞行器自身质量，带来巨大的减重效益和飞行器战斗性能的有效提升，进而可提高燃油效率。我国神舟六号载人飞船的电控器箱就以 MB26（Mg-RE-Zn）合金制造，实现了约 13 kg 的减重[1]。

Mg-RE-Zn 系合金由于其含有 LPSO 结构，强度得到显著提高。与传统镁合金相比，其屈服强度可以提高 30%~50%。如，哈尔滨工业大学通过反挤压成功挤压了 Mg-Gd-Y-Zn-Zr 合金薄壁无缝圆管，采用分流模挤压成功挤压了 Mg-Gd-Y-Zn-Zr 合金薄壁圆管和薄壁矩形管材，这些管材均可应用于航空航天构件[2]。图 7-1 中分别为 Mg-Gd-Y-Zn-Zr 合金挤压棒材，横截面积为 22 cm×11 cm 的

Mg-Gd-Y-Zn-Zr 合金挤压板材，Mg-Gd-Y-Zn-Zr 合金挤压 T 型材和 L 型材示意图。
Mg-Gd-Y-Zn-Zr 合金具有优良的锻造成型性能，可用于精密锻造航空航天构件。

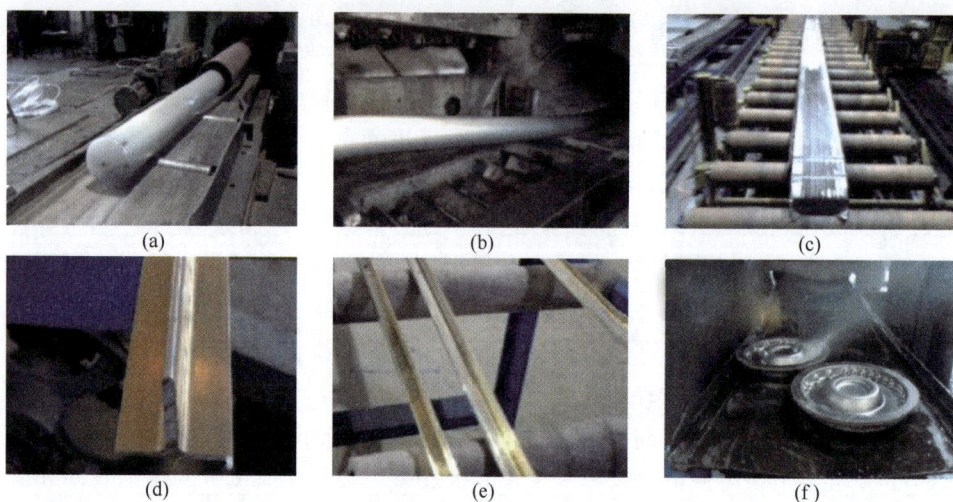

图 7-1　Mg-Gd-Y-Zn-Zr 合金在航空航天领域的应用[2]

(a) 直径为 180 mm 的 Mg-Gd-Y-Zn-Zr 合金挤压棒材；(b) 直径为 215 mm 的 Mg-Gd-Y-Zn-Zr 合金挤压棒材；
(c) 横截面积为 22 cm×11 cm 的 Mg-Gd-Y-Zn-Zr 合金挤压板材；(d) T 型 Mg-Gd-Y-Zn-Zr 合金挤压型材；
(e) L 型 Mg-Gd-Y-Zn-Zr 合金挤压型材；(f) Mg-Gd-Y-Zn-Zr 合金航空锻件

7.2.2　航空发动机部件的应用

对于航空航天发动机等高温部件，合金的高温性能至关重要。稀土元素的加入能够提高镁合金的抗蠕变性能，使其在高温环境下能够保持较好的尺寸稳定性。在航天飞行器的热防护系统附近的一些结构件，合金能够承受一定程度的高温热流冲击，并且在高温（如 300~400 ℃）环境下，其强度保持率可以达到 60%~70%，这为其在高温区域的应用提供了可能。英国成功开发出一系列含钕（Nd）、钇（Y）的 WE 型镁合金，这类合金在高温环境下具有高强度与高蠕变性能。其中，WE54 的使用温度可达 250 ℃，具备好的沉淀析出强化效果以及高温抗蠕变能力。在对 WE 系合金进行固溶及时效处理的过程中，合金内部会按特定顺序发生相转变，依次析出 α 固溶体、β″（D019）、β′（$Mg_{12}NdY$，BCC）以及 β（$Mg_{14}Nd_2Y$，FCC）相。这一有序的相转变过程，使得 WE 系合金不仅在室温环境下，而且在高温条件下都能拥有优良性能。当前，WE 系列合金已经成为应用较为成熟、研究颇为深入的商用镁合金，在航空航天领域得到了广泛应用，为航空航天事业的发展贡献了重要力量[3]。

航空发动机部件主要包括发动机机匣和发动机叶片，分析二者的服役环境应为：航空发动机机匣需要承受高温、高压和高转速带来的复杂载荷；而发动机叶片在高温、高速气流的冲刷下工作，需要具备优异的耐热性、抗蠕变性能和耐蚀性能。Mg-RE-Zn 系合金的耐热性和高强度使其成为制造发动机机匣的潜在材料。例如，在一些先进航空发动机的设计中，考虑使用该合金制造机匣的部分部件。在高温环境下，合金中的 LPSO 相能够有效地抑制基体的变形和晶粒长大，保证机匣的尺寸稳定性和强度。有模拟试验发现，在 150~200 ℃ 的工作温度下，该合金制造的机匣部件的强度保持率可达 80% 以上。这使得发动机机匣在高温、高负荷的工作条件下，依然能够保持良好的性能，确保发动机的正常运行。Mg-RE-Zn 系合金的 LPSO 结构能够在高温下提供良好的强化效果，抑制叶片的蠕变变形。例如，在高温蠕变试验中，该合金制造的叶片在 800 ℃ 的高温下，能够保持较低的蠕变速率，满足发动机叶片的工作要求。这保证了发动机叶片在高温环境下长时间工作时，不会因蠕变而发生过度变形，影响发动机的性能。

此外，合金的低密度也有利于减轻发动机的整体重量，提高发动机的推重比。在航空发动机领域，减轻重量对于提高发动机的性能至关重要。使用 Mg-RE-Zn 系合金制造机匣，可使发动机机匣重量减轻 10%~15%，从而提高发动机的效率和机动性。对于战斗机等对机动性要求较高的飞机来说，发动机推重比的提高意味着更好的飞行性能和作战能力。合金的耐蚀性能也能有效抵抗高温燃气中的腐蚀性成分对叶片的侵蚀。在发动机的实际工作过程中，燃气中含有硫、氮等腐蚀性物质，容易对叶片造成腐蚀。Mg-RE-Zn 系合金叶片能够通过其表面形成的保护膜，有效地抵抗这些腐蚀，延长叶片的使用寿命。发动机叶片的更换成本高昂，耐腐蚀的叶片可以减少因腐蚀而导致的维修和更换次数，降低发动机的维护成本，提高部件的使用寿命。

尽管稀土变形镁合金在航空航天领域已经有所应用，但还存在一些不足之处。尽管其耐蚀性优于普通镁合金，但航空航天领域的环境复杂多变，如在高湿度、强酸碱等极端条件下，其耐腐蚀性可能仍无法完全满足长期使用的要求，从而影响部件的使用寿命和可靠性；稀土变形镁合金的强度和硬度较高，这使得其加工难度增加，加工过程中容易出现裂纹、变形等缺陷，对加工工艺和设备的要求更为严格，增加了制造成本和生产周期；虽然在一定温度范围内具有良好的耐热性，但在航空航天发动机等高温部件的极端高温环境下，其高温强度和抗氧化性能可能还不够理想，无法长时间稳定工作。高强镁稀土（Mg-RE）镁钆合金，因其优异的强度和抗蠕变性在航空航天等关键领域得到广泛应用。时效强化是这类合金的主要强化手段，基体中所形成的纳米级 β' 棱柱面沉淀相能有效阻碍位错和孪晶运动。目前，随着航空航天构件未来对大尺寸和复杂结构需求的发展，传统的铸造、变形等方法已经很难满足要求，而 Mg-RE 合金的增材制造粉末开始受到关注。

在未来，随着材料科学技术的不断进步，有望通过优化合金成分、改进制备工艺等方法，进一步提高稀土变形镁合金的强度、耐热性、耐腐蚀性等性能，使其能够更好地满足航空航天领域对高性能材料的需求。同时，随着稀土资源的开发和利用技术的提高，以及大规模生产带来的规模效应，有望降低稀土变形镁合金的制造成本，提高其在航空航天领域的市场竞争力。在环保要求日益严格的背景下，开发更加环保、可持续的稀土变形镁合金制备工艺，降低生产过程中的能源消耗和污染物排放，将成为未来的发展趋势，有利于其在航空航天领域的长期应用。

7.3　医疗器械领域的应用

生物镁合金兼具优良的生物相容性和安全性，在骨支架、心血管支架、骨钉等植入医疗器械领域应用潜力巨大，镁及镁合金是近年来生物可降解材料中最具代表性的材料。镁是人体不可或缺的元素，在细胞内含量仅次于钾、钠、钙，居于第四位。镁可催化或激活 325 种酶系，这些酶参与人体的代谢过程和蛋白质的合成过程。且其合金降解后形成的局部富镁环境，能促进骨生成、提升骨细胞黏附率、抑制破骨细胞活性。镁因标准电极电势低（−2.372 V），在体内易降解，降解产物无害，可被周围机体的组织吸收，通过体液排出体外，避免了不可降解材料长期存在于基休内引起的基体反应，也不需要二次手术将其取出，避免了二次感染并减少患者的痛苦和医疗费用。镁合金还具备优良的生物相容性、可降解、低密度、弹性模量接近人骨等优点，能有效减轻应力遮挡效应，作为临时植入材料前景广阔。不过，其降解速率过快，会使植入后的机械强度大幅下降，提前失效，制约了临床应用。稀土元素对镁合金的力学与腐蚀性能影响显著，在生物材料领域备受瞩目。

Mg-RE-Zn 系合金是近年来医学植入材料研究的热点之一。稀土元素具有一些特殊的物理和化学性质，在改善镁合金综合性能方面具有良好的效果。稀土元素与许多生物因子之间都具有良好的相容性，在抗炎和抗菌方面也存在独特优势[4]。另外，一些稀土元素对人体具有毒副作用，如钕（Nd）、钐（Sm）、铕（Eu）等重稀土元素。因此，在通过稀土元素改变合金性能的同时，更需要在意元素本身对被植入对象的影响，确保生物安全性的同时提高合金性能，如含量低于 2%（质量分数）的 Y 元素就具有良好的细胞相容性。Zn 是人体必需的微量元素之一，在人体的生长发育、免疫、内分泌等生理过程中起着极其重要的作用，被人们冠以"生命之花""智力之源"的美称。Zn 是镁合金中最常见的强化元素之一，在镁中具有较高的固溶度，时效处理后，表现出很高的时效强化效应，可以显著提高镁合金的力学性能。通常在 Mg-RE 合金中加入适量的 Zn 元素，可以形成稳定的 Mg-Zn-RE 三元相，起到第二相强化作用，其中 I 相可以显著增加合金的塑形。对于固溶度不高的 RE 元素来说，Mg-RE 合金会形成较多的 Mg-RE 第二相，这些第二相会显著降低 Mg-RE 合金的抗腐蚀能力。所以，一般选用固溶度较高的 RE 元素，避免形成过多的第二相降低 Mg-RE 合金的抗腐蚀能力。

镁合金主要集中于骨科和血管支架两个方面，镁合金用于制造骨植入物时，如骨板、骨钉等，既可以提供初始的机械强度和稳定性，又可促进骨骼愈合和再生修复。血管支架方面（见图 7-2），作为可溶性药物洗脱支架，主要用于脑血管、冠状动脉狭窄患者，药物洗脱支架减少了永久性支架的限制因素，如永久性支架损害了血管的正常生理形态，产生慢性炎症同时也会对血管壁造成伤害，可降解脑血管支架不仅能促进伤口愈合、重塑血管形态，还能减少炎症的发生[5]。在植入人体后，可以逐步降解，血管也随之逐渐恢复自然状态和生理功能，显著降低了因异物引起的血管风险，帮助患者恢复血管通畅。血管支架用镁合金需要具有适当的力学性能（极限抗拉强度大于 250 MPa，断裂伸长率大于 15%），适度均匀的降解性能（工作时间为 3~6 个月，完全降解时间为 12~24 个月）以及良好的生物相容性（无明显毒性和炎症反应）。为了在保证镁合金生物安全的同时获得良好的力学和生物腐蚀性能，可行的策略是使用人体可耐受的合金元素。因此，镁合金的成分对生物医学应用非常重要。根据合金元素的毒理学和病理生理学数据，血管支架用镁合金可用的合金元素仅限于少数金属，包括 Zn、Ca、Mn 和少量 Zr、Sn 和稀土（RE）元素。除常规的实验试错法外，近年来，基于计算模拟和机器学习的合金设计方法逐渐出现，其在生物医用的高性能镁合金领域的应用价值也逐渐得到重视。尤其是，冷拉、冷轧、热挤压和无模拉伸等工艺都可用于镁合金微管的制备。

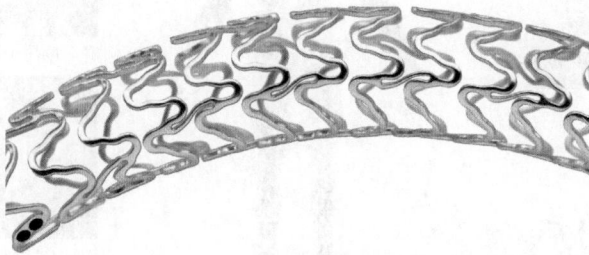

图 7-2 稀土镁合金生物支架示意图[5]

此外，除传统的医疗制品制备工艺外，一些新的制备工艺也值得关注。如，Yang 等人[6]提出的激光增材制造（LAM）的生物镁合金制备工艺受到了广泛关注，如图 7-3 所示，可以精确控制定制植入物的外部轮廓和内部结构，是一种平衡高精度成型和高性能的先进制造技术。相比于其他制造方法，LAM 具有生产周期短、成本低、加工精度高等特点。再如，Xu 等人[7]等开发了一种新型的 Mg-Zn-Gd-Mn-Sr 合金，用于可降解植入材料。该合金通过微合金化和挤压工艺制备，具有优异的力学性能和抗腐蚀性能。研究表明，添加 Gd、Mn 和 Sr 可以显著细化晶粒，提高合金的力学性能和抗腐蚀性能，同时保持良好的生物相容性。Surendran 等人[8]研究了不同 Zn/Gd 比的 Mg-2Gd-2Zn-0.5Zr 合金的微观结构、力学性能、体外和体内行为。结果表明，主要的次生相（如 W 相、（Mg,Zn)$_3$Gd、LPSO 相和 I 相）取决于 Zn/Gd 比。这些次生相影响了合金的力学性能和生物学特性。Xie 等人[9]采用全骨髓黏附法制备了 Mg-3Nd-1Gd-0.3Sr-0.2Zn-0.4Zr 骨修复合金，在对新型 Mg-Nd-Gd-Sr 合金进行的细胞毒性和细胞凋亡实验研究中，研究人员发现该合金表现出优异的生物相容性和体外生物安全性。具体来说，实验结果表明，这种新型合金对骨髓间充质干细胞（BMSCs）这一在骨修复过程中起着关键作用的细胞，没有明显的细胞毒性，对细胞的死亡也没有显著影响。这表明 Mg-Nd-Gd-Sr 合金在与细胞接触时，不会引发细胞的毒性反应，也不会导致细胞的凋亡，从而为骨修复提供了一个安全的材料基础。进一步的研究还发现，不

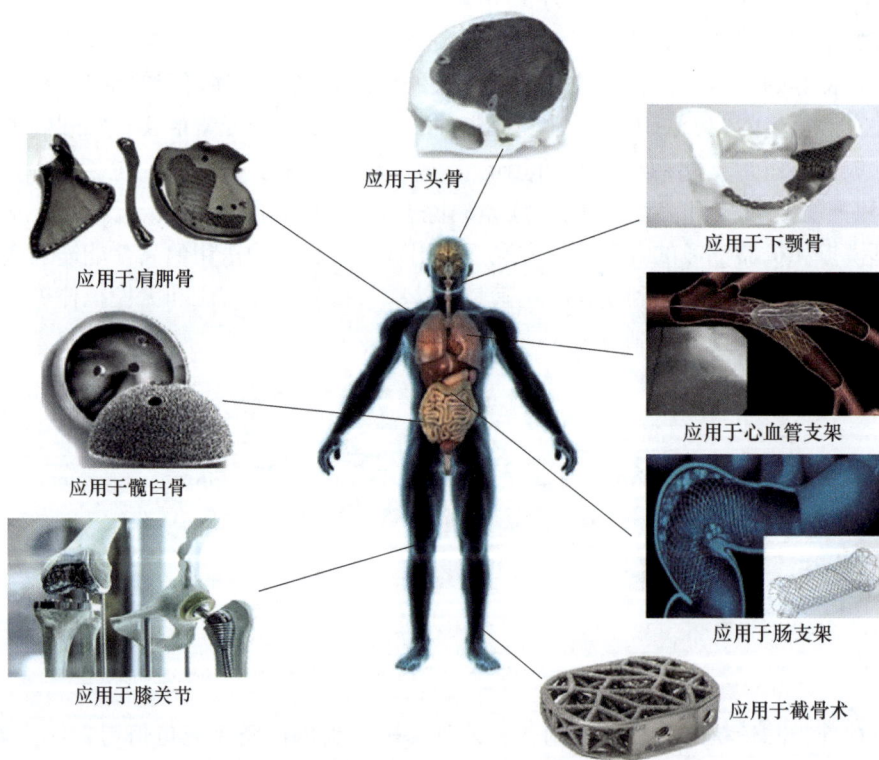

图 7-3　LAM 植入物的个性化结构[5]

同浓度的 Mg-Nd-Gd-Sr 合金能够促进骨髓间充质干细胞的增殖。这种促进作用对于骨骼的生长和愈合具有重要意义，因为它可以加快细胞的分裂和增殖，从而加速骨骼的修复过程。此外，该合金还能够促进细胞的黏附和矿化，以及提高碱性磷酸酶（ALP）的活性。这些结果表明，Mg-Nd-Gd-Sr 合金不仅具有良好的生物相容性，还能够积极地影响细胞的生物学行为，使其成为一种理想的骨修复材料。Zhang 等人[10]通过气压渗透（API）方法制备了多孔 Zn-Mg-Y 合金支架。实验结果表明，合金支架含有强化相，如 $MgZn_2$ 和 Mg_2Zn_{11} 以及富 Y 相。这些强化相可以作为牺牲阳极优先降解，加快多孔 Zn-Mg-Y 合金支架在模拟体液（SBF）中的降解速度。抗菌测试表明，多孔 Zn-Mg-Y 合金支架对大肠杆菌具有与多孔纯 Zn 支架相似的优异抗菌能力。细胞毒性测试表明，多孔 Zn-Mg-Y 合金支架（不包括 Zn-3Mg-0.5Y 合金支架）制备的 100% 提取物中 Zn^{2+} 浓度均低于多孔纯 Zn 支架制备的 100% 提取物，由所有多孔 Zn-Mg-Y 合金支架制备的 25% 和 10% 提取物对 MC3T3-E1 细胞表现出优异的细胞活性。镁基材料除了在骨科和血管支架的应用中表现出巨大的应用价值，在口腔其他领域，如牙组织工程、口腔软组织愈合等，也表现出良好的应用潜能。

7.4 交通运输领域的应用

在当今交通运输行业，不断追求轻量化、高效能和环保可持续性已成为行业发展的关键驱动力。新型材料的研发与应用对于提升运输工具的性能、降低能耗和减少排放至关重要。Mg-RE-Zn 系合金凭借其卓越的综合性能，在交通运输领域展现出广阔的应用前景。其不仅具备镁合金低密度的特性，可有效减轻结构重量，其中的 LPSO 结构更是赋予了合金高强度、良好的耐热性和耐蚀性等优点，能够满足交通运输领域对材料在各种复杂工况下的要求。探究该合金在交通运输领域的应用，对于推动交通运输行业的技术革新和可持续发展具有重要意义。

7.4.1 汽车工业中的应用

随着近年来汽车轻量化要求的提高，具有良好高温强度和抗蠕变性能的低成本耐热镁合金（以稀土、Si 和 Ag 为主要合金元素的合金）的开发与应用成了业界普遍关注的重点[11]。其中，Mg-RE-Zn 系合金以其优异的综合性能脱颖而出，这种合金不仅具备镁合金低密度的固有优势，其独特的 LPSO 结构更赋予了它高强度、良好的耐热性和耐蚀性等卓越性能，使其在汽车的多个部件制造中展现出巨大的应用潜力。深入研究该合金在汽车工业领域的应用，对于推动汽车产业的技术升级、提高汽车的整体性能具有重要意义。同时，随着稀土镁合金技术的进步和制造成本的降低，镁合金在汽车上的应用将会达到 100～150 kg，由此带来的汽车减重可达 10% ~ 15%，油耗可减少 6% ~ 10%，CO_2 排放量减少约 5 g/km[12]。

在汽车制造中，减轻车身重量对于提高燃油效率和减少尾气排放至关重要。Mg-RE-Zn 系合金由于其轻质高强的特性，可用于制造汽车的车门框架、车顶横梁等车身结构部件。其中的 LPSO 相能够阻碍位错运动，有效提高合金的屈服强度和抗拉强度，确保在车辆碰撞等工况下仍能提供足够的安全防护。与传统的钢质部件相比，镁合金的密度约为钢的 1/4，使用镁合金可以使这些部件的重量显著降低。例如，在车门框架应用中，使用该合金可使单个车门重量减轻 30% ~ 40%。汽车轮毂是汽车行驶系统的重要部件，其重量对车辆的加速、制动和燃油经济性等性能都有影响。稀土镁合金制作的轮毂在保证足够强度的情况下，可以大幅降低轮毂重量。与铝合金轮毂相比，镁合金轮毂重量可减轻 15% ~ 20%。另外，其 LPSO 结构增强了合金的抗疲劳性能，能够承受车辆行驶过程中的各种复杂载荷，如垂直方向的冲击力、横向的摩擦力等，从而提高轮毂的使用寿命。就目前来讲，汽车使用镁合金材料大多为压铸件，主要原因是变形镁合金的成本更高，虽然性能上有所提升，但普通的压铸件也能满足所要求的指标。然而，锻造工艺使轮拱和轮毂之间的间隙更小，从而减轻了重量[13]。图 7-4 为不同品牌车轮轮毂使用镁合金的变形方式。另外，奥迪、特斯拉等品牌的部分高端汽车逐渐开始应用镁合金挤压管型材、锻造轮毂，重庆长安汽车等国内自主品牌汽车开始研发镁合金板材冲压座椅[14]。

7.4.2　轨道交通中的应用

近年来，轨道交通发展迅猛，通过实现机车轻量化以达成高速、重载与降耗的目标，成为轨道交通研发的重点方向之一。在这一过程中，稀土镁合金材料凭借其优良特性，在机车轻量化方面发挥着日益关键的作用。然而，现阶段受限于技术与材料性能等因素，镁合金尚无法用于制造机车的重要承载构件，主要应用于制造非承载构件以及车辆内部对承载要求较低的零部件。尽管如此，稀土镁合金在轨道交通领域的应用仍取得了显著进展。德国西门子公司的 ICE 高速列车与法国 TGV 高速列车率先开展了稀土镁合金零部件的开发应用，像座椅、框架等部件都采用了该合金。日本新干线 N700 系列高速列车更是将稀土镁合金用于座椅骨架，包括座椅扶手、底座、背靠等部位，这一举措不仅实现了整车减重，还显著提升了动车组的动力性能，降低了能耗。在我国，稀土镁合金在轨道交通中的应用也在大力推进。目前，稀土镁合金主要应用于空调通风口格栅、车窗防护栏杆、座椅安装型材、地板布安装型材、卧铺框架、行李架边框以及内部仪表盘框架等零部件。随着对稀土镁合金研究的不断深入和技术的持续进步，未来有望进一步拓展其在轨道交通领域的应用范围，为我国轨道交通的发展注入新的活

图 7-4 镁合金在车轮中的开发与应用[14]

（a）雪佛兰护卫舰用镁合金车轮；（b）凯迪拉克 CT4-V 锻造旋压镁轮；（c）AMG Project One 9 辐镁锻造车轮，仿生设计；（d）～（f）空心方坯挤压镁合金车轮；

（g）布加迪 Chiron Super Sport 300+Mg 车轮；（h）保时捷 911 GT3 RS 镁锻造车轮；

（i）Bandit9 电动赛车镁轮；（j）镁合金汽车车轮正反挤压成型工艺流程

力，推动行业向更高效、更节能的方向迈进。

对于列车车厢的座椅骨架、行李架等部件，使用镁合金能够在保证强度的同时减轻重量，这有助于降低列车的整体能耗，提高列车的运行效率。在座椅骨架应用中，合金的高强度可以承受乘客的重量和列车运行过程中的振动等各种载荷，同时其轻质特性使得座椅易于安装和拆卸。对于行李架，镁合金能够提供足够的承载能力，并且可以通过挤压等加工方式制成各种美观的形状，满足车厢内部的设计要求。对于轨道交通车辆的一些小部件，如制动系统的制动卡钳外壳等方面也有应用潜力。镁合金的良好的散热性能可以帮助制动卡钳在频繁制动过程中快速散热，防止因过热而导致的制动性能下降。同时，其较轻的重量可以减轻车辆悬挂系统的负担，提高车辆行驶的平稳性。另外，在车辆的电气设备外壳，如电机外壳等，使用这种合金可以减轻设备重量，便于安装和维护，并且其良好的电磁屏蔽性能可以有效保护电机等电气设备免受外界电磁干扰。随着高性能镁合金材料和应用技术的发展和进步，镁合金已开始在高铁、动车、地铁等轨道交通车体上批量应用。工艺和成本问题、技术创新能力不足、产业结构矛盾等问题使得稀土镁合金在汽车工业中的发展受到限制。然而，这充分证明了该合金的应用是有前景的。汽车零部件的生产必须更贴近消费者，才能使镁合金成为具有额外环境和经济效益的替代材料。此外，在政策支持下，更多尝试采用绿色电力电解镁技术是一种可回收和生态的方式[14]。这些挑战是全球性的，在不久的将来，镁合金的新结构和新技术取得突破，将更好地满足日益增长的轻量化汽车需求。

7.5　军工领域的应用

镁合金凭借其轻质、高强度等特性，成为实现武器装备轻量化、提升武器装备各项性能的理想材料。武器装备的轻量化需求，促使高性能镁合金及其应用技术不断进步。过去，镁合金主要应用于航空领域，但近年来，镁合金及镁基复合材料在武器和弹药等领域的应用逐渐增多，且发展迅速。在当前的兵器零件中，包括枪械武器、装甲车辆、导弹、火炮、弹药、光电仪器、武器用计算机及军用器材等，存在大量铝合金零件和工程塑性件。随着镁合金性能的不断提升，其替代部分中低强度铝合金零件的潜力日益显现，尤其在军用计算机、通信器材箱体、壳体、板类等部件中，镁合金的应用前景广阔。

镁合金在军工领域的应用具有多方面的显著优势，以下是其主要优势：（1）轻量化，镁合金能显著减轻装备的重量，从而提高机动性能，降低能源消耗。例如，在导弹制造中，弹体减重 1 kg，可以减少 10 kg 燃料；而导弹弹头减重 1 kg，则可以增加 12 ~ 15 km 的射程，或相当于起飞重量可以减少 50 kg。（2）高强度，镁合金具有较高的比强度和比刚度，能够承受较大的载荷。通过添加稀土元素，如 Gd、Y、Nd 等，形成的高温稳定相可以进一步提高镁合金的力学性能，特别是高温力学性能。例如，VW94 稀土镁合金的室温强度大于400 MPa，300 ℃高温强度可达 250 MPa，主要应用于导弹舱段、舱体和卫星支架等。(3)耐热性,稀土镁合金在高温条件下表现出优异的耐热性能。其形成的高温稳定相可以有效钉扎合金显微组织晶界,从而获得远高于普通镁合金的耐热性能和使用温度范围。例如,VW94稀土镁合金在300 ℃高温下仍能保持较高的强度,适用于导弹舱段、舱体和卫星支架等对强度和耐热性要求较高的零部件。(4)阻尼减振性,镁合金具有良好的阻尼减振性能,能够吸收和耗散振动能量,减少结构的振动和噪声。这一特性使其在军工装备中能够有效降低振动对设备和人员的影响,吸收更多的振动能量,提高装备的稳定性和可靠性。(5)电磁屏蔽性,镁合金具有优异的电磁屏蔽性能,能够有效屏蔽电磁干扰,保护电子设备的正常运行。这一特性使其在军工电子设备中得到广泛应用,如武器用计算机、光电仪器等。有效屏蔽电磁干扰,保护内部电子元件不受外部电磁环境的影响。

国外镁合金在武器上应用的典型实例如下:美国开发的QE22和WE44镁合金具有相当高的高温强度,以运用到直径1 m的维热尔火箭壳体的制作上,提高了其飞行性能。美国在"猎鹰"式导弹上90%的结构件用镁合金制造,在GAR-1型Falcon(隼式空对空导弹)中,使用了大量的镁材,其中弹体是由1.016 mm的AZ31B-H24合金和AZ91B做的。防区外发射空地导弹KEPD-350由德国金牛座系统公司研制(见图7-5),射程超过350 km,导弹结构中的加强框、壁板、舵面、隔板等零件中应用近100 kg的GW83、ZK61等高性能镁合金,镁合金的应用可降低结构质量25%~50%,有助于提高射程与飞行速度,保障了战斗毁伤效能[1]。此外,变形镁合金还用于火炮装填器杆、T-31型20 mm加农炮、迫击炮底座、榴弹炮炮架架尾、底板炮手站台以及运输机底板、地面导弹发射器、导弹牵引车、雷达控制系统等[15]。

图7-5 空地导弹KEPD-350[1]

东北轻合金加工厂研发的含Nd、含Gd代号为122和127合金的两种耐热高强稀土变形镁合金,其室温强度比MA13和HM21要高得多,且在300 ℃下的高温强度与MA13、HM21相当,已在国防军工上获得广泛应用。中国航空工业集团有限公司研制的稀土镁合金包括铸造镁合金及变形镁合金约有 10 个牌号，很多牌号已用于生产，质量稳定。例如：中国航空工业集团有限公司与中国有色金属工业总公司联合研制的稀土高强镁合金 BM25 已代替部分中强铝合金，在强击机上获得应用。

镁合金由于密度小，近年来在导弹、火箭等结构件中应用广泛，主要用于战术防空导弹的支座舱段与副翼蒙皮、壁板、加强框、舵面、隔框等零件，材料为 MB2、MB3、MB8 变形镁合金。随着战争对导弹飞行速度要求越来越快，如超音速导弹，其在飞行过程中承受的温度也越来越高。VW94 稀土镁合金被广泛用于导弹上。郑州轻研合金科技有限公司开发的 VW94 稀土镁合金已批量生产，其室温强度大于 400 MPa，300 ℃下的高温强度可达 250 MPa，主要应用于导弹舱段、舱体和卫星支架等对强度和耐热性要求进一步提高的零部件。

7.6   3C 领域的应用

零件对轻、薄、便携的追求让镁合金在 3C 行业的优势得到了体现，镁合金在 3C 领域的发展与现代军队"信息化""电子化"的发展趋势相得益彰。传统的 3C 产品外壳大都采用塑料材料（如 PC、ABS、PC/ABS 等），质量虽轻但防电磁波干扰能力不如金属材质，需做后处理，镁合金所独具的优良特性使其在 3C 产品领域的应用快速崛起。镁合金用于制造平板电脑的机身时，可以提高产品的质量和耐久性。采用镁合金压铸或挤压板材通过 CNC 机加工 3C 产品外壳，可以获得优异的力学性能和外观质量。微软公司平板电脑外壳几乎都采用镁合金，每年的使用量超过 1 万吨[16]。目前，IBM、戴尔、苹果、东芝、松下和索尼等公司生产的笔记本电脑、手机、照相机、摄像机等的外壳广泛使用稀土镁合金，提高了外壳的强度和刚度，减少了电磁波对人体的辐射[17]。

镁合金在 3C 领域的应用优势主要体现在以下几个方面：（1）轻量化，镁合金的密度仅为 1.74 g/cm^3 左右，是目前全球最轻质的商用金属工程材料，相比铝合金轻约 30%，这使得它在 3C 产品中能够显著减轻产品的重量，提高产品的便携性。（2）高强度，镁合金具有较高的比强度和比刚度，其比强度明显高于铝合金和钢，比刚度与铝合金和钢相当，远远高于工程塑料。这使得镁合金在 3C 产品中能够提供更高的结构强度，增强产品的耐用性。（3）优良的散热性能，镁合金的热导率高，能够有效地将热量迅速传导出去，从而保持设备的正常运行温度。这对于高性能的 3C 产品尤为重要，高性能游戏本常常采用镁合金材料作为散热模块，保证设备在长时间高负荷运行时不会出现过热问题。（4）镁合金具有良好的抗腐蚀性能，这使得它在 3C 产品中的应用更加广泛，尤其是在潮湿和多尘的环境中，能够有效保护设备内部的电子元件，延长产品的使用寿命。(5) 电磁屏蔽性能，镁合金具有的优异电磁屏蔽性能，能够有效防止电磁干扰，这对于 3C 产品中的电子设备尤为重要，可以提高设备的稳定性和可靠性，保护内部电路的正常运行。(6) 镁合金作为一种可回收利用的材料，符合现代绿色制造的要求。在 3C 产品的生命周期结束后，镁合金材料可以被回收再利用，减少对环境的影响。(7) 减震性好，镁合金具有良好的减震性能，能够吸收更多的振动冲击，保护设备内部的精密元件，提高产品的可靠性和耐用性。

在荣耀的发布会中，荣耀 Magic Vs2（见图 7-6）的外屏支撑架材料采用目前重量最轻的高韧性、高导热稀土镁合金，由山西瑞格金属新材料有限公司提供。与常规的镁合金 AZ91D 相比，伸长率和导热系数均提升了 100%；与常规的铝合金支撑架相比，稀土镁合金支撑架减重 33%，在保证强度的同时进一步减轻了机身重量，最终做到了 229g 的超轻设计。因此，近年来镁合金在电子器材中的应用正以 25% 的年增长率得到快速的发展，呈现了良好的发展前景。

在移动通信领域，采用镁合金制造外壳后，电磁相容性得到了显著提升。这是因为镁合金的电磁屏蔽性能优异，能够有效减少电磁波的散失，从而提高移动电话的通信质量。此外，镁合金的高强度和刚度使其外壳更加坚固耐用，不易损坏，满足了现代移动设备轻巧、美观、实用的要求。威海镁业开发的高导热镁合金新型材料已经在 5G 通信基站上实现了批量化应用。这种

图 7-6 镁合金手机外壳

材料不仅具有优异的散热性能，能够有效降低基站设备的温度，还提高了设备的稳定性和使用寿命。这对于 5G 基站的高效运行至关重要，因为 5G 技术的高频特性对设备的散热和稳定性提出了更高的要求。具体来说，5G 基站的功耗是 4G 基站的 2.5 倍至 4 倍，这意味着发热量大幅增加。如果散热不及时，就会严重影响网络的稳定性和设备的使用寿命。传统镁合金的热导率只有铝合金的 60%，而威海镁业通过技术优化，使镁合金的导热系数得到了显著提升，基本达到了与铝合金相当的水平。这种高导热镁合金新型材料的成功应用，不仅满足了 5G 基站对材料的高要求，还为镁合金在其他领域的应用提供了新的思路和方向。

近年来许多研究都表明镁合金的 LPSO 结构在提高强度的同时，能够提高镁合金的阻尼性能[18]。稀土镁合金在电子领域的应用能大大降低噪声和能耗，将在未来的结构材料中占据重要地位。在音箱的喇叭单元上，装载镁合金音盆

喇叭单元，能实现高刚性和轻量化的特质，可减少内部损失，同时又能降低音盆的振动，不仅提高了高音的清晰度和明亮度，还确保了中音的精确性和低音的强劲效果，减少振动和失真。镁合金优异的阻尼性能在音响架上也可以得到应用，将镁合金应用在喇叭架、音响架、线材隔离上，能降低振动对于音质的影响。

7.7　其他领域的应用及展望

7.7.1　Mg-RE-Zn 系合金在建筑上的应用及展望

在全球建筑工业中，建筑材料的成本占据了建筑总成本的 60% 以上。建筑材料的轻量化、功能化和绿色化已成为发展的必然趋势，这对于降低能耗、减少污染具有极其重要的意义。金属结构建筑作为建筑结构变革的重要发展方向之一，受到了工业发达国家的高度重视。镁合金作为一种资源丰富的战略性新材料，因其密度低、比强度高、功能特性好、100% 能循环利用等特点，获得了世界各国的广泛关注。这些优异的性能使得镁合金很好地契合了建筑材料轻量化、功能化和绿色化的现代发展需求，在建筑领域有着巨大的应用潜力和重要的应用价值。

然而，目前镁合金在建筑上的大批量应用尚未实现。近年来，随着新型镁合金的发展，镁合金的强度又有了进一步的提高。镁合金在物理功能特性中具备非常好的减震、屏蔽电磁辐射、电源应急等功能。镁合金的阻尼性能远远好于铝合金和钢铁材料，在相同的载荷下比其他金属材料消耗更多的变形功，是阻尼性能最好的结构材料，其减震性能非常好，可用于控制噪声和增强结构稳定性。镁合金的阻尼容量是铝合金的 10~25 倍。镁合金同样是非常好的电磁屏蔽材料。众所周知，随着家庭电子产品的增加和城市工业及交通的发展，电磁辐射污染已成为重要的污染源之一。如何降低电磁辐射污染，是功能化建筑中必须考虑的重要问题。镁合金具有良好的屏蔽电磁辐射污染的功能，作为建筑板材和建筑物内部电子产品的外壳可以有效屏蔽电磁辐射。

作为建筑结构材料和建筑装饰材料需要考虑性能的选择性处理和选择性应用。耐蚀性差是镁合金普遍遇到的问题，但这主要指在镁合金暴露在酸性特征的空气中产生的现象，在碱性环境中镁合金有非常好的耐蚀性。因此，暴露在空气中的镁合金建筑构件在使用前必须进行表面处理或包覆处理。目前镁合金表面处理技术发展很快，对常规的建筑结构和室内装饰应用完全能够满足要求，对容易摩擦磨损或特殊要求的部位，则需要特殊处理或采用包覆处理。由于在碱性环境中，镁合金有很好的耐蚀性，因此可以用镁合金制造建筑用镁合金模板系统，这将是继竹木模板、钢模板和铝合金模板之后出现的新一代新型模板支撑系统。和钢相比，铝合金模板的使用已体现了轻量化效果，但单块铝合金模板的重量依然有 30 kg 之多，工人操作难度很大；此外，由于铝合金是中性金属，铝合金在碱性的混凝土环境下容易发生腐蚀，造成混凝土表面坑洼、麻面。镁合金模板在建筑行业的应用，可以进一步减小模板重量，提高建筑行业的整体施工效率。

7.7.2 Mg-RE-Zn 系合金在 LED 上的应用及展望

镁合金的轻质特性可以减少灯具的整体质量，使得灯具安装更方便，也减小了运输成本；另外，镁合金的高强度特性可以保证灯具在使用过程中的稳定性，并且镁合金具有较好的耐腐蚀性，能够抵抗一定的腐蚀和磨损；最后，镁合金的良好导热性可以有效地散热，保证 LED 灯具在使用过程中不会因为散热不足而造成过热现象，从而延长灯具的使用寿命。此外，镁合金的电导性也可以使电流的流通更加顺畅，保证 LED 灯具的正常工作。LED 灯具发热量很大，如果不进行有效的散热处理，会对 LED 的寿命造成影响。室温下纯镁的热导率为 158 W/(m·K)，MB15 变形镁合金的热导率可达 110~140 W/(m·K)，其总体散热性能优于铝合金。镁合金具有优良的导热性能和轻质的特点，因此可以用作 LED 照明灯具的散热器。尽管镁合金的热导率比铝差，但镁合金零部件的散热效果却高于铝合金，这为镁合金在散热要求较高的 LED 行业推广应用提供了非常好的机会。

镁合金应用于 LED 照明领域的部件主要是路灯壳体及灯架、灯管型材、筒灯壳体、球泡灯壳体、隧道灯壳体以及 LED 散热模组等。包括镁合金压铸件和型材，表面处理采用氟碳喷涂、喷塑和阳极氧化。据初步估计，每年镁合金在 LED 行业的应用量将达到数万吨。总之，镁合金在 LED 照明灯具中的应用可以有效提高灯具的整体性能，延长灯具的使用寿命，为用户提供更加安全、可靠和高效的照明方案。

稀土镁合金在 LED 上的应用主要体现在以下几个方面：引入镁合金散热器，降低了白光 LED 灯具和大型路灯的重量，提升了抗氧化能力，这对于提高 LED 灯具的使用寿命和稳定性具有重要意义。稀土元素的添加可以进一步优化镁合金的微观组织，如形成稳定的金属间化合物等，这些化合物呈细小粒子弥散分布于晶界和晶内，在高温下可以钉扎晶界，抑制晶界滑移，同时阻碍位错运动，强化合金基体，从而提高合金的热稳定性，增强其在高温环境下的散热性能。稀土元素与 Mg、Si 的作用，能增大化合物形成的趋势和能力，降低稀土元素和 Si 的固溶度，即使其以析出态存在，从而提高合金的导热性，增强合金的散热性。

7.7.3　Mg-RE-Zn 系合金在自行车上的应用

稀土镁合金在自行车制造领域展现出巨大的应用潜力，其主要用于车架、车轮、车把和脚踏板等关键部件。镁作为实际应用中最轻的金属结构材料之一，相较于传统的钢制或铝合金车架，能够显著降低自行车的整体重量。例如，首钢远东生产的镁合金轻便型自行车，自身重量仅为 8 kg。国内，众多企业与科研机构也纷纷涉足镁合金自行车领域，如重庆镁业科技股份有限公司、深圳中华自行车（集团）股份有限公司、上海交通大学、南京华宏（集团）有限公司等，均已成功推出镁合金自行车样车。

尽管目前主流的碳纤维材质自行车在密度上比镁低 30% 左右，抗拉强度也更高，但其抗冲击性能相对较差，相比之下，碳纤维更为脆性，更易破裂。而镁合金则在耐用性方面更胜一筹。此外，稀土镁合金的加工性能优于碳纤维，且加工成本更低。镁合金还具有出色的阻尼减震性能，能够有效吸收和耗散骑行过程中的振动能量，显著减少因路面不平带来的颠簸感，从而提高骑行的舒适性。对于山地车和长途骑行来说，这一点尤为重要，它有助于减轻骑手的身体疲劳，大幅提升骑行体验，提升骑行的稳定性和安全性。与碳纤维相比，镁合金是一种可回收材料，其回收利用率高，对环境的影响较小。这意味着镁合金自行车在使用寿命结束后，其材料可以被有效回收再利用，减少了资源浪费和环境污染，完美契合环保和可持续发展的理念。

7.7.4　Mg-RE-Zn 系合金在储氢方面的应用

大规模开发利用清洁能源，实现"双碳"目标，成为当前社会发展所面临的重大挑战。氢能被认为是最理想的清洁能源，同时也是与电能并重且互补的优质二次能源，具有储量丰富、能量密度高、且燃烧后近乎是零排放的优点。但是氢气密度低，具有高挥发性和可燃性，导致安全高效的储氢运氢技术严重限制了氢能的大规模应用。常规的气态储氢效率和安全性低且成本较高，液态储氢技术要求严格且成本巨大，目前仅用于军事和航天领域，固态储氢由于安全性高、储氢效率高、储运成本低等特点，是大规模储运氢的有效解决方案。镁是最有潜力的固态金属储氢材料，镁在自然界中储量丰富，尤其我国镁资源储量全球居首，镁年产量占全球的 85% 以上。相比其他一些稀有金属或贵金属储氢材料，镁的获取成本低，这使得镁基储氢材料在大规模应用时具有显著的经济优势，有助于降低储氢系统的整体成本，推动氢能的商业化应用。

镁基储氢材料是金属固态储氢材料中储氢密度最高的材料，其储氢密度可达气态氢密度的 1000 倍，液态氢密度的 1.5 倍。这意味着在相同的体积或质量下，镁基储氢材料能够存储更多的氢气，这对于提高储氢系统的能量密度和续航能力具有重要意义。镁储氢是在常温常压下进行的，相比高压气态和液态储氢，其安全性远高于高压气态和液态储氢。这对于储氢系统的运输、存储和使用过程中的安全性至关重要，能够有效减少潜在的安全风险，提高储氢系统的可靠性和可接受性。稀土元素（RE）与氢的成键能力更强，Mg-RE 合金在吸氢过程中，RE 原子会率先发生氢化反应，原位形成 $REHx$ 纳米催化相[19]。因此，稀土镁合金被认为是改善镁基储氢材料吸放氢性能的研究重点之一。

由北京中科创星科技有限公司注资 800 万元投资的新型稀土镁镍基储氢合金电极生产线已正式生产，目前已对外销售 280 kg 的成品。公司选用燕山大学自主知识产权的合金制备技术，通过稀土镁镍基储氢合金相结构与电化学储氢性能间的匹配关系，优化合金结构特性，开发出不同优势性能的 Mg-RE-Ni 基储氢合金新产品。该生产线是我国具有自主知识产权的第一条新型稀土储氢合金生产线。该产品电池容量较传统电极材料将提高 30% 以上，是生产高容量、宽温区、高工艺、低耗电镍氢动力电池关键材料，一举打破日本在新型稀土 A2B7 储氢科技、工业技术和产品方面对我国的垄断。该技术产品制备的镍氢电池能够大范围应用于混合动力、固态储氢及氢燃料电池，可替代镍镉电池和干电池。

7.7.5　Mg-RE-Zn 系合金在能源开发方面的应用及展望

在石油化工中，由于镁对燃料、矿物油和碱等具有很高的化学稳定性，故所开发的阻燃耐蚀稀土镁合金可用来制造、贮存和运送这类液体的导管、箱体和贮罐。油气田钻井开采时，压裂改造是增加低渗透油气藏的单井产量的最有效的措施，压裂工具（如压裂球、桥塞）有利于消除油井回堵现象、提高开采效率，在整个压裂过程中起着至关重要的作用。可溶性稀土镁合金具有很高的抗压强度和拉伸强度，可以在苛刻的、即插即用以及滑动套筒球座应用中保持压力具有可控的腐蚀速率，以确保其使用寿命结束后可在盐水环境中完全溶解。目前主要生产企业有福建坤孚股份有限公司、上海隆司新材料科技有限公司、兰州佰思巍信息科技有限公司、中国铝业公司郑州轻金属研究院等[20]。在石油化工中，由于镁对燃料、矿物油和碱等具有很高的化学稳定性，故所开发的阻燃耐蚀稀土镁合金可用来制造、贮存和运送这类液体的导管、箱体和贮罐[20]。

镁的热中子吸收截面非常小，大约只有铝的 1/4。英国将镁合金作为核燃料的包壳材料在 CO_2 气体冷却的反应堆中使用。核反应堆用包覆套管要能承受反应堆的恶劣条件：高热、表面热流、强烈的 C 射线辐射以及套管内表面所受到的某些破碎片的轰击等。大量的试验证明，镁合金套管在出口气体最高温度为 400～500 ℃下的反应堆中充当包覆材料使用是完全胜任的。而对 CO_2 的相容性的极限温度可达 500 ℃。满足了反应堆工作时的安全要求，不致引起燃烧。核能发电是一种清洁能源，工业发达国家已把核电作为一种主要能源，一般占整个发电量的

15%以上。我国也正在大量开发核电。因此，核反应堆的包覆套管会不断增加。镁合金在核工业上的应用潜力很大。

　　目前，投入能源开采领域的稀土镁合金并不是很丰富，但可以通过其优势展望该合金在该领域的发展趋势。在石油开采中，井下工具如钻杆、油管等常面临高温、高压及腐蚀介质的侵蚀，变形稀土镁合金的高强度、良好的耐热性和耐蚀性，使其能够承受井下恶劣环境，延长工具使用寿命，降低更换频率，提高开采效率，其低密度特性还可减轻井下工具的重量，便于操作和运输，降低开采成本。对于风力发电，发电机的叶片、轮毂等部件需要具备高强度、低密度以提高发电效率和降低成本。该合金的高强度与低密度特点，可使叶片和轮毂更轻量化，在相同风力条件下，更易转动，从而提高发电功率。同时，其良好的耐蚀性可抵抗风雨侵蚀，延长部件使用寿命，减少维护成本。在太阳能发电领域，太阳能发电的追光系统中需要使用一些可调节角度的支撑结构和传动部件。该合金的高强度、低密度及良好的成型性，可制造出轻巧且坚固的支撑结构和传动部件，使追光系统更灵活、精准地追踪太阳位置，提高太阳能的收集效率。此外，其耐蚀性也能保证部件在户外环境中的长期稳定运行。

　　稀土镁合金在其他领域的应用如图 7-7 所示。

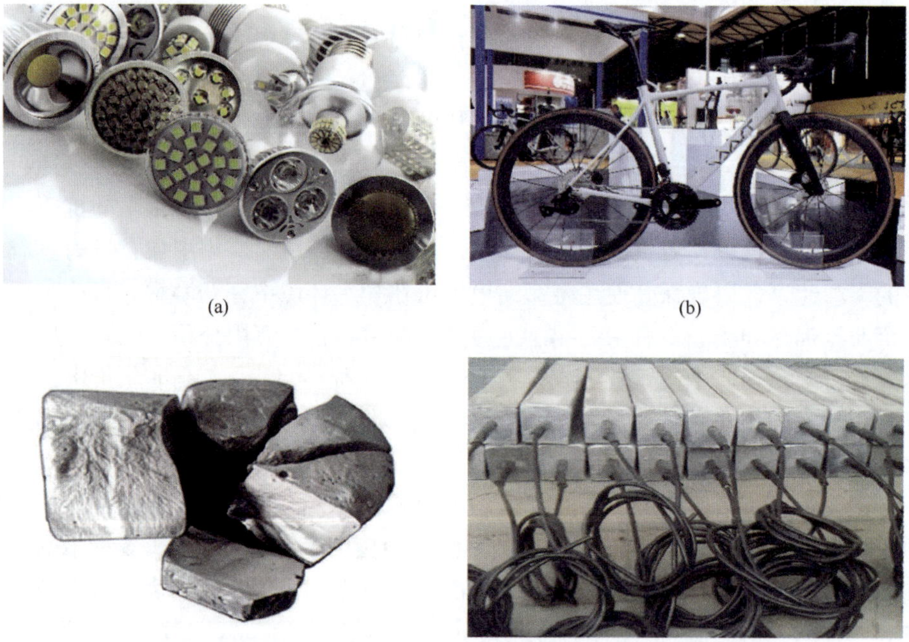

图 7-7　稀土镁合金在其他领域的应用
（a）LED 领域的应用；（b）自行车领域的应用；（c）储氢镁合金；（d）防腐蚀用镁合金

7.8　Mg-RE-Zn 系合金应用面临的挑战

Mg-RE-Zn 系合金凭借其高强度、低密度、良好的耐热性和耐蚀性等优异性能，在航空航天、汽车、能源等众多领域展现出巨大的应用潜力。然而，如同许多新型材料的推广应用过程一样，该合金在实际应用中也面临着一系列亟待解决的挑战。深入了解和研究这些挑战，对于推动该合金的广泛应用和进一步发展具有至关重要的意义。

7.8.1　成本问题

（1）原材料成本。Mg-RE-Zn 系合金中稀土元素的加入提高了原材料成本。稀土元素（RE）是形成 LPSO 结构的关键成分之一，但稀土资源在全球范围内分布不均，且部分稀土元素的储量相对稀缺。例如，钇（Y）、钆（Gd）等稀土元素在自然界中的含量较低，开采和提取难度较大，这导致其市场价格较高且波动频繁。据相关数据统计，近年来某些稀土元素的价格波动幅度可达 50%～100%。这种价格的不稳定性使得 Mg-RE-Zn 系合金的生产成本难以有效控制，增加了企业在大规模生产应用时的成本风险，使得这种合金在一些对成本敏感的领域应用受到限制。其次，虽然锌在地球上的储量相对较为丰富，但锌的提取和精炼过程需要消耗大量的能源和资源。随着全球对锌的需求不断增加，尤其是在钢铁、电子等行业的广泛应用，锌的市场价格也存在一定的波动。这在一定程度上影响了 Mg-RE-Zn 系合金的原材料成本，从而降低了该合金在市场上的价格竞争力。

（2）生产工艺成本。Mg-RE-Zn 系合金的制备需要精确控制合金成分和熔炼工艺参数，这导致了复杂的熔炼与成型工艺。在熔炼过程中，由于稀土元素的化学活性较高，容易与空气中的氧气、氮气等发生反应，导致合金成分的偏差和性能的不稳定。因此，需要采用特殊的熔炼设备和保护气氛，如真空熔炼或在惰性气体保护下进行熔炼，这无疑增加了生产设备的投资和运行成本。此外，该合金的成型工艺也较为复杂，例如挤压、锻造等变形工艺需要精确控制温度、速度和变形量等参数，对设备的精度和性能要求较高，进一步提高了生产工艺成本。另外，整个制备过程实际上是一个高能耗的生产过程，从原材料的提炼到合金的最终成型，合金的生产过程通常需要消耗大量的能源。例如，在熔炼过程中，需要将原材料加热至高温状态，这需要消耗大量的电能或燃料。在热加工过程中，为了保证合金的良好成型性和微观组织性能，也需要维持一定的高温环境，同样消耗大量能源。据估算，生产该合金的能耗比传统铝合金高出 20%～30%，这使得对企业的可持续发展构成挑战。

7.8.2　性能优化问题

（1）Mg-RE-Zn 系合金的晶体结构较为复杂，LPSO 相的存在虽然赋予了合金高强度和良好的耐热性，但在一定程度上也限制了位错的运动。镁合金的晶体结构为密排六方结构，其独立滑移系较少，室温下主要依靠基面滑移。而 LPSO 相的原子排列方式与镁基体不同，位错在穿越 LPSO 相时需要克服较大的阻力，导致合金在室温下的塑性变形能力有限。同时，由于室温塑性有限，在变形镁合金进行加工时，如轧制、锻造等，容易出现开裂现象。这不仅降低了材料的成材率，增加了生产成本，还限制了该合金在一些复杂形状部件制造中的应用。例如，在轧制过程中，如果轧制工艺参数控制不当，合金板材可能会出现边裂、中心裂纹等缺陷，影响产品质量和性能。

（2）高温长期稳定性问题。虽然 Mg-RE-Zn 系合金在一定温度范围内具有良好的耐热性，但在高温长期服役条件下，LPSO 相可能会发生粗化和分解现象。LPSO 相的粗化会导致其强化效果减弱，从而降低合金的强度和硬度。而 LPSO 相的分解则可能导致合金的微观组织和性能发生显著变化，影响其在高温环境下的可靠性。在航空航天、能源等领域的应用中，Mg-RE-Zn 系合金常常需要与其他材料进行连接和配合使用。然而，在高温环境下，该合金与其他材料之间可能会发生化学反应和扩散现象，导致界面性能下降，影响整个结构的稳定性和可靠性。例如，在航空发动机中，该合金与高温合金部件连接时，在高温燃气的作用下，两者之间可能会发生元素的相互扩散，形成脆性相，降低连接部位的强度和疲劳性能。

（3）虽然 Mg-RE-Zn 系合金已经具有较高的强度和韧性，但在一些极端应用环境下，如航空航天发动机的高温高压部件和汽车的高性能动力系统部件，还需要进一步提高其性能。例如，在发动机叶片应用中，需要合金在更高的温度和应力下仍能保持良好的力学性能，目前的合金性能还需要通过成分优化和加工工艺改进来提高。此外，还需进一步改善耐蚀性能和长期稳定性。尽管合金的耐蚀性能有所提高，但在长期复杂的腐蚀环境下，如海洋环境和化工环境，其耐蚀性能的长期稳定性还需要改善。例如，在船舶和海洋工程领域，合金需要抵抗海水的长期侵蚀，目前的合金在这方面还需要进一步研究，如通过表面处理等方法来提高其长期耐蚀性能。

7.8.3　加工工艺挑战

（1）成型加工工艺难度大。Mg-RE-Zn 系合金的热加工性能对温度和应变速率比较敏感，在热加工过程中，如果温度过高，可能会导致合金晶粒长大、LPSO 相粗化，从而降低合金的性能；而如果温度过低或应变速率过快，合金的塑性变形能力会受到限制，容易出现加工硬化和开裂现象。对于一些形状复杂的部件，如航空发动机的叶片、汽车发动机的缸体等，采用传统的成型工艺难以实现该镁合金的精确成型。这是因为该合金在成型过程中容易出现变形不均匀、充型不满等问题。

（2）焊接工艺难题。在对该合金进行焊接时，焊接热影响区的组织和性能会发生显著变化。由于焊接过程中的快速加热和冷却，热影响区的 LPSO 相可能会发生溶解、粗化或重新分布，导致该区域的强度、硬度和韧性下降。该合金在焊接过程中容易产生气孔和裂纹等缺陷。一方面，镁合金本身具有较高的化学活性，在焊接过程中容易与空气中的水分、氧气等发生反应，产生氢气等气体，从而在焊缝中形成气孔。另一方面，由于合金的线膨胀系数较大，焊接过程中的热应力容易导致焊缝和热影响区产生裂纹。这些焊接缺陷严重影响了焊接接头的质量和力学性能，限制了该合金在一些需要焊接连接的结构件中的应用。

总之，Mg-RE-Zn 系合金在应用过程中面临着诸多挑战，包括成本高昂、性能有待进一步优化、加工工艺难度大等。要实现该合金的广泛应用和产业化发展，需要材料科学家、工程师和相关企业共同努力。一方面，需要加强对合金成分设计、制备工艺和性能优化的研究，降低成本，提高性能；另一方面，需要开发先进的加工技术和防护措施，解决加工工艺难题和服役环境适应性问题。只有这样，才能充分发挥 Mg-RE-Zn 系合金的优势，推动其在各个领域的广泛应用，为材料科学和相关产业的发展做出贡献。

参 考 文 献

[1] 丁文江，吴国华，李中权，等. 轻质高性能镁合金开发及其在航天航空领域的应用 [J]. 上海航天（中英文），2019，36（2）：1-8.

[2] 郑明毅，徐超，乔晓光，等. 超高强韧 Mg-Gd-Y-Zn-Zr 变形镁合金研究进展 [J]. 中国材料进展，2020，39（1）：19-30.

[3] 董天宇. 高性能稀土镁合金研究与应用进展 [J]. 世界有色金属，2018（19）：156-157.

[4] 吴沛，卢明. 稀土镁合金在颅脑组织修复中的应用研究进展 [J]. 国际神经病学神经外科学杂志，2017，44（5）：539-542.

[5] 吴志鹏，徐继张，肖建如. 可吸收镁合金在生物医学中的应用现状与展望 [J]. 有色金属材料与工程，2024，45（6）：24-31.

[6] YANG M L, CHEN C, WANG D S, et al. Biomedical rare-earth magnesium alloy: Current status and future prospects [J]. Journal of Magnesium and Alloys, 2014 (12): 1260-1282.

[7] XU Y Z, LI J Y, QI M F, et al. A newly developed Mg-Zn-Gd-Mn-Sr alloy for degradable implant applications: Influence of extrusion temperature on microstructure, mechanical properties and in vitro corrosion behavior [J]. Materials Characterization, 2022 (188): 111867.

[8] SURENDRAN A K, JAYARAJ J, VEERAPPAN R, et al. Gd added Mg alloy for biodegradable

implant applications［J］. Journal of Biomedical Materials Research Part B: Applied Biomaterials, 2024, 112 (9): e35474.

［9］ XIE Y, YANG Q, LIU X, et al. Evaluation of toxicity and biocompatibility of a novel Mg-Nd-Gd-Sr alloy in the osteoblastic cell［J］. Molecular Biology Reports, 2023, 50 (9): 7161-7171.

［10］ ZHANG M, LI K, WANG T, et al. Preparation and properties of biodegradable porous Zn-Mg-Y alloy scaffolds［J］. Journal of Materials Science, 2024, 59 (19): 8441-8464.

［11］ 郭正华, 李志强. 含稀土汽车用耐热镁合金的热变形行为［J］. 精密成型工程, 2023, 15 (4): 91-98.

［12］ 程子洲, 赵莉萍, 王小青, 等. 稀土镁合金的研发及应用现状［J］. 稀土信息, 2022 (5): 30-35.

［13］ GRAF M, ULLMANN M, KAWALLA R. Influence of initial state on forgeability and microstructure development of magnesium alloys［J］. Procedia Engineering, 2014, 81: 546-551.

［14］ LIU B, YANG J, ZHANG X Y, et al. Development and application of magnesium alloy parts for automotive OEMs: A review［J］. Journal of Magnesium and Alloys, 2023, 11 (1): 15-47.

［15］ 苏阳, 郝亮, 李扬欣, 等. 航空航天用高性能镁合金的研究进展［J］. 空天防御, 2024, 7 (6): 1-11.

［16］ 贾昌远, 霍元明, 何涛, 等. 镁合金从工艺到应用的发展研究现状［J］. 农业装备与车辆工程, 2022, 60 (4): 61-65.

［17］ WU G, WANG C, SUN M, et al. Recent developments and applications on high-performance cast magnesium rare-earth alloys［J］. Journal of Magnesium and Alloys, 2021, 9 (1): 1-20.

［18］ 张士卫. 阻尼镁合金的研究与应用综述［J］. 金属世界, 2019 (4): 5-11.

［19］ 方鸽, 都桂庭, 李光辉. 镁基固态储氢技术在加氢站中的应用进展［J］. 上海节能, 2024 (10): 1645-1650.

［20］ 张文毓. 高性能稀土镁合金研究与应用［J］. 稀土信息, 2018 (4): 8-13.